Göpfert · Naturbezogene Pädagogik

W0378863

Päd
1133

Hans Göpfert

Naturbezogene Pädagogik

Deutscher Studien Verlag · Weinheim

Über den Autor:
Hans Göpfert, Jg. 36, Dr. phil., ist Schulpädagoge an der Universität Regensburg, dort vor allem in der Lehrerbildung tätig. Er engagiert sich für eine humane, friedensorientierte und naturbezogene Pädagogik und Schule.

CIP-Titelaufnahme der Deutschen Bibliothek

Göpfert, Hans:
Naturbezogene Pädagogik / Hans Göpfert. – 2. Aufl. –
Weinheim : Deutscher Studien Verlag, 1990
ISBN 3-89271-032-5

1. Auflage 1988
2. Auflage 1990

Alle Rechte, insbesondere das Recht der Vervielfältigung und Verbreitung sowie der Übersetzung, vorbehalten. Kein Teil des Werkes darf in irgendeiner Form (durch Photokopie, Mikrofilm oder ein anderes Verfahren) ohne schriftliche Genehmigung des Verlages reproduziert oder unter Verwendung elektronischer Systeme verarbeitet, vervielfältigt oder verbreitet werden.

Druck nach Typoskript

© 1988 Deutscher Studien Verlag · Weinheim
Druck: Druck Partner Rübelmann, 6944 Hemsbach
Seriengestaltung des Umschlags: Atelier Warminski, 6470 Büdingen 8
Printed in Germany

ISBN 3 89271 032 5

HUS II Bibliothek Weiden
UNGÜLTIG
(1133)

Konrad Lorenz
gewidmet

Einführende Gedanken zur zweiten Auflage des Buches

Das Foto gibt eine Szene aus "unserem" Wildgarten der Pestalozzi-Grundschule in Regensburg wieder, die vielleicht als typisch für die Thematik des Buches angesehen werden kann: Ahlem, ein tunesisches Mädchen, betrachtet mit mir Wilde Karden. Wir unterhalten uns über diese Pflanze und machen uns gegenseitig auf das aufmerksam, was wir sehen und für wert halten, daß der andere es auch wahrnimmt. Die Karde eignet sich für ein solches Gespräch vorzüglich, ist sie doch eine Pflanze, die in nur wenigen Monaten über die Köpfe der Kinder, sogar über die der Erwachsenen hinauswächst, die eine kerzengerade, in allen Teilen symmetrische und so leicht erfaßbare Gestalt aufweist, die sich einerseits sehr wehrhaft gibt, andererseits auf viele Insekten einladend wirkt: Hummeln und Schmetterlinge sind täglich auf ihren Blüten zu beobachten, Schwebfliegen und Wespen trinken aus den Schalen, die je zwei gegenüberliegende Blätter bilden.

Daß eine solche Naturbegegnung und Naturbetrachtung nicht nur bei Kindern Interesse weckt, sondern daß auch Erwachsene sie gerne suchen, habe ich auf vielen Veranstaltungen an der Universität und bei Tagungen erfahren: Dabei kann vorliegendes Buch Anregungen bieten oder zur "Nachbereitung" dienlich sein. Manche Leserinnen und Leser haben mir zu erkennen gegeben, daß die Lektüre mitgeholfen habe, ihre "Sprachlosigkeit" zu überwinden. Anja, eine Studentin, schrieb mir: "Beim Lesen Deines Buches bin ich immer wieder auf Ideen und Gedanken gestoßen, die mir selbst schon manchmal gekommen sind, die ich aber nie in Worte fassen konnte... Immer wieder stieß ich auf Passagen, bei denen ich spontan dachte: ja, genauso ist es, das habe ich auch schon so empfunden und erlebt..."

Naturerlebisse und -erfahrungen gerne aufsuchen, sich immer mehr auf Natur einlassen, sich Tiere und Pflanzen vertraut machen, sich selbst in einer neuen Naturverbundenheit erleben, ist das eine Anliegen des Buches. Das zweite: bereit und fähig sein, darüber zu sprechen, damit andere, auch Kinder und Jugendliche, an dem Erlebnisschatz, der unsere Gedanken, Eindrücke und Gefühle, unser Wissen und unsere Weisheit beinhaltet, teilhaben können. Kinder werden diesen Reichtum kreativ in ihre Welt einbringen, daran wachsen und erstarken, und uns - gleichsam als Dank - neue und andersartige Zugänge zur Natur erschließen helfen.

Mit diesem Anliegen wendet sich eine Naturbezogene Pädagogik auch gegen eine heute allenthalben geforderte, eher vordergründige Umwelterziehung, die vor allem der psychischen Verdrängung erwachsenen Fehlverhaltens und der Legitimation schulischer Zwangsbildung dient. Sie plädiert stattdessen für ein sinnerfülltes naturorientiertes Leben von Erwachsenen, an dem diese Kinder und Jugendliche teilhaben lassen.

Daß das Buch, das schon nach relativ kurzer Zeit in der zweiten Auflage erscheint, weiterhin Menschen zu positiven Erfahrungen in dem hier aufgezeigten Sinn verhilft, wünscht herzlich der Autor.

Regensburg, 1990 *Hans Göpfert*

G L I E D E R U N G

IV: Die Biologielehrpläne der Bundesländer

V. Lehrerbildung: Naturentfremdung als Konsequenz?

Einführung

Der Mensch der modernen Industriegesellschaft lebt nicht mehr im Einklang mit den von der Natur gestellten Bedingungen, er hat sich der Natur entfremdet. Sein Handeln beinhaltet damit für alles Lebendige zerstörerische Wirkungen - Selbstzerstörung inbegriffen.

Vorliegende Arbeit geht dabei schwerpunktmäßig zwei Fragenbereichen nach: Zum einen untersucht sie beispielhaft, inwieweit sich Pädagogik als Erziehungswissenschaft mit den Menschen als Naturwesen befaßt, welche Konsequenzen sie dabei zieht, vor allem aus dem Phänomen der Naturentfremdung, der Natur- und Selbstzerstörung. "Herrschende" Pädagogik, die beispielhaft zitiert wird, versteht sich vor allem als Kultur- und Gesellschaftswissenschaft. In ihrer Systemverbundenheit kann sie dem Menschen als Naturwesen kaum Verständnis entgegenbringen. Vielmehr trägt sie selbst zu seiner Entfremdung bei und verstärkt die Herrschaftszwänge, die die gesellschaftlichen Mächte vermitteln. - Die Arbeit versucht dagegen, erste Bereiche zur Grundlegung einer freiheitlich-ökologischen Naturbezogenen Pädagogik zu entfalten.

Die Angepaßtheit von Pädagogik und Didaktik zeigt sich vor allem an der Schule. Sie wird im folgenden deshalb als Beispiel herangezogen, weil sie als Bildungsinstitution das Leben eines jeden jungen Menschen in der Regel mindestens neun Jahre prägt und ausfüllt. Dabei zeigt sich, daß "Natur" in der Schule nur ein Randdasein fristet - schon rein äußerlich, was etwa Schulgelände, Pausenhof und Schulgarten angeht. Befaßt man sich in dieser Bildungseinrichtung mit naturbezogenen Themen, so geschieht dies meist *wissenschaftsorientiert* im traditionellen und systemkonformen Wissenschaftsverständnis, in Anlehnung an naturwissenschaftliche Vorbilder: Natur wird analysiert, seziert und manipuliert. Ziel ist es, naturwissenschaftliche Gesetze zu veranschaulichen. Ökologie bildet dabei in der Regel keine Ausnahme. Biologie und die ihr verwandten Fächer reihen sich damit mehr oder weniger widerspruchsfrei in die Zahl der übrigen "Kulturfächer" ein. Sie sind weithin materialistisch orientiert und vermitteln auch ein ebensolches Menschenbild.

Die Konsequenz ist ein eher *vordergründiges Wissen* vom Lebendigen, das in seiner distanzierten Strukturiertheit kein kreatürliches Verhältnis zur Natur zuläßt. Schulische Erziehung tendiert vielmehr dahin, die natürlichen Erfahrungen des Menschen zu Belanglosigkeiten zu degradieren und die Würde des Lebendigen zu zerstören. Sie läßt die Lebensweise der Geschöpfe als "Beschränktheit" erfahren, zementiert so den Hochmut des Menschen von seiner Einmaligkeit im Bereich des Lebendigen und setzt die Entfremdung des Menschen in der Welt von heute fort. Auf diese Weise wird die gesellschaftliche Weiterführung der Ausbeutung des Menschen und der Natur pädagogisch abgesichert.

Vorliegendes Konzept plädiert dagegen für eine naturnahe Erziehung und Bildung durch *sinnenhafte, ganzheitliche Naturerfahrung*. Faszination, Charme, Anmut, Schönheit, Pfiffigkeit, Witz und Klugheit des Lebendigen, die Einmaligkeit alles Lebendigen sind Orientierungspunkte für Kontakte mit der Natur. Natur "draußen" erfahren, handlungsorientiert lernen, individueller, intimer und meditativer Umgang mit der Natur sind Kriterien einer naturnahen Erziehung und Bildung.

Naturerfahrungen sind fast immer verbunden mit ästhetischen Erlebnissen. Eine *ökologische Ästhetik* ist zu entwickeln und zu vermitteln, die nicht den kurzgeschorenen Rasen als schön und die Blautanne als angemessenen Schmuck für den Vorgarten ansieht, die vielmehr die Wildheit der Natur und die Vielgestaltigkeit des Lebendigen und der Landschaft als Bereicherung des eigenen Lebens erfahren läßt.

Bei einer solchen Zuwendung zur Natur wird *Wissen von der Natur*, das rein quantitativ erfaßt und zur *schulischen Selektion* mißbraucht wird, in bezug auf die humanen Ziele einer naturnahen Erziehung als Widerspruch erfahren. Notengebung mit ihrem sozialdarwinistischen Charakter wird daher mit Entschiedenheit abgelehnt. Wissen von der Natur hat vielmehr helfenden Charakter, um Naturerlebnisse vertiefend zu erfassen und neue Naturerfahrungen anzuregen. - Überhaupt orientiert sich eine Naturbezogene Pädagogik auch im Bereich der Schule an den elementaren Bedürfnissen des jungen Menschen, deren Beachtung eine Änderung des schulischen Lebens insgesamt zur Folge hätte.

Vorliegende Arbeit wendet sich auch gegen eine *Umwelterziehung*, die primär nicht die schöne, sondern die zerstörte Natur zum Thema macht; so, als gäbe es eine faszinierende Natur nicht mehr; so als wären es Kinder und Jugendliche, die für die Ausbeutung und

Plünderung ihrer natürlichen Umgebung verantwortlich zu machen seien; so als müßten *sie* ein schlechtes Gewissen anerzogen bekommen für kriminelle Taten, die sie nicht begangen haben. Umwelterziehung: Zumindest tendenziell unterstützt sie Umweltzerstörung, wirbt sie doch oft um Verständnis für die "Sachzwänge", denen unsere ach so geplagten Politiker unterliegen; sie läßt sich zudem leicht einpassen in den heute üblichen analysierenden, quantifizierenden, naturwissenschaftlich orientierten Unterricht und führt daher eher vom Lebendigen weg.

Naturnahe Erziehung grenzt sich von dieser Art Umwelterziehung ab. Sie setzt sich vielmehr für eine kritische Umwelterziehung ein, die sich aber in enger Beziehung zu ganzheitlichen Naturerfahrungen sieht.

Eine diesbezügliche Pädagogik kann sich nicht auf inhaltliche und methodische Aspekte beschränken, sie will vielmehr die Grenzen einer traditionellen Biologiedidaktik überschreiten. Angestrebt wird eine humane, am Menschen *und* den übrigen Lebewesen orientierte Pädagogik, eine Naturbezogene Pädagogik.

Während traditionell übliche *Erziehungsvorstellungen* meist davon ausgehen, daß Erwachsene schon die richtige Lebensart hätten, weshalb sie Kinder und Jugendliche sinnvoll erziehen könnten, will vorliegendes Modell diesen vorschnellen Schluß vermeiden. Es geht vielmehr davon aus, daß der Erwachsene ein kreatürliches Verhältnis zur Natur und allem Lebendigen zurückgewinnen muß, und will Möglichkeiten aufzeigen, wie er auf dieser Grundlage junge Menschen an seinen Erfahrungen teilnehmen lassen kann.

Während traditionell orientierte Erziehung oft einseitig und meist zweckorientiert zum Ziel hat, den jungen Menschen zum Leben in der jeweiligen Gesellschaft zu befähigen - weshalb "Bildung" auf "Kultur" zielt, wobei "Natur" gleichsam nur als Zierat geduldet wird -, sieht eine Naturbezogene Pädagogik den Begriff Natur als übergeordnet an und dem Bereich Kultur vorgeordnet. Denn beachtet der Mensch die Gesetzmäßigkeiten der Natur nicht, kann die "schönste" Kultur todbringend sein.

Eine Naturbezogene Pädagogik ist daher lebensnotwendig und allem Lebendigen zugewandt. Sicher kann sie nicht die Wahlfreiheiten anbieten, die die Pädagogik heute wie selbstverständlich voraussetzt und auf Kosten des Lebendigen durchsetzt. Sie setzt andere Schwerpunkte und hat weitreichende Konsequenzen für das Verhalten des Erziehers, des Erwachsenen allgemein, und die Ausbildung und Rolle des Lehrers.

Die in dem Buch angestellten Überlegungen wollen über den Bereich der Schule und der Pädagogik hinausgehen, sie plädieren für die Verwirklichung einer umfassend lebensbejahenden Kultur.

I
Zur Grundlegung einer Natur-bezogenen Pädagogik

1. Menschliches Handeln und Natur

Der Mensch der modernen Industriegesellschaft lebt nicht mehr im Einklang mit der Natur. Die wirtschaftlichen Strukturen von hochindustriellen Gesellschaften zerstören in ihrer ausbeuterischen Tendenz mit umfassender Totalität und zunehmender Geschwindigkeit die Natur. Die flurbereinigte, ausgeräumte, entwässerte, verrohrte, verdrahtete und zubetonierte Landschaft gibt nur noch wenigen Tier- und Pflanzenarten eine Überlebenschance. Die Elemente, mit denen und von denen wir leben - Luft, Wasser und Erde -, sind bis zur Unerträglichkeit durch Gifte verseucht. Welche globale und allumfassende Dimension diese Verseuchung annehmen kann, hat der Super-GAU von Tschernobyl vom April 1986 ins Bewußtsein gebracht. - Der Wald mit seiner Tier- und Pflanzenvielfalt stirbt, Seen und Flüsse sind in vielen Gegenden schon tot, für die Böden gilt analoges.

Auffälligster Anzeiger für Naturzerstörung ist der *Artenschwund*. Während man für die vorindustrielle Zeit einen Rückgang von einer Art pro Jahrhundert berechnete - wobei mindestens eine neue Art entstand -, ist die Aussterberate seitdem laufend gestiegen. Zu Beginn des Jahrhunderts betrug sie noch eine Tier- und Pflanzenart pro Jahr. In den letzten Jahren ist sie dann in erschreckendem Maß hochgeschnellt. Heute sterben nach Angaben des bayerischen Umweltministeriums *täglich* mindestens sieben Tier- und Pflanzenarten aus. ("Aussterberate ..." 1985) Nach Berechnungen des World Wildlife Fund 1983 verläßt uns sogar alle fünfzehn Minuten eine Art auf ewig. Allein in der Bundesrepublik sind - auf Arten bezogen - mehr als ein Drittel aller Farn- und Blütenpflanzen, über die Hälfte der Vögel, Säugetiere und Schmetterlinge und sogar Dreiviertel der Fische und Kriechtiere in ihrer Existenz bedroht oder schon teilweise ausgestorben. Bei Sumpf-, Wiesen- und Wasservögeln sind es sogar achtzig Prozent. ("Viele Tiere ..." 1985) Mindestens achtzig bis neunzig Arten sterben hier pro Jahr aus. (Zum Vergleich: Nach Angaben des bayerischen Umweltministeriums leben in Bayern über 40 000 Tierarten. ("Aussterberate ..." 1985))

Etwa fünfzig Prozent der Bundesrepublik hat die Flurbereinigung bereits in ökologische Wüste verwandelt. "Wenn alle landwirtschaftlichen Betriebe voll modernisiert wären", meint Gerhard Olschowy, der frühere Leiter der Bonner Bundesforschungsanstalt für

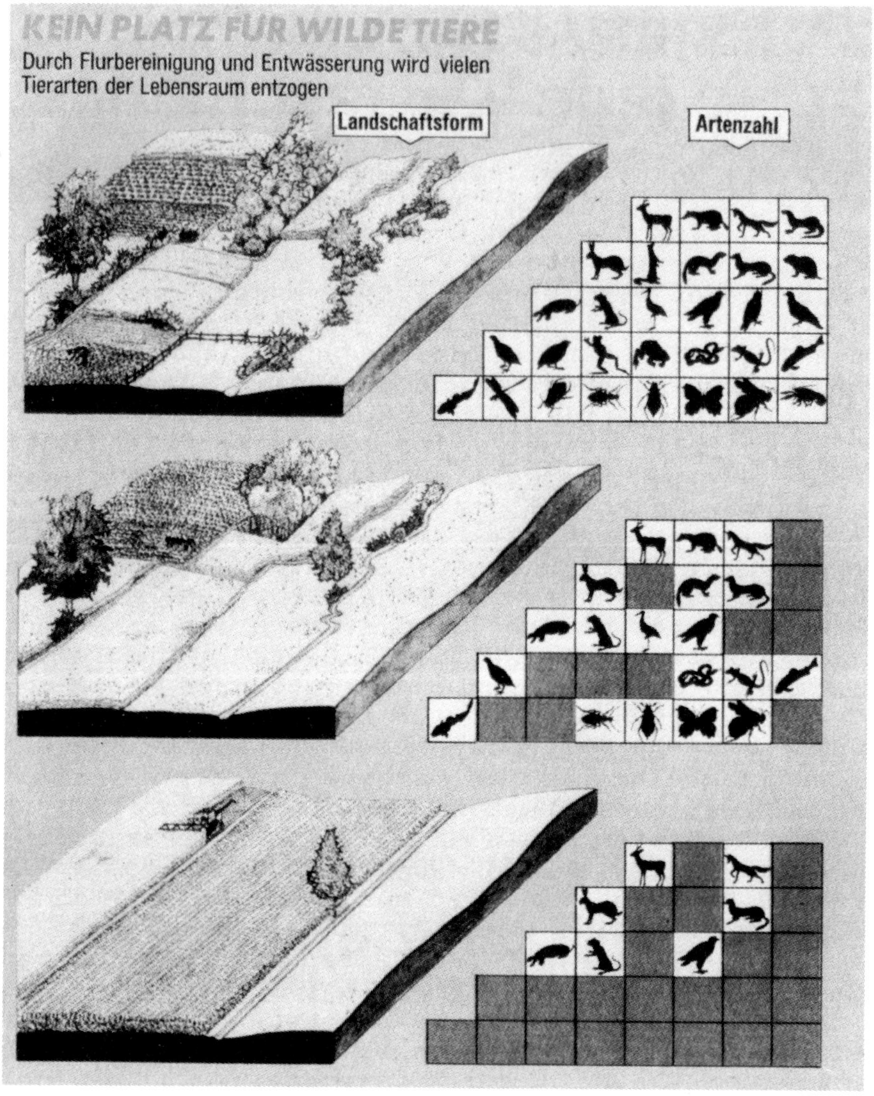

Aus : Stern, Schröder, Vester, Dietzen: Rettet die Wildtiere; Stuttgart 1980, S.58; hier wiedergegeben nach einer vereinfachten Darstellungsweise des "Spiegel" 19/1983, S.87.

Naturschutz und Landschaftsökologie, "hätte dies das Verschwinden von 80 Prozent aller Vogelarten und rund 95 Prozent der Schmetterlinge zur Folge". (Bölsche und Peck 1983, III: S.86)

Andere Erdteile weisen einen größeren Artenreichtum auf. Die tropischen Regenwälder rund um den Äquator zeigen dabei die größte Lebensfülle, sowohl was die Anzahl wie die Vielfalt der Erscheinungsformen betrifft. Nach einer Äußerung von Heinz Sielmann in der Sendung "Expeditionen ins Tierreich" vom 31.7.1983 sind in Mitteleuropa rund 6000 Pflanzenarten beheimatet, während es in dem ausgedehntesten aller Regenwälder, dem tropischen Amazonasdschungel - den es in vierzig Jahren wahrscheinlich nur noch in Form von Reservatsresten geben wird - über 400 000(!) sind. Die dort beheimatete Artenvielfalt von Pflanzen *und* Tieren schätzen Jochen Ritter und Ulrich Pietrusky in ihrer Dokumentation über die "Regenwälder" (Bayern III, 24. 12. 1987) auf 1,5 bis 2 Millionen, von denen wir allerdings erst ein Viertel namentlich erfaßt haben. (Weltweit sind schätzungsweise zwei Drittel der Arten Tierarten. Siehe Stern u.a. 1980, S.48ff.) Nach Angaben der Spitzenvereinigung amerikanischer Biologen, Club of Earth, sind uns heute 1,7 Millionen Tier- und Pflanzenarten bekannt. Neueste Studien ergeben allerdings, daß es auf der Erde bis zu 30 Millionen Arten geben könnte. ("Natur ..." 1986)

Allein von dieser Mannigfaltigkeit des Lebendigen sind auch die prognostizierten Verluste vorstellbar. So sterben nach Berechnungen des Club of Earth jedes Jahr annähernd 10 000 Arten von Tieren und Pflanzen auf der Erde aus. ("Natur ..." 1986) Eine für Global 2000 angefertigte Studie deutet darauf hin, daß bis zum Jahre 2000 zwischen einer halben Million und zwei Millionen Arten ausgestorben sein werden. (Global 2000 1980, S.86) Dies wären - ebenfalls nach dieser Studie - fünfzehn bis zwanzig Prozent aller auf der Erde vertretenen Arten.

Menschliches Handeln bedeutet also für die übrige Kreatur einen nicht enden wollenden Vernichtungsfeldzug, global gesehen stehen die Geschöpfe einer fortwährenden Katastrophe gegenüber. Für die meisten Menschen sind das jedoch nur Belanglosigkeiten, mehr oder minder notwendige Folgeerscheinungen unseres wirtschaftlichen und gesellschaftlichen Lebens. Daß eine Tierart für alle Ewigkeit von der Erde verschwindet, kaum einen Gedanken scheint es wert. Ein Achselzucken ist die Reaktion. Unsere Lebensart verlangt halt ihre Opfer. Erhaltung des wirtschaftlichen Reichtums und die Beseitigung der Arbeitslosigkeit haben im Bewußtsein der Menschen um jeden Preis Vorrang.

2. Änderung durch Erziehung?

Und doch haben viele Menschen die Hoffnung auf Besserung noch nicht ganz aufgegeben. Vor allem die Aktivitäten der in der Ökologiebewegung Engagierten beweisen es. Eine immer größere Anzahl der Mitmenschen - so hoffen die Unverzagten - würde zu der Einsicht kommen, daß ihr Handeln nicht weiterhin den Fortbestand von Tier- und Pflanzenarten bedrohen dürfe. Ihre Hoffnung gründet darin, die Menschen könnten wieder *lernen*, ihr Handeln in Einklang mit den Bedingungen, die die Natur stellt, zu bringen.

Beim Begriff "Lernen" denkt man vor allem an die *jüngere Generation*, an Kinder und Jugendliche. Könnten wir nicht gleich die Jugend so *erziehen*, daß sie von früher Kindheit an lernt, ein *Leben in Einklang mit der Natur* zu leben?

Ein solches Vorhaben scheinen die mächtigen Einflüsse unserer vor allem durch die Technik bestimmten Gesellschaft und Umwelt zum Scheitern zu verurteilen. Wenn im folgenden trotzdem der Versuch gewagt wird, zu dem Erziehungsziel "Leben im Einklang mit der Natur" Aussagen zu machen, so mit der Einschränkung, daß manches vor allem für den an unsere Industriegesellschaft Angepaßten weltfremd klingen mag. Die Ausführungen beschränken sich dabei nicht auf die Schule, setzen aber in der Auseinandersetzung mit ihr einen Schwerpunkt.

Was ich unter Erziehung zu größerem Naturverständnis verstehe, fasse ich im folgenden unter dem Begriff "naturnahe Erziehung und Bildung" zusammen.

3. "Naturnahe Erziehung und Bildung"

Naturnahe Erziehung und Bildung versuchen dem jungen Menschen einen Zugang zur Natur zu schaffen, indem sie diese als etwas Interessantes und Schönes erfahrbar machen; sie erschließen Natur in der Weise, daß Kinder und Jugendliche diesen Bereich der Wirklichkeit zu ihrer täglichen Erfahrungswelt gehörig empfinden, als einen Lebensbereich, in dem sie sich erholen und stets Neues beobachten und erleben können. Erziehung und Bildung schaffen immer neue Zugänge zur Natur als einer zum Menschen gehörigen Lebenswelt, einer Welt, die den Menschen bereichert und einen wesentlichen Teil dazu leistet, daß er sich glücklich fühlt. Verlust und Schaden an der Natur andererseits werden als Unglück, das auch den Menschen selbst betrifft, empfunden. "Mit der Verstümmelung einer Landschaft verschwindet viel mehr als ein idyllischer oder romantischer Hintergrund - es geht ein Teil dessen verloren, was den Sinn des Lebens ausmacht." (Der holländische Kulturhistoriker Johan Huizinga, zitiert nach Bölsche u. Peck 1983, I: S. 88) Natur in der Umwelt des Menschen ist Heimat, die Pflanzen und Tiere, die dort leben, bilden eine Lebensgemeinschaft, zu der auch der Mensch gehört.

Naturnahe Erziehung und Bildung beinhalten auch, daß der Mensch die Natur im Laufe seines Lebens immer besser kennenlernt; insbesondere ist hierbei gemeint: die Artenvielfalt, die Art und Weise, wie sich Tiere und Pflanzen in der Welt eingerichtet haben, das Aufeinanderangewiesensein und das Miteinanderleben der verschiedenen Arten, nicht zuletzt ihre Schönheit, die sich sowohl durch die Artenvielfalt wie in der einzelnen Pflanze und dem einzelnen Tier zeigt.

Natur als Heimat ist der Garten, in dem Linde und Ahorn einen Platz haben, auf dem Pfaffenhütchen und Weißdorn einen Wohnplatz für Amsel und Distelfink bilden, in dem man Gänseblümchen und Margerite blühen läßt, der Igeln einen Unterschlupf bietet und in dem Tagpfauenaugen für ihre Eier Brennesseln finden. Das ist aber auch der Ort, in dem Kinder Sonnenblumenkerne in das Erdreich stecken dürfen, um das Wachsen der Pflanze während einiger Monate beobachten zu können. Natur in diesem Sinn ist der Schulgarten, ebenso der nahe Stadtpark, der Saum am Bahndamm, auf dem Königskerze und Rainfarn blühen, das Unkenbiotop am Stadtrand, der Tümpel am Waldrand oder der naturnah belassene Bach in der Aue.

Natur als Heimat, das sind darüber hinaus die hervorragenden Naturlandschaften in der Nähe des Heimatortes. Ein Beispiel soll das veranschaulichen:

Pfatter ist eine Ortschaft etwa 20 km donauabwärts von Regensburg. Das Gebiet um Pfatter mit seinen Altwassern und Feuchtgebieten bietet über 200 Vogelarten einen Lebensraum. Das sind Vogelarten, die dort im Sommer brüten wie etwa das Blaukehlchen, die Rohrweihe, der Brachvogel, der Rotschenkel, alles Vogelarten, die vom Aussterben bedroht sind.

Das sind zweitens Durchzügler, die im Herbst auf ihrer Reise von Skandinavien nach Afrika und auf ihrer Rückreise im Frühjahr auf den Wiesen in Pfatter Rast machen. Der Kampfläufer gehört dazu.

Und das sind drittens die Gäste, die im Winter in Pfatter zu beobachten sind, wie der Kormoran und die Graugans.

Warum können nun so viele Vogelarten in Pfatter eine Lebensgrundlage finden? Es sind die Altwasser, mit ihrer Vielfalt und Fülle von Kleinlebewesen, es sind vor allem die Wiesen entlang der Donau, die jährlich einmal oder mehrere Male überschwemmt werden, die so Larven, Käfern, Schnecken, Würmern und Amphibien in einer unglaublichen Vielzahl Lebensraum bieten, Nahrung für Zehntausende von Vögeln. (Vgl. hierzu Vidal 1980.)

Dieses Beispiel will zeigen: Erst wenn ich die einzelnen Arten kenne, wenn ich die Artenvielfalt zu überschauen in der Lage bin, wenn ich das Miteinanderleben der Arten begreife, kann ich das, was man heute so abstrakt als Ökologie bezeichnet, als Wunderbares, als Reichtum, als etwas Faszinierendes erfahren. Erst dann kann ich diese Vielfalt als etwas verstehen, von dem ich möchte, daß es zu meiner Umgebung gehören soll. Letztlich kann und sollte die Kenntnis dieser Vielfalt dazu führen, daß ich sie als Basis für eine *neue Identität* erfahre. Meine Identität ist nicht mehr allein oder primär bezogen auf mich, meine Mitmenschen, auf die Leistungen, die unsere Kultur hervorgebracht hat, die Gesellschaft, zu der wir gehören; zu mir gehört ein neues *Mitleben* mit der Natur. Heimat ist nicht nur die kulturell gestaltete Umwelt, sondern die unversehrte Natur um mich herum. Mit dieser Vielfalt des Lebens identifiziere ich mich so sehr, daß ich leide, wenn sie gestört oder gar zerstört wird. (Vgl. die ergreifende Rede des Indianerhäuptlings Seattle bei Dubos 1970, S. 150f.) Wenn ich diesen Reichtum des Lebens als zu mir gehörig betrachte, ja, wenn ich diesen Reichtum als meine Lebensbasis verstehe, werde ich alles daran setzen, daß er mir erhalten bleibt.

Naturnahe Erziehung und Bildung zielen daher auf *emotional-ganzheitliche Naturbegegnung*. Sie ermöglichen *sinnenhafte ganzheitliche Naturerfahrung*, damit sich der junge Mensch auch als Naturwesen begreifen, der Natur zugehörig verstehen lernt und in ihr sich geborgen fühlt. Faszination, Charme, Anmut, Schönheit, Pfiffigkeit, Witz und Klugheit des Lebendigen sind Orientierungspunkte für Kontakte mit der Natur. Natur "draußen" erfahren, handlungsorientiert lernen, individueller, intimer und meditativer Umgang mit der Natur sind Kriterien einer naturnahen Erziehung und Bildung.

Naturerfahrungen sind fast immer verbunden mit ästhetischen Erlebnissen. Eine *ökologische Ästhetik* - wie sie etwa de Haan (1985) im Blick hat - ist weiterzuentwickeln. Sie darf nicht den kurzgeschorenen Rasen als schön und die Blautanne als angemessenen Schmuck für den Vorgarten ansehen. Vielmehr zeigt sie, wie der Mensch die Wildheit der Natur und die Vielgestaltigkeit des Lebendigen und der Landschaft als Bereicherung des eigenen Lebens erfahren kann.

4. Umwelterziehung

Das Beispiel "Pfatter" zeigt auch den Stellenwert, den eine naturnahe Erziehung Problemthemen wie "Waldsterben", "Wasserverschmutzung" u.ä. - die die heutige Umwelterziehung wesentlich bestimmen - zuerkennt. (Vgl. etwa Bolscho, Eulefeld, Seybold 1980.) Erst wenn der Schüler vielfältige Eindrücke vom *Leben* des Waldes vermittelt erhält, kann ihn in der Regel das *Sterben* des Waldes betroffen machen. Erst wenn er von der Lebensvielfalt in der Auenlandschaft um Pfatter fasziniert ist, kann er die durch den Menschen bewirkten Eingriffe in ihrer Tragweite - auch emotional - erfassen. Bedenkenswert hierbei wäre etwa die Tatsache, daß durch den Ausbau der Donau zum Rhein-Main-Donau-Kanal allein in dem etwa zwanzig Kilometer langen Abschnitt zwischen Regensburg und der neu errichteten Staustufe Geisling - in unmittelbarer Nähe Pfatters - von den 116 noch bestehenden Altwassern 107 (Vogelschutz 2/83, S.8), nach anderen Unterlagen sogar 113 (Arbeitsgruppe Donaustaufer Altwasser 1983, S.15) vernichtet werden.

Hinzu kommt ein weiterer Aspekt: Es sind ja nicht Kinder und Jugendliche, die Natur und Umwelt in großem Rahmen zerstören. Es wäre eine verfehlte Erziehung, die die jungen Menschen zuerst mit den Sünden der Erwachsenen konfrontieren würde. Kinder haben ein Recht auf einen Schonraum, auf ein Stückchen heile Welt (von der die staatliche Regelschule aufgrund ihres Auslesecharakters sowieso viel zu wenig bietet). Kindern muß die Gelegenheit gegeben werden, zu sich selbst zu finden, Kräfte zu sammeln, um mit der kaputten Welt, die sie umgibt, zurechtzukommen. Ansonsten schotten sie sich gegen die Nöte der Welt ab - wie es ja auch viele Zeitgenossen tun.

Man kann jedoch einwenden, daß auch die hier vorgestellten Überlegungen von der Zerstörung der naturnahen Umwelt ausgingen, daß also vor allem ein Verlust uns dazu motiviert, uns mit Dingen, die wir vorher übersehen haben, zu befassen. Viele Menschen interessieren sich für das Waldsterben, sicher auch solche, die den Wald bisher nur wenig beachteten, Tausende nehmen an Exkursionen teil, um sich über Baumschäden genauer informieren zu lassen. Diese Bestürzung, die durch Umweltzerstörung ausgelöst wird, ist teilweise auch beim Schüler festzustellen. Sind es doch vor allem junge Menschen, die auf die Mißstände in ihrer Umgebung sensibel reagieren und auch politisch aktiv werden. Der Lehrer hat daher einen Spürsinn dafür zu entwickeln, wann er diese Betroffenheit beim Schüler feststellen und entsprechende Themen ansprechen kann bzw. wann der Schüler reif ist, um ihn mit Problemen zu konfrontieren, die solche Betroffenheit zu bewirken in der Lage sind.

Diese Reife ist schon bei Kindern der Grundschule zu finden. Um es an einem Beispiel zu veranschaulichen: Eine Lehrerin behandelt in ihrer 2. Klasse das Thema, warum im Herbst Bäume ihr Laub verlieren, während die Nadeln grün und am Baum bleiben. Mehr versuchshalber fügte sie hinzu: Allerdings werden heute auch oft die Nadeln gelb und fallen ab. Die Kinder griffen den Impuls sofort auf, teilten ihre Kenntnisse mit und berichteten von ihren Erfahrungen. Sie sprachen von Luftverschmutzung, von saurem Regen, von Abgasen der Autos, die die Nadeln der Bäume schädigen, von Schadstoffen der Industrieabgase, von Wasserverschmutzung - vierzig Minuten lang, ohne daß die Lehrerin selbst den Ablauf des Gesprächs entscheidend beeinflußte. Schon Kinder der ersten Klassen erfahren also ihre Welt als eine geschädigte, und sie wissen auch erstaunlich viel von dieser ihrer Welt. Daher wäre es sicher verfehlt, eine heile Gegenwelt illusionär herzustellen.

Trotzdem scheint im Sinn einer naturnahen Erziehung und Bildung auch in diesem Fall das primär Notwendige die unmittelbare Begegnung mit der zugänglichen, wenigstens nach äußerlichen Kriterien gemessen noch heilen Natur: Die Kinder sahen sich fast täglich den Wechsel des herbstlichen Erscheinungsbildes im Bereich ihres Schulgeländes an, lernten die Veränderungen in der Natur bewußt wahrzunehmen - auch im Bereich ihres Wohnumfeldes und ihres Schulwegs -, sammelten herbstliche Blätter in allen Formen und Farbschattierungen, ebenso Früchte verschiedener Baum- und Straucharten, befühlten, berochen und schmeckten das Gesammelte, steckten Früchte in die Erde, um auf das Wachsen im neuen Jahr zu warten und sprachen über ihre vielfältigen Beobachtungen und Empfindungen.

Es kann also wohl kaum bestritten werden, daß Gespräche über unsere Umwelt pädagogisch legitim sind. Was die Lehrpläne betrifft, so erhalten derartige Themen zudem nicht immer den ihr gebührenden Stellenwert, so daß eher eine Vernachlässigung als eine Überbetonung zu befürchten ist. (De Haan (1984, S. 26) nennt als Themenbeispiele: "Die Verseuchung des Trinkwassers", "Das Wachsen der Müllberge", "Atomstrom-Politik", "Chemie und Landwirtschaft", "Hunger und Entwicklungspolitik".)

Durch den Super-GAU von Tschernobyl am 26. April 1986 hat die sog. Umwelterziehung allerdings eine ganz neue Dimension erhalten. Kinder wollten im Mai in ihrem Schulgarten Radieschen ernten. Wegen radioaktiver Verseuchung von Pflanzen und Boden wurden ihnen aber Aufenthalt und Arbeit im Garten untersagt. Gemüse und Salat mußten sogar vernichtet werden.

Hier erfuhren die jungen Menschen Naturzerstörung nicht mehr medial oder abstrakt. Ihnen wird der Sinn ihrer eigenen gärtnerischen und naturschützerischen Bemühungen zunichte gemacht, der Sinn um Bewahrung und Gestaltung der Natur. Den Platz in der Schule, mit dem sie sich am ehesten identifizieren, dürfen sie nicht mehr betreten. Was sie in der Schule am meisten lieben - "ihre" Wild- und Nutzpflanzen, ihre Biotope -, dies alles wurde vergiftet. Verordnete Umwelterziehung kann hier nur noch als Hohn empfunden werden.

5. Kritische Aspekte zu einer Umwelterziehung

Obwohl vorliegende Arbeit keine prinzipielle Auseinandersetzung mit der Umwelterziehung anstrebt, sind hier einige klärende Bemerkungen zum Begriff "Umwelterziehung" notwendig, da ja "naturnahe Erziehung" -

wie obiges Beispiel zeigt - nicht isoliert gesehen werden darf.

Der Begriff "Umwelt" wird in unserer Gesellschaft vor allem in Zusammenhang mit "Umweltzerstörung", "Umweltkatastrophe", "Umweltschutz" u.ä. gebraucht.

1. Die genannten Begriffe stehen miteinander in einem engen Zusammenhang: Der Mensch zerstört seine Umwelt und versucht, dabei Eindämmungsmaßnahmen zu ergreifen. "Umwelt" ist daher ein Begriff einer Gesellschaft, in der sich der Mensch nicht mehr in Einklang mit der Natur, sondern die *Natur außerhalb seiner selbst* sieht: als *Objekt seiner Nutzung*. Dabei suggeriert der Begriff "Umwelt", daß der Mensch von diesem "Phänomen" außerhalb seiner selbst nicht direkt betroffen sei: Umwelt ist ja "nur" das, was den Menschen umgibt, der Begriff "Umweltzerstörung" wirkt *verharmlosend*, das *Selbstzerstörerische* des menschlichen Handelns wird *verdrängt*. Der Mensch ist vielmehr aufgerufen, das Objekt "Natur" weiterhin und besser in den Griff zu bekommen, Wachstum also auch in der "Umweltpolitik".

2. "Umwelt" ist ein Begriff der Industriegesellschaft mit ihren systemimmanenten technologischen Lösungsversuchen. Diese basieren auf materialistisch-naturwissenschaftlichen Analysen.

Besagte Begriffe werden dabei in einer natur-distanzierten Weise gebraucht: *Natur* ist ein entfremdetes Objekt, Natur wird *quantitativ erfaßt* und *naturwissenschaftlich-technisch "geheilt"*. Dabei spielt das einzelne Lebewesen - ob Tier oder Pflanze - keine Rolle. Außerdem täuscht der Begriff vor, mit einer "richtigen" Anwendung des Umweltschutzes könne die gegenwärtige Kultur ihres Zerstörungs- und Ausbeutungscharakters entkleidet werden.

Wird "Umwelt" in diesem Sinn verwendet, ist sie austauschbar mit einem entfremdeten Naturbegriff. "Umwelterziehung" reiht sich dann mehr oder minder nahtlos in die übrigen schulischen Bemühungen ein, verliert ihren aufklärerisch-kritischen, "alternativen" Charakter, hat vielmehr anpasserische Funktion und ist in Gefahr, die Naturentfremdung des Menschen weiterzutreiben bzw. die Naturbezogenheit allgemein zu verlieren.

3. De Haan (1984, S. 26 f.) zeigt eine weitere folgenschwere Entwicklung auf. In der Bundesrepublik gilt das *"Verursacherprinzip"*: Die, die Natur zerstören, sollen dafür auch zur Verantwortung gezogen werden. Die dadurch erzeugten betriebswirtschaftli-

chen Kosten, zumal wenn Filter- und Reinigungsanlagen angeschafft werden sollen, stoßen schnell an die Grenzen der Finanzierbarkeit durch einzelne Betriebe.

Diese Produktionsgefährdung hat nun zu einer anderen politischen Strategie geführt. Seit einigen Jahren wird das *"Gemeinlastprinzip"* mehr und mehr favorisiert. Das heißt, für "Umweltschutzmaßnahmen" werden staatliche Subventionen gezahlt. Umwelt-"schonendere" Technologien, Beseitigung von Schäden etc. werden vom Staat gefördert und finanziert, damit die industrielle Produktion auf neuem Niveau weitere Fortschritte machen kann.

Dieses Gemeinlastprinzip allen plausibel zu machen, dem einzelnen einzureden, er sei der Verursacher der Probleme, dazu bedarf es besonderer Überredungskunst. *"Umweltbewußtsein" erzeugen*, lautet die Devise. Dieser Aufgabe soll sich auch die Schule stellen. Umwelterziehung wird daher vor allem individualistisch gesehen, ohne gesamtgesellschaftlichen Bezug, so wenn im Beschluß der Kultusministerkonferenz "Umwelt und Unterricht" vom 17.10.1980 zu lesen ist: Aufgabe der Schule sei es, "bei den jungen Menschen Bewußtsein für Umweltfragen zu erzeugen, die Bereitschaft für den verantwortlichen Umgang mit der Umwelt zu fördern und zu einem umweltbewußten Verhalten zu erziehen, das über die Schulzeit hinaus wirksam bleibt."

Aus dieser Perspektive ist Umwelterziehung primär als "staatliche Reaktion auf ökonomisch-politische Legitimationsprobleme zu begreifen" (de Haan, ebd.).

4. Diese Absicht ist besonders klar erkennbar, wenn im Hinblick auf die bedrohliche Zunahme von "Umweltbelastungen" (!) der Beschluß dann fortfährt: "Die Schule kann und muß aufgrund ihres Bildungs- und Erziehungsauftrages ihren Beitrag zur Lösung dieses eindringlichen Problems leisten." Hat die Schule - so möchte man fragen - wohl wieder einmal versagt, weil es immer noch Umweltzerstörung gibt? Die Frage wäre vordergründig. Umwelterziehung soll vielmehr ein schlechtes Gewissen erzeugen, das zum einen es dem Staat erleichtert, eine umweltzerstörerische Politik zu betreiben, der zum anderen die Möglichkeit bietet, dieses durch Zahlung von erhöhten Steuern zu entlasten.

Möglicherweise ist der individualistische Auftrag der Umwelterziehung auch parteipolitisch mitgeprägt. So wird nicht übersehen, daß im Anschluß an die ausführliche individualistische Erziehungsdefinition der Beschluß auch die "Verflechtung ökologischer, ökonomischer und gesellschaftlicher Einflüsse" erwähnt. Hat hier vielleicht die SPD noch einmal "nachfassen" dürfen? Beschlüsse der Kultusministerkonferenz bestanden bisher stets aus mehr oder minder fragwürdigen Kompromissen zwischen CDU/CSU- und SPD-Parteiideologien, bei denen eine humane, kritische und "alternative" Pädagogik meist auf der Strecke blieb. Erst bei dem von diesem Gremium zuletzt aufgegriffenen Thema "Friedenserziehung" weigerten sich die SPD-Kultusminister, die Tradition dieser Harmonie- und Unterwerfungsstrategie fortzuführen, und erstellten ein eigenes, kritisches Papier. (Vgl. Daschner 1983; Schedensack 1983; Rathenow/Stammwitz 1984.)

5. Aufgrund ihrer naturwissenschaftlich-materialistischen Grundlage und - in der Folge - ihrer analytischen Vorgehensweise, ihrer quantitativen Ergebnisse erzeugt "Umweltforschung" neue kognitive Inhalte. Diese tendieren dazu, Schule als "Lernfabrik" von Formeln weiter zu stabilisieren und den Leistungs- und Auslesedruck zu erhöhen. Es ist naheliegend, daß derartige Ergebnisse den Schüler sich selbst und der Natur weiter entfremden, "Umweltverdrossenheit" hervorrufen und die Selbsterfahrung des Menschen als Naturwesen eher erschweren als neue Zugänge dazu aufzuzeigen.

Um die wohl aktuellsten und herausragendsten Probleme aufzugreifen: saurer Regen und Unfälle in Kernkraftwerken. Die Gefahr liegt nahe, daß Säurewerte in Bächen gemessen werden, ohne der Vielzahl der Lebewesen größere Beachtung zu schenken, die im Element Wasser (noch) ihre Lebensgrundlage finden. Der GAU von Tschernobyl hat eine Fülle neuer "zeitgemäßer Lernmöglichkeiten" eröffnet! Wer möchte nicht über die Höchstbelastungsmenge in Rem oder Becquerel-Werte von Milch kompetent urteilen können! Gemüse und Spinat sind nicht mehr Wesen, die leben und wachsen, Flieder in seiner Schönheit kein lebendiges Gegenüber und Gegenstand der Bewunderung, sie sind in erster Linie Objekte, die gemäß ihrer Strahlungsmengen erhaltbar, zu tabuisieren bzw. zu vernichten sind.

So bringen uns Techniker und Politiker mit saurem Regen und Radioaktivität nicht nur Naturzerstörung in großem Ausmaß, sie zwingen uns auch ihre Art des Denkens auf, nämlich Natur in ihren technischen Kategorien zu erfassen. Ist es schon schlimm genug, daß sie unsere Welt zerstören, so wird dabei leicht übersehen, daß sie auch unsere Naturerfahrung und unser

Bewußtsein verändern. Ganz abgesehen davon, daß wir kaum noch Zeit zu haben scheinen, uns mit Schmetterlingen, blühenden Pflanzen und singenden Vögeln zu befassen. So verdrängen Politiker und Techniker auf zweierlei Weise Natur aus unserem Leben und Denken: qualitativ und quantitativ. Sie veranlassen uns, ihre Naturzerstörung zu unserer eigenen zu machen.

Will man trotz der vorgetragenen Bedenken den Begriff "Umwelterziehung" weiterverwenden, so wäre es zur Abgrenzung und Verdeutlichung zumindest angemessen, ihn zu erweitern und von "naturbezogener Umwelterziehung" zu sprechen. Zu ihrer Kennzeichnung seien hier einige Kriterien angefügt:

- Sie stünde in enger Beziehung zu einer "naturnahen Erziehung und Bildung".
- Sie dürfte nicht technologisch und quantitätsorientiert sein, nach dem Motto: "Wieviel SO_2 verträgt der Wald?" Vielmehr müßte sie darum bemüht sein, jedes Lebewesen in seinem Eigenwert in ihre Überlegungen miteinzubeziehen.
- Bei all ihren Aktivitäten strebt sie einen einfühlsamen Umgang mit der Natur bzw. allen Lebewesen der Natur an, nennt in solidarischem Mitdenken die Gefahren, die diesen von den Menschen drohen, und ermuntert die jungen Menschen, sich gleichsam schützend vor alle Lebewesen zu stellen.
- Sie geht von den Erfahrungen des Schülers aus und läßt die jungen Menschen in ihrer Betroffenheit zu Wort kommen.
- Sie hat ganzheitlichen Charakter, ist damit auch fächerübergreifend und projektorientiert. (Technik, Physik, Chemie, Mathematik u.ä. sollten bestimmte Sichtweisen, nicht jedoch herrschende Denkweisen vermitteln!)
- Sie sieht den Menschen als Kultur- *und* Naturwesen
- und hilft so die Distanz zur Natur als einer "verordneten" "Umwelt" zu überwinden.

Die Konzeption einer so orientierten Umwelterziehung müßte vor allem in den Lehrplänen der Fächer wie Biologie, Sozialkunde, Erdkunde, Deutsch, Religion, Kunsterziehung u.ä. auffindbar sein, die Themenstellungen sollten *Anregungen* für den Unterricht bieten.

Naturbezogenheit in ganzheitlichem Sinn als Leitprinzip braucht dabei politische und technologische Kompetenz nicht auszuklammern, diese nimmt jedoch einen anderen Stellenwert ein. Selbstverständlich argumentiert auch eine naturbezogene Umwelterziehung systemkritisch und politisch, motiviert zu politischem Handeln und übt in solches ein.

6. "Ökopädagogik" oder "Naturbezogene Pädagogik" als zugeordnete Wissenschaft

Im Gegensatz zum Begriff "naturnahe Erziehung" ist der der "Umwelterziehung" seit vielen Jahren gebräuchlich. Die mit den beiden Begriffen angezeigte doppelte Perspektive erzieherischen Bemühens im Bereich "Natur und Umwelt" wird aber auch von anderen Autoren gesehen. Die Herausgeber der "Ökopädagogik" (1984) Wolfgang Beer und Gerhard de Haan nennen den einen Schwerpunkt - wie üblich - "Umwelterziehung", den anderen "Ökopädagogik", wobei sie allerdings die bislang vorliegenden Ergebnisse beider Richtungen kritisieren und den Begriff "Ökopädagogik" favorisieren (ebenso Beer 1984, de Haan 1984).

Auch wenn die verschiedenen Beiträge in dem erwähnten Buch die beiden Ansätze "naturnahe Erziehung" und "Umwelterziehung" gleichermaßen beinhalten, wäre weiterhin zu diskutieren, ob der Begriff "Ökopädagogik" klar zum Ausdruck bringt, was eine zugeordnete Wissenschaft zu leisten hat. Sicherlich beinhaltet der heute gebräuchliche Begriff "Ökopax" eine Leitvorstellung von einem friedfertigen Umgang der Menschen untereinander und mit der Natur. "Grüne" "Ökopaxe" - von der politischen Opposition belächelt oder verteufelt - sind engagierte Vorkämpfer für eine solche andere Welt.

Andererseits ist der Begriff "Ökologie" bereits vom herrschenden Wissenschaftsbetrieb vereinnahmt, werden Ökologie wie die Naturwissenschaften insgesamt weitgehend schon wieder analytisch-naturwissenschaftlich festgeschrieben. Das spiegelt sich auch schon in Lehrplänen und Schulbüchern wider. (Siehe Teil II und III.) Als alternativer Begriff für eine Bezugswissenschaft bietet sich möglicherweise der einer *"Naturbezogenen Pädagogik"* an. Bezugswissenschaft wäre auch eine *Anthropologie*, die *Menschen* primär *als Naturwesen* sieht.

7. Erziehen als "Teilhaben lassen an der natürlichen Lebensfülle"

"Vom Erziehen habe ich niemals sehr viel gehalten,

das heißt ich habe stets starke Zweifel daran gehabt, ob der Mensch durch Erziehung überhaupt irgendwie geändert, gebessert werden könne. Statt dessen hatte ich ein gewisses Vertrauen zu der sanften Überzeugungskraft des Schönen, der Kunst, der Dichtung, ich selbst war in meiner Jugend durch sie mehr gebildet und auf die geistige Welt neugierig gemacht worden als durch alle offiziellen oder privaten 'Erziehungen'."
Hermann Hesse (Briefe, 2. erw. Ausgabe 1964)

Erziehung ist vor allem aus folgenden Gründen in Mißkredit geraten:
1. wegen ihrer Anpassungsfunktion an eine zerstörerische Kultur;
2. wegen ihres Repressionscharakters.

Wenn Erwachsene die Natur zerstören, wie dies allenthalben geschieht, wenn sie sich quasi als "Gattung" durch naturzerstörerisches Verhalten auszeichnen, zumindest einer naturzerstörerischen Politik keinen ausreichenden Widerstand entgegensetzen, Regierungen, die eine naturzerstörerische Politik betreiben, mehrheitlich wählen, dann verlieren ihre erzieherischen Maßnahmen und Maßstäbe Glaubwürdigkeit, Sinn und Legitimation. Wenn Erwachsene vorgeben, Jugend auf die Zukunft erzieherisch vorbereiten zu wollen, der sie durch ihr naturzerstörerisches Verhalten gerade die Lebensbasis entziehen, dann muß Erziehung als anmaßend, scheinheilig oder gar zynisch bezeichnet werden. (Vgl. dazu auch de Haan 1985.)

Naturbezogene Pädagogik hat daher in erster Linie gar nicht den jungen Menschen im Blick, sie wendet sich vielmehr an *Erwachsene* und möchte für *diese* eine Herausforderung darstellen: Daß *sie* sich nämlich ihrer natürlichen Lebensgrundlagen und ihrer natürlichen Lebensumwelt bewußt werden, daß sie es lernen, Tiere und Pflanzen zu beobachten und zu bestimmen und die sie umgebende Artenvielfalt als ihren eigenen Reichtum erfahren, daß sie einerseits die Entfremdung von der Natur als Mangel und Bedrohung empfinden, andererseits naturschützerische Betätigung als etwas für sie selbst Lebensnotwendiges verstehen; daß sie erkennen, daß das, was im Fach Biologie gefordert wird, zwar im Sinn einer Anpassung an eine hochtechnisierte, naturwissenschaftlich orientierte Gesellschaft "stimmig" ist, zu einer naturnahen Erziehung aber meist in Widerspruch steht.

Ziel ist es also, daß der Erwachsene zu einem neuen

Selbstverständnis kommt und ein neues Verhältnis seinen Mitmenschen und allen Mitgeschöpfen gegenüber findet.

Damit ist auch die eingangs gestellte Frage beantwortet, ob wir nämlich junge Menschen vielleicht schon von Kindheit an dazu erziehen können, den von der Natur gestellten Bedingungen zu entsprechen: Dies scheint in dem Maße möglich, in dem der Erwachsene ein solches Verhalten überzeugend vorlebt, dem jungen Menschen sein eigenes Verhalten glaubwürdig zu erklären vermag und ihn an seinem naturorientierten Leben teilnehmen läßt.

Naturnahe Erziehung bedeutet dann im einzelnen: Erwachsene sind in der Lage, Natur in ihren vielfältigen Lebensäußerungen an Kinder und Jugendliche zu vermitteln, sie suchen mit jungen Menschen Orte der Natur auf, die zum Verweilen, zum Beobachten, Lernen und Handeln auffordern. Unterricht ist der Ort, an dem im Miteinandersprechen und -handeln Lehrer und Schüler neue Einsichten und Einstellungen gewinnen können; an dem ermutigt wird, sich in politisches Handeln einzulassen. Erziehung kann dabei auch durch andere Begriffe wie etwa den der "Unterstützung" ersetzt werden. (Vgl. Schoenebeck 1984.) In diesem Sinn könnte man von naturnaher Erziehung sprechen,

- wenn der Erwachsene selbst den Umgang mit der Natur als etwas für sich Bedeutungsvolles erfährt und er diese Erfahrung auch jungen Menschen vermitteln kann;
- wenn er Freude beim Betrachten der Natur empfindet und diese Gefühle dem jungen Menschen gegenüber so zum Ausdruck zu bringen vermag, daß dieser sie nachempfinden kann;
- wenn er einen Baum als etwas Schönes und Einmaliges erfahren kann und er es versteht, darüber so zu sprechen, daß seine Zuhörer mit diesen Erfahrungen "umgehen", vielleicht sich sogar mit ihnen identifizieren und sie nachvollziehen können;
- wenn er eine Wanderung durch einen Bergmischwald als erholsames, befriedigendes, möglicherweise auch befreiendes und eindrucksvolles Erlebnis empfindet und er über diese seine Gefühle mit seinen Mitmenschen zu sprechen versteht;
- wenn er mit einem Baum wie mit dem Wald insgesamt gleichsam in ein Zwiegespräch einzutreten versteht, aus dem er Kraft, Trost und "Weisheit" erfährt; er

über diesen seinen Umgang mit der Natur mit jungen Menschen sinnvolle Gespräche führen kann und diese so anzuleiten vermag, daß Natur für sie eine ähnliche Bedeutung gewinnt;
- wenn er etwa im Frühling die Kirschblüte als etwas Beglückendes erfährt, dies mit eigenen Worten oder mit denen anderer - durch Gedichte, Erzählungen u.ä. - jungen Menschen vermitteln kann und Lehrer und Schüler etwa so gemeinsam die Frühjahrsblüte als besonderes Erlebnis erfahren können;
- wenn er Interesse daran hat, mit dem Wald den Rhythmus des Jahres - beginnend mit dem ersten Grün der Bäume, mit den Frühblühern wie Seidelbast, Schlüsselblume und Anemone bis hin zur Reifung der Früchte von Eiche, Kastanie und Buche - bewußt mitzuerleben und die Eindrücke dieses Erlebens mit anderen Menschen zu teilen versteht;
- wenn er aufgrund seiner Artenkenntnis den Wald als ein Beispiel für Lebensgemeinschaft erfährt, der einer Fülle von Lebensarten Heimat bietet und er diese Vielfalt auch als Reichtum seines eigenen Lebens versteht; er von diesen seinen Gefühlen mit anderen sprechen kann, sie so Interesse daran gewinnen, ebenso die Vielfalt des Lebendigen kennenzulernen und als Reichtum ihres eigenen Lebens zu verstehen.

Erziehung bedeutet in diesem Sinn zuallererst Einlassen auf Selbst- und Naturerfahrung. "Selbsterziehung", sie beinhaltet die Bereitschaft, stets neue Erfahrungen in diesem Sinn zu machen und andere an diesen Erfahrungen teilnehmen zu lassen und an den Verhaltensveränderungen, die man dabei selbst erfährt. Dabei ist das Erzieher-Zögling-Verhältnis zugunsten eines partnerschaftlichen Verhältnisses aufzuheben oder auch umkehrbar: Junge Menschen machen oft intensivere Naturerfahrungen als Erwachsene und können Erwachsene an diesen teilnehmen lassen.

Ob man in diesem Sinn vernünftigerweise noch von Erziehung sprechen soll, kann zu Recht bezweifelt werden. Wenn der Begriff "Erziehung" trotzdem hier Verwendung findet, so aus zweierlei Gründen: Zum einen wird hier dem gebräuchlichen Begriff "Umwelterziehung" der einer "naturnahen Erziehung" gegenübergestellt, soll mit diesem polaren und komplementären Begriff das Konzept einer Umwelterziehung kritisch beurteilt werden. Wichtig erschien dabei die Auseinandersetzung mit "Umwelt" als einem ideologischen

Begriff, der der Entfremdung und Verfügbarmachung des Menschen dient. Der erzieherische Aspekt war in diesem Zusammenhang sekundär.

Zum anderen fällt es schwer, einen so komplexen Begriff wie den der Erziehung durch *einen* anderen angemessenen zu fassen. Umschrieben wird er hier mit "Teilnehmen lassen an der natürlichen Lebensfülle". Es ist dabei insofern noch ein Rest des traditionellen Erziehungsverständnisses enthalten, weil Erwachsene in ihrer Verantwortung angesprochen sind, ihr Verhalten so einzurichten, daß dieses vorbildlich wirkt und es der Persönlichkeitsentfaltung des jungen Menschen dient. Inhaltlich ist gemeint: Beachtung und Verwirklichung des Prinzips der Naturnähe mit dem Schwerpunkt "sinnlich-ganzheitliche Naturerfahrung"; und dies im Zusammenleben von Menschen allgemein, von Erwachsenen mit jungen Menschen, im Unterricht, beim Lernen.

Weil auch Lernen integrativer Bestandteil der Vermittlung von Naturnähe ist, wird in dieser Arbeit von "naturnaher Erziehung und Bildung" gesprochen. Bildung schließt hier ein Moment des Wissens ein, aus dem eine rücksichts- und verantwortungsvolle Haltung allem Lebendigen gegenüber erwächst.

8. Lernen als integrativer und nachgeordneter Begriff

Das hier vorgestellte Modell aber mit dem Begriff "Lernen" umschreiben zu wollen, wäre dabei zu kurzschlüssig. Naturnahe Erziehung und Bildung wollen auch Raum für vielfältige Gefühle bieten, ja diese werden oft als wichtiger erachtet als "Lernen". Lehrer und Schüler kommen etwa überein, einen Teich anzulegen. Dann können die ausschlaggebenden Gründe darin bestehen, daß die Beteiligten im Interesse des Naturschutzes etwas Sinnvolles tun wollen und/oder daß es ihnen Freude macht, zu beobachten, wie Tiere und Pflanzen den neu angelegten Weiher besiedeln bzw. wie die eingesetzten Tiere und eingebrachten Pflanzen ein neues Biotop schaffen.

Bei einer naturnahen Erziehung und Bildung haben *Kenntnisse* über die Natur primär *dienenden Charakter*. Wenn etwa Hacker in seinem Lehrbuch über das Curriculum (1979) als "typisches" Beispiel eines Lehrziels anführt: "Die Schüler sollen Blattformen von Laubbäumen beschreiben können" (S.11), so tendiert dieses Ziel auf isoliertes abfragbares Wissen.

Wozu haben junge Menschen - so muß man doch berechtigterweise fragen - es nötig, dieses Können vorzuweisen? Umgekehrt: Warum scheint wohl für Erwachsene diesbezügliches Wissen belanglos? Vordringlich ist im Sinn naturnaher Erziehung und Bildung weniger ein solches vordergründiges Wissen, vielmehr ein anderes Verständnis von Natur.

Zwar hat das Blatt fast jeder Baumart eine andere Färbung, einen anderen Weichheits- bzw. Härtegrad, eine bestimmte Schutzschicht, eine andere Struktur und Form: Dies alles kann distanziert-analytisch erfaßt werden. Aber ich werde ein Lindenblatt doch erst dann als merk-würdig erfahren, wenn ich mit dem Blatt all das verbinden kann, was in Teil III bei den Begegnungsmöglichkeiten mit einer Linde skizziert wird. Und das Blatt eines Kirschbaums gewinnt doch erst durch das Erlebnis der Kirschblüte und der reifen Früchte dieses Baumes eine sinnenhaft-eindrucksvolle und ganzheitliche Bedeutung.

Kirschzweig, H.K., 14 Jahre

Zu der Abbildung schreibt Hans Herrmann (Schulreferat der Landeshauptstadt München u.a. 1977, S. 21):
"Am oben abgebildeten Kirschzweig kann das Auge die

Stelle ermitteln, an der mit dem Zeichnen begonnen wurde. Sie liegt links oben. Das Gefühl für die Schmiegsamkeit des Blattes scheint da zu fehlen, aber es schlummert nur, um sich bald zu regen. Die gleich daneben beginnende Bewegtheit der Formen ist keineswegs auf eine inzwischen vorgenommene Naturbeobachtung zurückzuführen, sondern kommt aus dem Inneren des Zeichners, der nun eine bogige Blattgestalt als Variante der gerade gerichteten realisieren kann."

Wenn sich ein Vierzehnjähriger so intensiv in die Betrachtung eines Blütenzweiges vertieft, daß er diesen derart faszinierend lebendig zu gestalten vermag, wird er diese und andere Naturschönheiten nicht mehr so leicht übersehen. Er wird sich auch die Einzelheiten einprägen: daß der Zweig gleichsam aus kleinen Blumensträußen mit vier bis sechs Einzelblüten, die von kleinen frischgrünen Blättern umsäumt sind, aufgebaut ist, daß sich geöffnete fünfblättrige weiße Blüten mit einem Kranz von gelben Staubgefäßen mit geschlossenen Blüten ablösen, daß die dunkle, etwas gerauhte Rinde in farbigem Kontrast zu den hellen Blüten steht. Und er begreift, daß diese Einzelaspekte erst die Gesamtschönheit eines blühenden Kirschbaumes ermöglichen. Detailerfassen und ganzheitliches Erleben bilden also eine Einheit.

Es ist aber auch die unpersönliche, verallgemeinernde Sprache des Curriculums, die bei Formulierungen wie "Die Schüler sollen Blattformen von Laubbäumen beschreiben können" eher Distanz als Nähe schaffen, zumal ein begründender Kontext oft fehlt. Eine solche Begründung könnte aber ohne die Einbeziehung eines Sinnzusammenhangs nicht auskommen. Dieser ist aber nur durch eine persönliche Stellungnahme zu gewinnen. In seinem Beitrag "Meine Freunde die Blätter" (1965) zeigt Egon Kornmann beispielhaft, wie durch die Einbeziehung persönlicher Überzeugungen die mittels einer "platten" undifferenzierten Curriculumsprache formulierte Forderung einen ganz anderen einladenden Charakter erhält:

"Jedermann kann ein Buchenblatt von einem Eichenblatt unterscheiden. Aber vielleicht noch nicht ein Blatt der Rotbuche von einem der Weißbuche, eines der Ulme von einem der Linde usw. Das erfordert ein eindringendes Betrachten der Form. Das kann zu einem schönen *wissenden* Verhältnis zur Natur führen und sich nicht nur auf Bäume und Sträucher beschränken, sondern zu einem Vertrautsein mit der Welt der Gewächse führen, das jede Wanderung in der Natur aufs schönste bereichern wird."

Obwohl bereits mit diesen Überlegungen Kornmann für ein ganzheitliches Naturerlebnis wirbt, geht er in einer zweiten Betrachtungsstufe noch einen Schritt weiter:

"Aber mit botanischer Kenntnis ist noch nicht gegeben, was nicht im unterscheidenden Wissen liegt, sondern im produktiven Schauen: der Bereich des Bildnerisch-Musischen. Ich möchte dazu ein Wort von Adolf Portman, dem der Kunst zugewandten Biologen, anführen: 'Für den künstlerischen Betrachter öffnet der Blick in die grüne Blättervielfalt ein Zauberreich von intimster Schönheit.'"

Lernen hat also primär Mittlerfunktion, um Erlebnisse und Erfahrungen, die neue Wirklichkeitsbereiche erschließen, vertiefen zu können. Hierbei scheint bei Kindern weniger "Umweltwissen" nötig. Da sind Kinder meist sowieso wacher als Erwachsene: Letztere sind es vor allem, die entsprechendes Wissen bräuchten, um eine naturerhaltende und umweltschonende Politik zu erkämpfen. Für junge Menschen erscheint wichtiger: Zugang zu schaffen zu den vielgestaltigen Lebensäußerungen der Natur, zu den Schönheiten, die die Natur noch bietet. Diese erzieherische Absicht hat ihren Grund allein im jungen Menschen selbst: Er erhält auf diese Weise die Möglichkeit, die Fülle des Lebens kennenzulernen, seine Natur durch die ihn umgebende Natur zu begreifen; er wird in die Lage versetzt, mit dieser Natur teilnehmend mitzuerleben, Freude am Miterleben mit der Natur zu empfinden. Ein solches Lernen dient damit der Selbstentfaltung des jungen Menschen.

Zwei Beispiele sollen dies verdeutlichen: Wenn ich im Frühjahr über den Universitätsplatz gehe, singt dort oft ein Hausrotschwanz mit voller Lautstärke. Gehe ich mit einem Bekannten über den Platz, frage ich ihn: Hörst Du was? Er hält dann kurz inne, lauscht und sagt dann in der Regel: nein. Ich frage dann gezielter, ob er denn den Vogel, der da singt, nicht hört. Jetzt lauscht er intensiver und nach einigem Nachdenken sagt er: Ja, jetzt höre ich ihn.

Als ich mit einem Studenten an einer Halde mit Aushuberde Bruchsteine für ein Biotop im Schulgarten holte, fragte ich den jungen Mann anschließend, ob er auch die Pflanzen gesehen hätte, die zwischen den Steinen blühten. Es wuchsen dort: Kamille, Ackersenf,

Schafgarbe, Wegwarte, Natternkopf, Königskerze u.a. Er verneinte meine Frage.

Was wir nicht kennen, nehmen wir nicht wahr, was wir aber nicht wahrnehmen, existiert für uns auch nicht, an dessen Existenz können wir uns auch nicht freuen und für dessen Dasein können wir uns nicht einsetzen.

9. "Die Kraft des Wachsens in der Natur miterleben"

Kinder wollen in der Regel schnell groß werden und identifizieren sich daher leicht mit Pflanzen, die dies ihnen vormachen. Wenn jeder Schüler einer Klasse im Herbst eine Tulpenzwiebel in die Erde steckt, dann vergleichen die Kinder im Frühjahr - wie dies eine Lehrerin mir erzählte - die Größe der heranwachsenden Blumen. Jeder möchte die größte Tulpe haben, wehe, es bleibt eine Pflanze in ihrem Wachstum augenfällig zurück! Bei einer auf Wettkampf und Auslese basierenden "Erziehung" ist dieses Bedürfnis des Größerwerden-Wollens und den anderen "Ausstechen-Könnens" nur zu verständlich.

Sonnenblumen gehören zu den schnellwachsenden und attraktiven Pflanzen und sind daher besonders geeignet, die Kraft des Keimens, Wachsens und die Schönheit der Blüte miterleben zu lassen.

Der Schüler steckt einen kleinen Sonnenblumenkern in die Erde: Der Keimling durchstößt bald das Erdreich, innerhalb weniger Monate wächst der Stengel sogar über die Größe des jungen Menschen, der die Pflanze betreut, hinaus, kräftige, herzförmige Blätter entfalten sich, zuletzt entsteht als Blüte eine breitangelegte Sonnenblumenscheibe mit über tausend Einzelblüten und einem alle Einzelblüten umfassenden zwei- bis dreifach gestaffelten Kranz von zarten, sattgelben "unechten" Blütenblättern.

Im Laufe des Sommers kommt von außen nach innen fortschreitend stets ein weiterer Kreis der kleinen Blüten zur vollen Entfaltung, so daß sowohl Struktur wie Farbe der Sonnenblumenscheibe nicht einheitlich sind und sich zudem immer wieder verändern. Den Blütenbereich bestimmen - in konzentrischen Kreisen angelegt - verschiedene grün-braun-gelbe Zwischentöne. Der äußere Ring abgeblühter Einzelblüten sieht bräunlich-gelb aus, es folgt das leuchtende Gelb der voll entfalteten Blüten, im Scheibeninnern mit den noch geschlossenen Blüten herrscht ein grünlichbrauner Ton vor. Hier glitzern oft Honigperlen. Wenn man nahe genug an die Blume herantritt, ist ihr würzig-herber Duft wahrnehmbar. Auch aus den gerade am weitesten geöffneten Blütenkelchen holen sich Bienen, Hummeln und Schwebfliegen den Honig.

Zuletzt verdichtet oder wölbt sich die Scheibe - bedingt durch das Wachsen der Kerne - immer stärker. Der Stengel, der das nicht geringe Gewicht hunderter Kerne tragen muß, erhält einen immer größeren Umfang. Zusammen mit dem dichten Blätterwerk stellt sich so die Sonnenblume gleichsam als Sinnbild der Lebenskraft und Lebensfülle dar. Ihre Pracht versuchte schon mancher Maler bildlich festzuhalten, sie könnte auch den Schüler zu bildnerischem Gestalten anregen. - Wenn im Spätsommer die Früchte reif sind, kommen Grünling und Kohlmeise und picken sich die ersten Kerne aus der Sonnenblumenscheibe.

Ausschnitte einer Federzeichnung eines Buben der 7. Jahrgangsstufe. Ein Kranz von großen Blütenblättern faßt die aus Hunderten von kleinen Einzelblüten bestehende runde Scheibe der Sonnenblume ein. In der Originalzeichnung ist die Blume etwa dreimal so groß. Sie ist - was beim Schwarz-Weiß-Druck nicht zu erkennen ist - mit verschiedenen, aus Beizen hergestellten naturnahen Farbtönen gestaltet.

Über Wochen und Monate hinaus kann der Schüler Wachsen und Reifen der Pflanze beobachten, vermittelt ihr Lebensgang neue Eindrücke, gibt die Blume Anlässe zu neuen Entdeckungen, zu Fragen, motiviert sie dazu, sich neues Wissen anzueignen.

Zwar werden im Unterricht schon immer Pflanzen behandelt, war bzw. ist auch die Sonnenblume Gegenstand des Unterrichts. Der Umgang mit ihr wird jedoch oft so vorgenommen, daß der Schüler eine "geköpfte" Sonnenblume vorgelegt bekommt, deren Blütenstruktur er zu sezieren hat. Ein dieser Art naturwissenschaftlich-analytisch orientierter Unterricht wird aber dem jungen Menschen kaum das *Leben* der Pflanze nahebringen.

Schüler reagieren auf einen solchen Unterricht oftmals durchaus sensibel. Als in einer zweiten Klasse die Lehrerin eine mit den Wurzeln ausgegrabene Sonnenblume mitbrachte und betrachten ließ, wünschten einige Schüler, die Blume in einem Beet des Schulgeländes wieder einzupflanzen, um ihr Leben und Wachstumsmöglichkeit zurückzugeben.

10. "Das Unscheinbare in der Natur schätzen lernen"

Unsere Kultur ist leistungs- und konkurrenzorientiert: Große Taten sind erstrebens- und würdigenswert, das Monumentale prägt seit Errichtung der Pyramiden und Tempelbauten der antiken ägyptischen Reiche unser Bewußtsein, Rhein-Main-Donau-Kanal und Wiederaufbereitungsanlage bei Wackersdorf - Projekte, die milliardenfach Leben bedrohen und zerstören - sind letzte Konsequenzen dieser Kulturorientierung. Das Kleine ist bedeutungslos und muß überwunden werden: Ob es der Mitmensch ist, der sich als "leistungsunfähig" erweist, oder die Natur, die dem Leistungs- und Ausbeutungswillen des Menschen unterworfen wird.

Naturnah lebende Völker - die auch das Konkurrenzprinzip ablehnen - sehen dagegen in der Erziehung zur Achtung des anscheinend Bedeutungslosen und Unscheinbaren in der Natur eine wichtige Aufgabe. Das Gefühl für das Kleine in der Natur zu wecken werde - wie ein Zuni-Indiander aus Neu-Mexiko in der Fernsehsendung "Rio Grande" vom 11.6.1984 (von Peter Brugger) erklärte - von seinem Stamm auch heute noch als Erziehungsziel gesehen. Soll dieses Ziel angestrebt und erreicht werden, dann müssen die kleinen Pflanzen in der Natur zum konkreten Leben erweckt werden. Dazu gehört die Anleitung zum aufmerksamen Sehen, zum Verweilen und geduldigen Beobachten, dazu sind vor allem auch Geschichten, Sagen u.a. Erzählungen nötig, die die Schönheit eines Erdrauchs auch für den jungen Menschen anschaulich werden lassen. Ein Indianer wüßte über diese kleine Pflanze und ihren Namen sicher manch Interessantes zu berichten!

Eine Gruppe von Fünftkläßlern half mir beim Aufbauen einer Bruchsteinmauer. Dabei mußten wir jedes Mal, wenn wir weitere Steine heranschafften, eine Wiese überqueren. Nach einigen Trage-Touren fragte ich die Schüler, ob sie auf der Wiese, über die wir ständig gingen, auch Blumen entdeckt hätten. (Die Artenvielfalt dieses Biotops war zu jener Zeit sehr begrenzt, weil es drei Monate vorher noch als gutgedüngter Rasen gedient hatte.) Die Kinder schauten umher und zeigten dann auf zwei Exemplare Ackersenf. Sonst, meinten sie, blühten hier keine Blumen. Ich machte sie daher auf eine durch das Gras etwas verdeckte Blüte des Roten Gauchheil aufmerksam und sagte ihnen, daß und weshalb mir diese kleine Blume besonders gut gefiele: Mit ihren fünf kleinen Blütenblättern und der roten Farbe wirke sie auf mich wie ein kleiner leuchtender Stern. Das Rot sei eine Farbe, die besonders gut zu Grün passe (Komplementärfarben!), Rot werde als eine auffallende und anziehende Farbe angesehen. Als Beispiele nannte ich "rote Lippen" und "rote Rosen", wobei letztgenannte Blumenart vor allem wegen ihres attraktiven Rots auch als Symbol für Liebe gelte. Und auch in seiner Kleinheit stelle die Blüte des Roten Gauchheils eine Besonderheit dar, sei die doch eine der wenigen roten Blumen unserer Heimat, deren Rot keine Mischfarbe zu Lila oder Rosa hin darstelle. Zudem gefiele mir die Klarheit des Aufbaus der Blüte, wie zwischen den fünf Blütenblättern die fünf Kelchblätter hervorschauten und den fünf Blütenblättern fünf gelbe Staubgefäße zugeordnet seien. "Jetzt sehe ich noch eine andere Blüte des Roten Gauchheil", ruft ein Bub, "ja die Blüte leuchtet direkt auf dem grünen Hintergrund."

Ich erklärte den Schülern den Namen der Pflanze: Früher versuchte man mit dem Gauchheil Geisteskrankheiten zu heilen (Gauch = Narr).

Ob auf der Wiese - neben gelb und rot - auch blau blühende Blumen wüchsen, fragte ich. Zuerst war ein allgemeines Kopfschütteln zu registrieren, dann fanden wir doch die winzigen blauen Blüten des Feld-Ehrenpreis. Dutzende waren es, und die Kinder wunderten sich, daß sie keine der blauen Blüten vorher entdeckt hatten.

Jetzt war die Aufmerksamkeit für Wiesenblumen bei allen geweckt. Einige Schüler wiesen mich auf die Braunelle hin. Schon wollte ich weitergehen, als uns ein Bub aufforderte: "Gehen wir doch nicht mehr über die Wiese, sonst zertreten wir die Blumen."

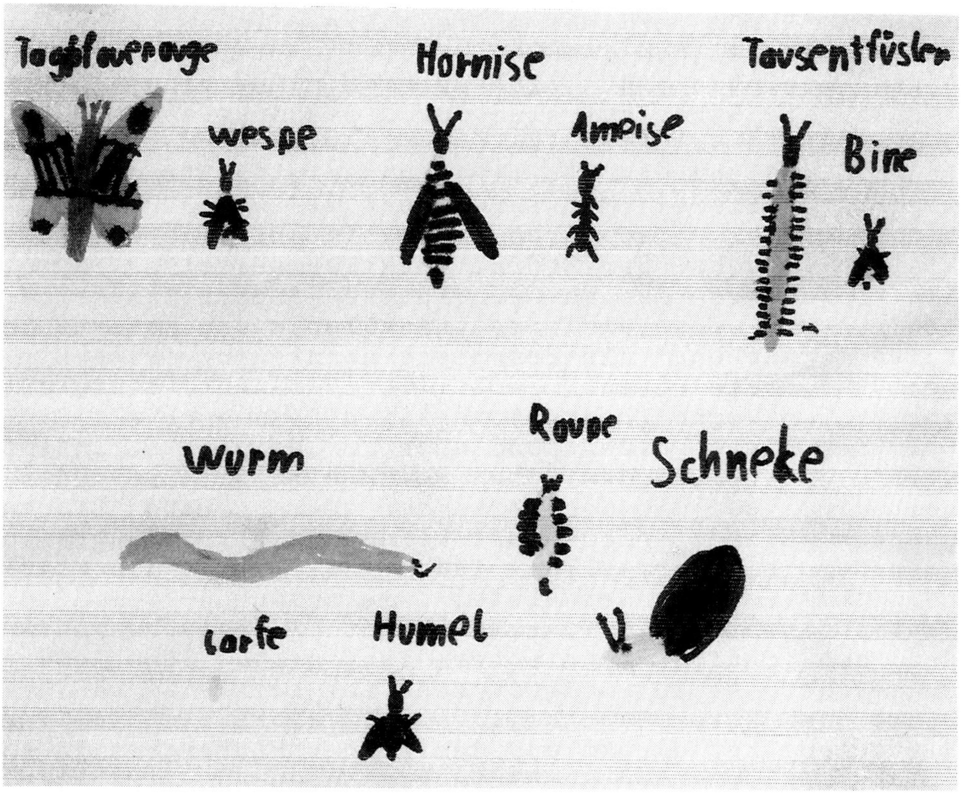

Michael aus einer 2. Klasse hat die bei Erkundungen im Schulgarten beobachteten kleinen Lebewesen spontan in einem Schaubild für die Schulgartenchronik zusammengestellt.

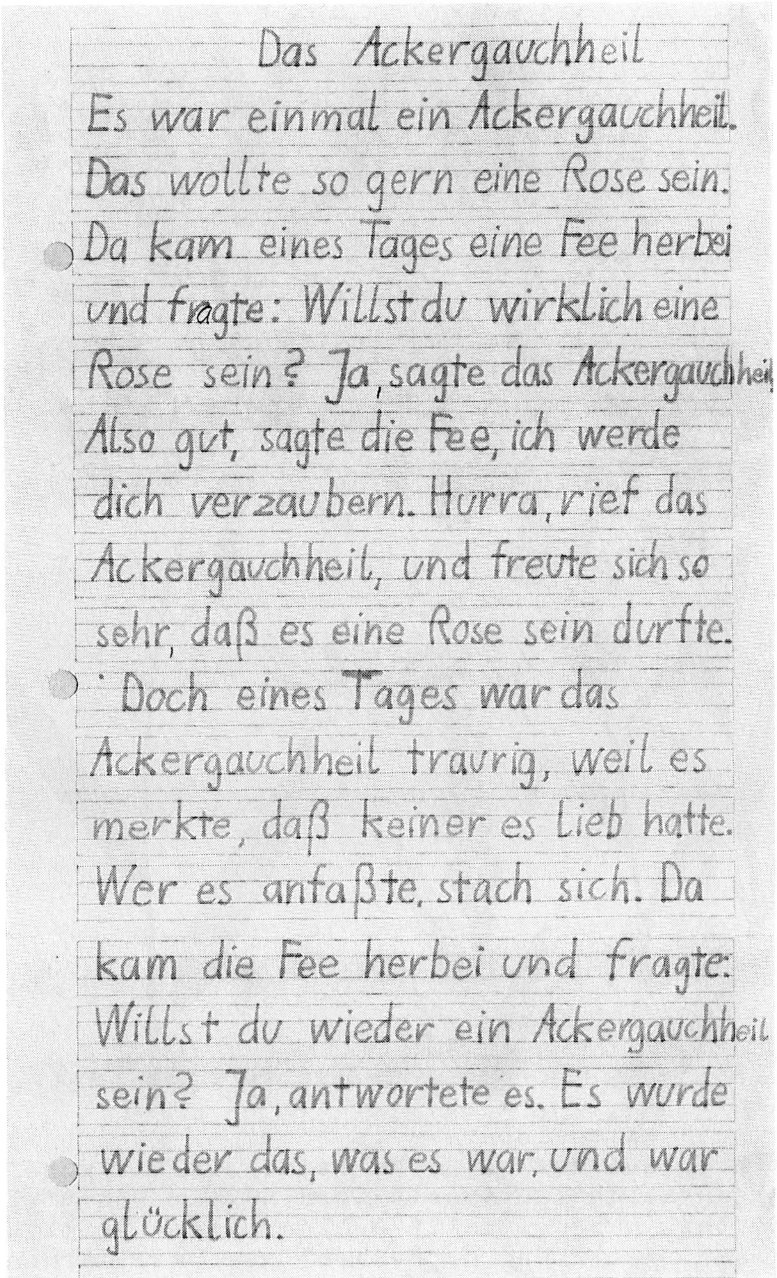

Das Ackergauchheil

Es war einmal ein Ackergauchheil. Das wollte so gern eine Rose sein. Da kam eines Tages eine Fee herbei und fragte: Willst du wirklich eine Rose sein? Ja, sagte das Ackergauchheil. Also gut, sagte die Fee, ich werde dich verzaubern. Hurra, rief das Ackergauchheil, und freute sich so sehr, daß es eine Rose sein durfte.

Doch eines Tages war das Ackergauchheil traurig, weil es merkte, daß keiner es lieb hatte. Wer es anfaßte, stach sich. Da kam die Fee herbei und fragte: Willst du wieder ein Ackergauchheil sein? Ja, antwortete es. Es wurde wieder das, was es war, und war glücklich.

Die Spannung zwischen dem Wunsch nach dem Großen und Attraktiven und dem Kleinsein - und dabei sich Wohlfühlen - hat Stefanie aus derselben 2.Klasse in diesem selbstverfaßten Märchen sehr schön zum Ausdruck gebracht.

Gräser sind unscheinbar, sie scheinen gleichsam nur das Garniergrün der Natur zu sein. Ihr Artenreichtum und deren Vielgestaltigkeit werden kaum beachtet. Daß sie Blüten haben, fällt wohl nur dem aufmerksamen Beobachter auf. Und doch wäre das milliardenfache Menschenleben ohne die kultivierten Gräser, die Getreidearten, undenkbar. - Die hier abgebildeten Grasrispen sind vom Schüler einer 8. Klasse mit Feder und Tusche - ohne Auftrag und unabhängig vom Unterricht - empfindsam und mit großer Detailauseinandersetzung gestaltet.

11. "Sich auf ein Zwiegespräch mit dem Lebendigen einlassen"

Federzeichnung verlangt Vertiefung in das Gegenüber, das man ausgewählt hat. Den Begriff "Gegenstand" sollte man dabei nicht vorschnell verwenden, weil es sich bei vorliegendem Beispiel um ein Einlassen auf etwas Lebendiges handelt, sogar um etwas, was durch das Zeichnen neu zum Leben erweckt wird. (Vgl. auch die Schülerzeichnung von Elefanten in Teil II.) Man könnte es ein Zwiegespräch mit einem Gegenüber nennen, dem man durch dieses Gespräch gleichsam eine neue Bedeutung zuerkennt. Aber es ist dies kein einseitiger Vorgang. Während der Zeichner gestalterisch tätig ist, wird er durch dieses Sich-Einlassen auf sein Gegenüber selbst verändert. Gräser werden - um beim genannten Beispiel zu bleiben - seine neuen Lebensbegleiter.

Die Betrachtung über den Zeichenvorgang führt so wie selbstverständlich zu einem neuen Prinzip der Naturnähe, das man mit "Sich-Einlassen auf ein Zwiegespräch mit dem Lebendigen" bezeichnen könnte.

Der Architekt Hans Döllgast meinte einmal: Was man nicht zeichnet, hat man nicht gesehen. (Wieland 1984) Mag dies auch überspitzt formuliert sein, so kann doch jeder die Erfahrung selbst nachvollziehen, wie intensiv man sich auf einen Gegenstand einlassen muß, bevor man ihn zeichnerisch gestalten kann. Das Foto, das zwei Grundschüler beim Zeichnen zeigt, läßt etwas von dieser Atmosphäre erahnen, die verweilendes Betrachten, gespannte Aufmerksamkeit, Fesselung vom Gegenstand bzw. Versenkung in eine neuentdeckte Welt beinhaltet. (Aus Mahlke 1968)

Aus der Fülle des Angebots muß erst einmal ein bestimmtes Gegenüber erwählt bzw. herausgelöst werden. Details, Strukturen und Formen sind zu bestimmen, das Wesentliche zu erfassen, das Einzelne muß zum Ganzen in Beziehung gesetzt werden. Die Feder zwingt stets zu einer klaren Aussage. Dabei wird der Gegenstand mit neuem Leben erfüllt, die Schönheit der Pflanze durch die schöne Gestaltung der Zeichnung auf neue Weise zugänglich. (Vgl. etwa Herrmann 1963, Herrmann/Meiss 1963.)

Ob ein Schüler einer zweiten oder ein Schüler einer achten Klasse eine Schnecke zeichnet oder die Lehrerin Schneckenhäuser: Immer wird dieses Sich-Einlassen auf das, was man zum Zeichengegenstand erwählt hat, zu einem Erlebnis mit der Natur führen

und zu neuen Erfahrungen verhelfen können. Dabei wird eine Lehrerin, die - wie Christine Harisch - so vorzüglich zu zeichnen versteht, ihren Kindern entsprechende Erlebnisse besonders trefflich zu vermitteln vermögen. Zudem wird das gleichartige Beschäftigen mit den erwählten Gegenständen das gegenseitige Verstehen von Schülern und Lehrer/in erleichtern. Aber sicher wäre es ein Mißverständnis, wollte man bei beiden Akteuren - bei Schülern und Lehrern - künstlerische Begabung oder technische Vollkommenheit voraussetzen oder anstreben. Unabhängig von derartigen Voraussetzungen oder Zielen kann zeichnerisches Gestalten einen Zugang zu vertiefender Naturbetrachtung und -begegnung schaffen.

Wenn hier trotzdem zu den Schülerzeichnungen ein - im Original kolorierter - Stich des 19. Jahrhunderts dazugesellt wird, so aus zweierlei Gründen: Der Stich

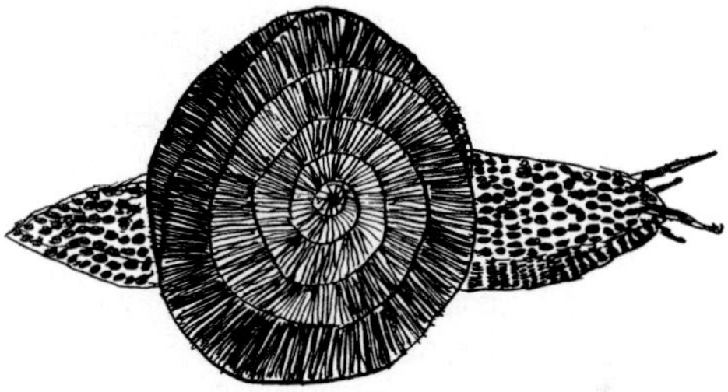

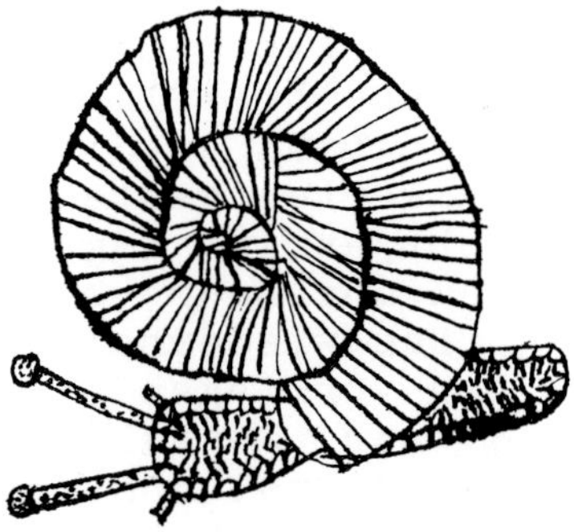

oben: Federzeichnung eines Achtkläßlers
oben rechts: Zeichnung des achtjährigen Edgar
rechts: kolorierter Stich des 19. Jahrhunderts
unten: Zeichnungen von Christine Harisch

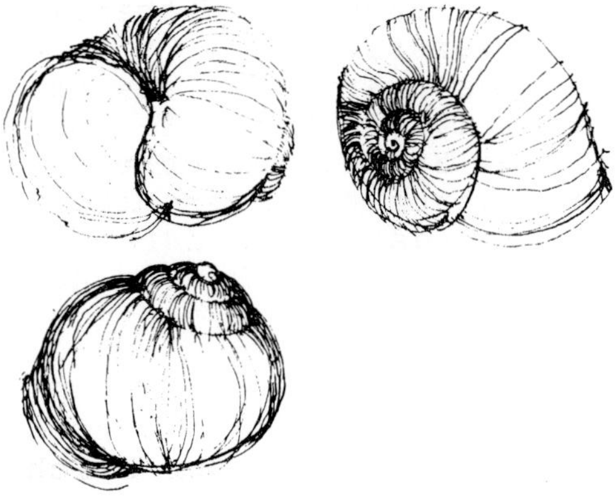

zeigt sehr anschaulich, wie der Graveur in einer der Federzeichnung sehr ähnlichen Weise die Schnecke bis ins Detail wesensmäßig erfassen und dem Betrachter als etwas Lebendiges vorstellen konnte; und wie genauso trefflich auch die Schüler - ihrem Alter entsprechend - die verschiedenen Strukturen und Bedeutsamkeiten gestalterisch zu erfassen vermochten. (Der achtjährige Edgar etwa zeichnet die Schnecke von oben und ihr Haus von der Seite.)

Das wiederholte Einbeziehen von Federzeichnungen in den vorliegenden Band und die Auseinandersetzung mit dieser Gestaltungsweise bedeutet keine Abwehr anderer Gestaltungsmöglichkeiten. Bildnerisches Gestalten etwa durch Farbe wird hier vor allem deshalb nicht einbezogen, weil entsprechende Reproduktionen nicht in die Arbeit aufgenommen werden konnten.

Zeichnen und Malen sind zwar vorzügliche Medien, um sich mit der Natur vertiefend und kreativ einzulassen. Sie werden hier jedoch vor allem als Beispiele angeführt, und zwar als solche für die Wahrnehmung durch den seherischen Sinn. Ganzheitliche Erziehung und Bildung beziehen aber alle Sinne mit ein. Hier sei in erster Linie noch auf den Hörsinn hingewiesen. Geht man an einem Frühlingsmorgen in die Natur hinaus, so kann man wohl noch an vielen Orten der Bundesrepublik Gesänge und Rufe von einem Dutzend oder mehr Vogelarten wahrnehmen. Sich immer wieder sekunden- oder minutenlang darin vertiefen, welcher Vogel zu hören ist, welche typischen Laute er äußert, was er mit seinen Rufen oder mit seinem Gesang zum Ausdruck bringen will, ob er verhalten oder mit voller Lautstärke seinen Ort anzeigt, wie man die wahrgenommenen Laute und Melodien charakterisieren möchte, wie sie auf einen wirken - das alles können tiefgreifende Naturerlebnisse und -erfahrungen darstellen, Möglichkeiten, die vorhandene Natur als Reichtum des eigenen Lebens zu verstehen.

Wie sich Naturvölker auf diese Art des Zwiegesprächs einlassen, zeigt etwa das in Teil II angeführte Beispiel über die Falkata-Bohne. Wer mehr über diese Art des Umgangs mit der Natur erfahren möchte, lese die Bücher von Carlos Castaneda.

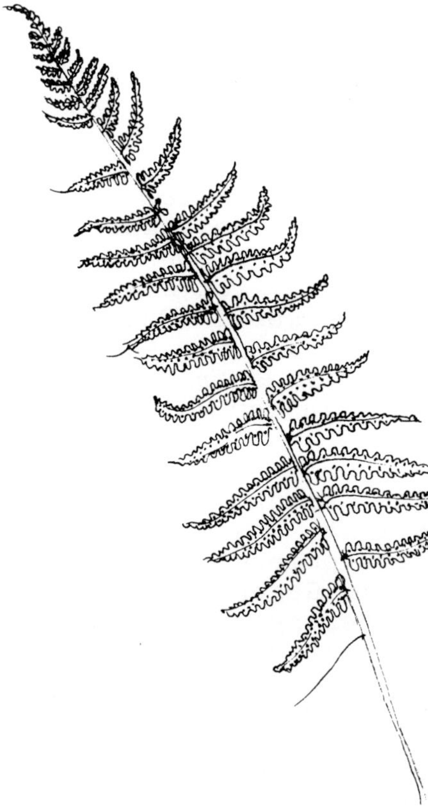

Farn

Wicke

Die von Christine Harisch gestalteten Federzeichnungen einer Wicke, eines Farn- und eines Haselwurzblattes entstammen einer Broschüre mit dem Titel "Gauaschach - Ein Dorf wird liebenswert" (zitiert als Mahlke 1968), in der sich zwei Klassen mit ihrer Lehrerin und ihrem Lehrer ihr Heimatdorf mit seinen kulturellen Eigenarten und vielgestaltigen Naturerscheinungen mittels Foto und Feder "aneigneten".

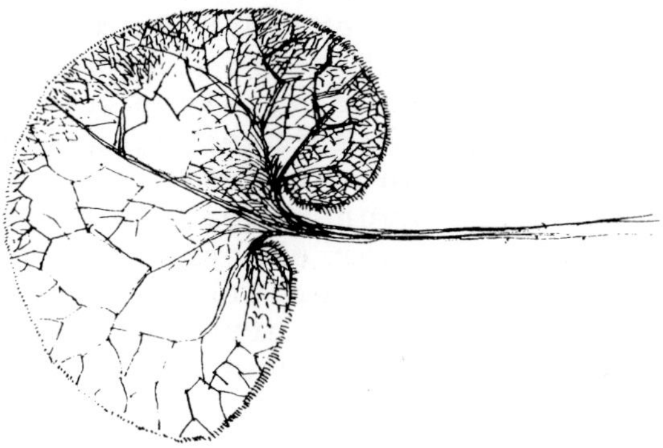

Haselwurz

12. "Sich vertraut machen"

"... Was heißt 'zähmen'?" (fragte der kleine Prinz.)
"Das ist eine in Vergessenheit geratene Sache", sagte der Fuchs. "Es bedeutet: sich 'vertraut machen'."
"Vertraut machen?"
"Gewiß", sagte der Fuchs. "Du bist für mich noch nichts als ein kleiner Knabe, der hunderttausend kleinen Knaben völlig gleicht. Ich brauche dich nicht, und du brauchst mich ebenso wenig. Ich bin für dich nur ein Fuchs, der hunderttausend Füchsen gleicht. Aber wenn du mich zähmst, werden wir einander brauchen. Du wirst für mich einzig sein in der Welt. Ich werde für dich einzig sein in der Welt..."
Saint-Exupéry (1956,S.49)

Saint-Exupéry hat in seinem "Kleinen Prinz" in bildhaft ausdrucksvoller Weise dargestellt, was es heißt, dem Lebendigen in der Natur näherzukommen. Dies gelingt, wenn sich der Mensch auf sein Gegenüber einläßt, wenn er sich mit den Lebensäußerungen des anderen vertraut machen will. Dies verlangt einen persönlichen Einsatz. Sich dem anderen nähern bedeutet dabei, daß sich die Beziehungen ändern. Ein neues, intimes Verhältnis bahnt sich an.

"Einzig" kann dabei nur das Individuelle sein. So wird sich auch beim jungen Menschen die Beziehung zur Natur zu allererst über das Einmalige entwickeln, nicht über eine Tier- oder Pflanzengattung. Und das neue Vertraute wird - wie der Fuchs dem kleinen Prinzen verständlich zu machen versucht - eine einzigartige Lebensbereicherung darstellen.

"... Aber wenn du mich zähmst, wird mein Leben wie durchsonnt sein. Ich werde den Klang deines Schrittes kennen, der sich von allen anderen unterscheidet. Die anderen Schritte jagen mich unter die Erde. Der deine wird mich wie Musik aus dem Bau locken. ..."

Beim wechselseitigen Vertrautwerden wird nicht nur der Partner ein anderer, sondern man vermag - wie der Fuchs weiter erklärt - die Dinge auf neue und einmalige Weise wahrzunehmen.

"... Und dann schau! Du siehst da drüben die Weizenfelder? Ich esse kein Brot. Für mich ist der Weizen zwecklos. Die Weizenfelder erinnern mich an nichts. Und das ist traurig. Aber du hast weizenblondes Haar. Oh, es wird wunderbar sein, wenn du mich einmal gezähmt hast! Das Gold der Weizenfelder wird mich an dich erinnern. Und ich werde das Rauschen des Windes im Getreide liebgewinnen."

Aber das "Sich vertraut machen" verlangt Zeit, Geduld und feste Regeln, wie der Fuchs auf die entsprechende Frage des kleinen Prinzen treffend Auskunft zu geben vermag.

"Was muß ich da tun?" sagte der kleine Prinz.

"Du mußt sehr geduldig sein", antwortete der Fuchs. "Du setzt dich zuerst ein wenig abseits von mir ins Gras. Ich werde dich so verstohlen, so aus dem Augenwinkel anschauen, und du wirst nichts sagen. Die Sprache ist die Quelle der Mißverständnisse. Aber jeden Tag wirst du dich ein bißchen näher setzen können..."

Am nächsten Morgen kam der kleine Prinz zurück.

"Es wäre besser gewesen, du wärst zur selben Stunde wiedergekommen", sagte der Fuchs. "Wenn du zum Beispiel um vier Uhr nachmittags kommst, kann ich um drei Uhr anfangen, glücklich zu sein. Je mehr die Zeit vergeht, um so glücklicher werde ich mich fühlen. Um vier Uhr werde ich mich schon aufregen und beunruhigen; ich werde erfahren, wie teuer das Glück ist. Wenn du aber irgendwann kommst, kann ich nie wissen, wann mein Herz da sein soll... Es muß feste Bräuche geben."

Beim letzten Zusammenkommen spricht dann der Fuchs die entscheidende Konsequenz an: "Du bist zeitlebens für das verantwortlich, was du dir vertraut gemacht hast."

Daß dieses "Sich vertraut machen" ein wechselseitiger Vorgang ist, veranschaulicht ein Erlebnis, das Jane van Lawick-Goodall in ihrem Buch "Wilde Schimpansen" erzählt. Jahrelang war die Forscherin am Gombe-Strom einer Schimpansengruppe gefolgt, um das Verhalten der Tiere zu studieren. Nach Jahren des geduldigen Bescheidens akzeptierten schließlich die Schimpansen den Menschen als Begleiter, ja sie warteten bei ihren täglichen Wanderungen sogar, wenn ihnen die Frau nicht schnell genug durch das Dickicht zu folgen vermochte. Eines Tages zeigte dann David, einer der Schimpansen, ihr sein großes Vertrauen:

"Einmal, als ich dicht bei ihm am Rande eines kleinen kristallklaren Rinnsals saß, sah ich eine reife, rote Palmfrucht auf dem Boden liegen. Ich hob sie auf und streckte sie David auf meiner flachen Hand entgegen. Er wandte den Kopf ab. Aber als ich meine Hand ein wenig näher schob, sah er erst sie, dann mich an, nahm sich dann die Frucht und hielt dabei meine Hand fest und sanft mit der seinen. Als ich regungslos sitzenblieb, ließ er meine Hand los, sah die Palmfrucht an und ließ sie zu Boden fallen.

In diesem Augenblick bedurfte ich keiner wissenschaftlichen Vorkenntnisse, um zu begreifen, daß er mich beruhigen wollte. Nicht mit meinem Intellekt, sondern auf einer elementareren emotionalen Ebene verstand ich, was der sanfte Druck seiner Finger bedeuten sollte: Die uralte Barriere, die im Laufe der Entwicklung zwischen dem Menschen und dem Schimpansen emporgewachsen ist, war für die Dauer jener wenigen Augenblicke überwunden" (S. 221).

13. Analogie und Zusammenhang: bebaute Wohnwelt - "natürliche" Landschaft

Im Gegensatz zu der hier angesprochenen pädagogischen Aufgabe "Identifizierung mit der Natur als Heimat" werden *Identifikationsmöglichkeiten mit der Heimat als bebautem Kulturraum* - Stadt, Dorf, Weiler - breiter diskutiert. So ist auch die Notwendigkeit der Geborgenheit durch eine gut gestaltete bauliche Umwelt bereits besser erkannt. Auch hier war der Anlaß Fehlverhalten in der Zeit nach Kriegsende bis heute: Moderne Trabantenstädte, wie sie am Rande vieler Großstädte entstanden, sind in ihrer reinen *Zweckmäßigkeit* austauschbar. Diese Austauschbarkeit bezieht sich nicht nur auf andere Städte, sie hat internationale Dimension: Münchens Neuperlach ist ohne wesentliche Veränderungen nach Hongkong oder Johannisburg versetzbar. Mit ihrer Allerweltsarchitektur und Anonymität können derartige Trabantenstädte dem Menschen kaum ein Heimatgefühl vermitteln. Gefühle der Verlorenheit, Verlassenheit und Trostlosigkeit befallen den Bewohner von Wohnsilos: der Mensch wird krank. (Vgl. etwa Mitscherlich 1969, Schultz 1971.)

Die Trostlosigkeit findet nur dann einen mildernden Ausgleich, wenn - wie z.B. bei der Trabantenstadt Königswiesen in Regensburg - die unmittelbare Umgebung des Wohnumfelds noch intakte Identifikationsmöglichkeiten bietet.

Mit derartigen, durch das Fehlen besonders geprägter (und prägender) und einmalig gestalteter architektonischer Bezugspunkte gekennzeichneten Stadtlandschaften kann die flurbereinigte, von fast allen individuellen Merkmalen ausgeräumte und daher ebenso austauschbare Landschaft verglichen werden. Die Zerstörung von prägenden Elementen geht dabei so weit, daß selbst größere natürliche Merkmale ausgelöscht werden. So beseitigte die Flurbereinigung an den Weinbergshängen des Schwanbergs in Unterfranken alle für die dortige Landschaft typischen Hügel. (Siehe Weiger 1979.) Am Kaiserstuhl bei Freiburg schuf die Flurbereinigung an Weinbergshängen Kunstbauten von riesigen Ausmaßen: Felsbänke und Landstufen, Schluchten und Vorsprünge, Schuttfluren und Orchideenwiesen - alles, was einst den Reiz der Reblandschaft ausmachte, aber den Maschineneinsatz störte, wich bis zu 60 Meter tiefen und 20 Meter hohen, nach innen geneigten Ingenieurwerken aus Beton. (Bölsche u. Peck 1983, III: S. 85) Eine derartig entseelte und den technischen Bedürfnissen völlig angepaßte Landschaft begründet die Heimatlosigkeit des modernen Menschen mit.

Bereinigte Rebfluren in Baden-Württemberg: Statt Schluchten und Orchideenwiesen Betonplateaus von riesigen Dimensionen
(Aus: Der Spiegel, 19/1983, S.85)

In bezug auf Identitätsmöglichkeiten und Heimatgefühl bietet die *Strukturiertheit* von Stadt und Natur bzw. Land ein zweites Vergleichsmerkmal. Ausgeräumte großmaschinengerechte Landschaften und Hochhäuserkonglomerate sind in ihrer dem Menschen - und den meisten übrigen Lebewesen - unangemessenen Großstrukturiertheit ähnlich. Anders die traditionelle jahrtausendelang, noch bis in die Nachkriegszeit vorhandene Kulturlandschaft, die durch ihre Unterteilung mittels Hecken, Baumgruppen, Einzelbäumen und Bachläufen einen individuellen, vielgestaltigen Lebensraum für Tier *und* Mensch schuf. Analoges galt für Bauten und Städte etwa bis zur gleichen Zeit, vor allem bis zu Beginn unseres Jahrhunderts. Vielgliedrigkeit und individuelle Gestalt ermöglichten die Identifizierung des Menschen mit *seiner* Stadt.

Alte Städte passen sich zudem - ähnlich wie alte Straßen - der Landschaft in ihrer Vielgestaltigkeit als Voraussetzung für Leben in ihr positiv an, schaffen nicht - wie dies für moderne Städte oder Stadtteile oft zutrifft - erst neue Landschaften, wodurch die vorgefundene individuelle Gestalt der alten zerstört wird. Sie vermitteln so eine *neue harmonische Einheit* von vorgefundener Natur und die natürlichen Gegebenheiten berücksichtigende Wohnwelt. Durch ihre Anpassung an die stets einmalige Natur sind sie nie beliebig austauschbar, vielmehr selbst einmalig: günstige Voraussetzung für die Identität des Menschen mit seiner Umgebung als Heimat. (Vgl. etwa die Dokumentation über Grundlagen und Merkmale der Stadtqualität, dargestellt am Beispiel Dinkelsbühl (Bayern); hrsg. v. Bayer. Staatsministerium des Innern, Oberste Baubehörde 1975.)

Bedingt durch die in unserer Gesellschaft traditionell üblichen Erziehungsvorstellungen von der Mittelpunktstellung des Menschen und seiner Leistungen wurden Zerstörungen des bebauten Wohnumfeldes, etwa alter Stadtstrukturen, generell: Fehlleistungen im Bereich der Stadtplanungen eher thematisiert als solche im Bereich der landwirtschaftlich genutzten natürlichen Umwelt. Bauten der verschiedenen Zeitepochen - der Romanik, Gotik, Renaissance usw. - erfreuen sich als Kulturleistungen hoher Wertschätzung. Um Eingriffen in ihre Substanz vorzubeugen, wurden Gesetze - vor allem denkmalpflegerischer Art - erlassen. Hier erkannte und anerkannte man die Identifikationsmöglichkeit des Menschen mit der von ihm geschichtlich geschaffenen Umwelt. Man wurde sich bewußt, daß ein Verlust der vom Menschen geschichtlich geschaffenen Umwelt den Verlust der eigenen sichtbaren Geschichte des Menschen nach sich zieht und damit den von sichtbaren Identifikationsmöglichkeiten mit der geschichtlich gewachsenen Heimat. Dabei darf allerdings nicht übersehen werden, daß Profitinteressen die Erhaltung überbrachter Stadtkultur auch heute noch erschweren. (Vgl. Profitopolis.)

Unterricht greift das Thema der Erhaltung von städtischen Kulturleistungen auf, vermittelt die ihnen im traditionellen Bildungsverständnis zukommende Wertschätzung und schafft so für den Schüler Identifikationshilfen. Schwerpunkt derartiger Bemühungen sind Fächer wie Heimatkunde und Geographie.

Ein analoges Bewußtsein für den Wert landwirtschaftlich genutzter Kulturlandschaft und ein entsprechendes Handeln fehlen fast völlig. Im Gegensatz zur geschichtlich gewachsenen Stadt wird die kleinstrukturierte, vielfältigem Leben geöffnete Kulturlandschaft weit weniger als Erfahrungsmöglichkeit gesehen, die zeigt, wie der Mensch seine jahrtausendealte Kultur mit der Natur oft in Harmonie aufbaute. Alte kleinstrukturierte Weinbergszellen mit ihrer Lebensvielfalt, allgemein: gewachsene landwirtschaftliche Kulturlandschaften mit ihrer Erscheinungsvielfalt stellen heute dem menschlichen Handeln schutzlos ausgelieferte Kulturwerte dar. Ganz zu schweigen von der vom Menschen unberührten Natur, wie sie noch in Mooren und naturbelassenen Bachläufen mit ihrer Auenlandschaft in wenigen Beispielen auffindbar ist. Natur als seelenloses Material kann daher weitgehend ohne Einschränkungen auch in Zukunft Nutzungs- und Profitinteressen ausgeliefert werden.

14. Identifizierung mit einer neu zu schaffenden Einheit von Stadtkultur und Natur

Ein Verständnis von Natur, wie sie naturnah lebenden Völkern eigen war und teilweise auch noch ist, ging durch die - historisch bedingte - Zentrierung auf die Stadt verloren. Die damit verbundene einseitige *Identifizierung mit der Stadtkultur* hat zum fast völligen Verlust natürlicher Beziehungen geführt, was unsere Kultur zu einer gewalttätigen werden ließ, mit den eingangs erwähnten Konsequenzen.

Will unsere Gesellschaft den Charakter der Ausbeutung und Friedlosigkeit überwinden, so müßte sie eine neue Einheit von Kultur und Natur schaffen. Diesbezügliche Bemühungen sind etwa dokumentiert in einer von Wolfgang Mahlke, Prof. für Kunsterziehung an der Universität Würzburg, herausgegebenen Schriftenreihe über das Federzeichnen. Die Hefte sind Beispiele dafür, wie Kinder - schon Erstkläßler - durch das Zeichnen ihre Umwelt bewußt in allen Einzelheiten wahrnehmen und neu sehen lernen, kreativ zu ihrem Besitz werden lassen und liebgewinnen. Dargestellt werden Haus und Hof, Hausrat und Werkzeug, Mauer, Tor und Bildstock, Tiere und Pflanzen im unmittelbaren Erfahrungsbereich, die die Wohnumgebung prägenden Büsche und Bäume, das Dorf und die Stadt als Ensemble, alle Besonderheiten, die zum natürlichen und kulturbedingten Lebensumfeld gehören. Die Zeichnungen - in verschiedenen Bändchen zusammengestellt und mit erläuternden Texten versehen - sind Zeugnisse einer Sicht von Heimat, die der Schüler sich selbst geschaffen hat.

Folgende Hefte seien beispielhaft erwähnt:

1. Gauaschach - Ein Dorf wird liebenswert. Von Christine Harisch-Lesar und Karlheinz Harisch, Lehrer in Gauaschach, Landkreis Karlstadt am Main, Würzburg 1968.

2. Junge Leute zeichnen, erwerben, besitzen, erhalten Klingenberg. Federzeichnungen einer Hauptschulklasse von 1974 - 1976. Von Alfred Ebert, Lehrer an der Hauptschule Klingenberg, Würzburg 1976.

3. Schule Altenbuch. Von Gabriele Becker und Josef Weiß, Lehrer der Altenbucher Volksschule.

Aus: Junge Leute zeichnen, erwerben, besitzen, erhalten Klingenberg

Ich zeichne die Burg, aber zeichne das, was dazugekommen ist nicht, weil das Gebäude die Einheit meiner Zeichnung zerstört. Im romantischen Buntsandsteinmauerwerk wirkt es als Fremdkörper. Und wegen diesem Gebäude hat die alte Zugbrücke weichen müssen.

15. Zum Verhältnis von Kultur und Natur - Konsequenzen für eine Naturbezogene Pädagogik

Die Zivilisationsgeschichte - vor allem abendländischer Prägung - ist gekennzeichnet durch die Entwicklung einer Kultur, die ihre großen Leistungen durch Erfassung und Anwendung von Naturgesetzen in einem naturwissenschaftlich-analytischen Sinn hervorbrachte. Als Emanzipationsbewegung von der Natur mit gleichzeitigem Herrschaftsanspruch über die Natur und Ausbeutungscharakter der Natur gegenüber verlor diese Kultur weithin den Bezug zu den alles Leben ermöglichenden Lebensgesetzen.

So ist unsere Kultur gekennzeichnet durch die hohe Würdigung des vom Menschen Geschaffenen: Die Tempel der vorchristlichen ägyptischen Reiche, die antiken Bauten der Griechen und Römer, die Paläste der Renaissance - als geschichtliche Zeugnisse dieser Kultur verdienen sie größte Wertschätzung, für ihre Erhaltung und Sanierung werden Hunderte von Millionen Dollar ausgegeben. 1983 wurde das Evangeliar Heinrichs des Löwen von der Bundesrepublik Deutschland und anderen Geldgebern bei Sothebys in London für 32,5 Millionen Mark ersteigert. (Gerstl 1986) Schon für ein einziges Gemälde von Rembrandt werden ebenfalls -zig Millionen Mark bezahlt. Für die Rettung einer Tier- oder Pflanzenart dagegen stehen kaum finanzielle Mittel zur Verfügung.

Wozu beispielsweise soll das Acker-"Unkraut" "Sommer-Adonisröschen" nutze sein - mit seinem Kranz kleiner leuchtendroter Blütenblätter -, das von der Ausrottung bedroht ist? (Die Stiftung zum Schutze gefährdeter Pflanzen, die alljährlich eine vom Aussterben bedrohte Pflanze zur "Blume des Jahres" wählt, um damit auf die zunehmende Gefährdung unserer Wildflora durch negative Umwelteinflüsse aufmerksam zu machen, hat für 1984 das Sommer-Adonisröschen (Adonis aestivalis) ausgewählt. Siehe Melzer 1984.)

Was er wohl tun würde, wenn er vor die Entscheidung gestellt würde, entweder die Art des Acker-Unkrauts "Frauen-Spiegel" oder Picassos "Frau vor dem Spiegel" vor der Vernichtung zu retten, meinte der befragte Biologe ohne zu zögern: natürlich "den" Picasso retten.

Auf der Eingangstreppe des Hauses, in dem wir wohnen, sonnte sich an einem warmen Junitag 1984 eine Zauneidechse. Seit meine Frau und ich Anfang der siebziger Jahre hier eingezogen waren, hatten wir in unserer Gegend noch keine einzige Eidechse gesehen. Ich setzte mich auf die Treppe und beobachtete das still verweilende Tier, das nur ab und zu die Augen bewegte und dessen Herz ich schlagen sehen konnte. Die grasgrünen bis warmbraunen Töne der verschieden großen Hautschuppen faszinierten mich. Jemand kam vorbei, sah uns beide und ging mit der Bemerkung "ach, eine Eidechse!" weiter.

Ja, wenn ein Dürer das Tier gemalt hätte, dann würde man das bunte Papier schon einer genauen Betrachtung für wert halten. Schließlich stellte ja dann das Gemälde wahrscheinlich auch einen Wert von mehreren Millionen Mark dar. Aber die Zauneidechse auf der Treppe? Vielleicht bringt sie in der nächsten Tierhandlung gerade 1,50 DM.

Von einem Gespräch mit einem Landwirt über eine alte Eiche berichtet Patermann folgendes: "Ich äußerte mich begeistert über das Aussehen des Baumes und erntete von ihm bloß ein abwertendes: 'Ach, dat is'n knorrigen Düvel, da givt nich veel för.' Was mir an dem Baum gefiel, war für ihn störend, weil wertmindernd." (1984, S.69)

Um eine größere Wirtschaftsfläche zu erhalten, verrohrte 1980 ein Landwirt in unserer unmittelbaren Nachbarschaft einen Bach mit feuchten Uferpartien - Heimat für Grasfrosch und Sumpfdotterblume. Obwohl der betreffende Landwirt aufgrund von neuausgewiesenen Baugrundstücken Millionär ist und daher für seinen Lebensunterhalt keiner Arbeit mehr nachzugehen braucht, blieb meine Bitte auf Unterlassung der Verrohrung erfolglos: Natur ist gleichsam leblose Produktionsfläche, die unabhängig von persönlichen oder gesellschaftlichen Bedürfnissen nach dem Grundsatz der Profitmaximierung auszubeuten ist.

Erich Fromm stellt die provozierende Frage an unsere Kultur, ob sie "Haben oder Sein" (1980) repräsentiert. Wir haben uns für das Haben entschieden, mit der Konsequenz, daß der Mensch sich dem Sein und damit seiner Natur, der Natur allgemein, entfremdete. So kann es nicht verwundern, daß unsere Kultur durch die fortschreitende Vernichtung des Lebensraums von Tieren, Pflanzen und auch der Menschen gekennzeichnet ist. Der Mensch leidet an der von ihm selbst herbeigeführten Zerstörung, die er in verharmlosender Weise und in selbsttäuschender Absicht "Umweltzerstörung" nennt, so als betreffe sie "nur" seine Außenwelt, nicht ihn selbst. In Wahrheit ist er in diesen Prozeß ganzheitlich eingeschlossen: Leiden, Krankheit und

Tod auch des Menschen sind die Folgen. Unsere Kultur ist eine selbstmörderische geworden.

Unsere Kultur ist auch in einem anderen Sinn todbringend: Die mehr als 25 000 Atomwaffen in Ost und West mit einer Zerstörungskapazität von etwa zwei Millionen Bomben des über Hiroshima abgeworfenen Typs enthalten soviel Vernichtungskraft, daß sie - wenn dies möglich wäre - jeden Menschen auf der Erde etwa 50mal töten können. Wird auch nur ein Teil dieser Waffen gezündet, würde soviel Material der Erdoberfläche in die Atmosphäre geschleudert, daß es wie ein Mantel monatelang die Erde umhüllte und keine Sonnenstrahlen mehr durchließe. Wer nicht durch die Hitze- und Strahleneinwirkung umkommt, der stirbt in der folgenden lichtlosen "Eiszeit": Alles höhere Leben, auch in den Meeren, würde ausgelöscht, einige Grasarten könnten möglicherweise überleben. (Vgl. Schell 1982.) Doch unsere "Vernunft" befiehlt uns, weiter Waffen zu entwickeln und zu produzieren, die noch schneller, wirkungsvoller und noch mehr töten können: Reicht es vielleicht aus, wenn jeder Mensch auf unserer Erde 100mal getötet werden kann? Die Vorbereitungen auf einen Atomkrieg laufen jedenfalls auf Hochtouren. (Vgl. Scheer 1983.)

Erziehung will ein Identitätsverhältnis zur Kultur im hier beschriebenen Sinn aufbauen. Natur ist nur dort von Interesse, wo sie sich als "Sache" dem Kulturbegriff zu- bzw. unterordnen läßt. Die Rechtsprechung, die Basis unseres gesellschaftlichen Systems, definiert (nichtmenschliche) Lebewesen auf diese Weise.

Eine Naturbezogene Pädagogik hebt dieses beschränkte Objektverhältnis auf, indem sie alle Lebewesen als prinzipiell gleich gedachte "Gesprächspartner" in ihre Überlegungen miteinbezieht. Sie ist damit ganzheitlich in einem umfassenderen Sinn, als dieser Begriff für gewöhnlich in der Pädagogik gebraucht wird. Eine Naturbezogene Pädagogik entwirft in diesem Sinn Modelle einer lebensbejahenden Kultur und erforscht unter dieser Prämisse die Handlungsbedingungen für den Menschen.

Überlegungen hierzu könnten von Menschen und Völkern ausgehen, deren Leben sich durch ein harmonisches Zusammenleben mit der Natur, mehr noch: ein Identitätsgefühl mit der Natur auszeichnete.

Ein eindrucksvolles Zeugnis hiervon ist die Ansprache des Indianderhäuptlings Seattle vom Stamm der Dwamish an den Gouverneur Isaac Stevens, dem Unterhändler für Indianerangelegenheiten im Territorium von Washington. Die Rede wurde gehalten während einer Zeremonie im Jahre 1853 oder 1854, bei der der Gouverneur den Indianern die Bedingungen eines Vertrags für die Übergabe des Landes, auf dem heute die Stadt Seattle steht, präsentierte, und aufgezeichnet von Henry A. Smith, der dieser Zeremonie beiwohnte:

"... Wir sind zwei verschiedene Rassen und müssen es immer bleiben, uns trennt der Ursprung und uns trennt das Schicksal. Wir haben wenig gemeinsam. Uns ist die Asche unserer Ahnen heilig, und ihre letzte Ruhestätte ist geweihter Boden, während ihr fern von den Gräbern euerer Ahnen weilt und es nicht zu bedauern scheint ... Unsere Toten vergessen niemals diese schöne Welt, die sie erhielt. Sie lieben noch immer die sich windenden Flüsse, die hohen Berge und die einsamen Täler ... Jeder Teil dieses Landes ist meinem Volke heilig. Jeder Hügel, jedes Tal, jede Ebene und jedes Gehölz ist durch eine liebe Erinnerung oder eine traurige Erfahrung meines Stammes geweiht. Selbst die Felsen, die dumpf in der sengenden Sonne am schweigenden Strand in einsamer Größe zu liegen scheinen, sind erfüllt mit Erinnerungen an vergangene Ereignisse, die mit dem Leben meines Volkes verbunden sind. Selbst der Staub unter euren Füßen erwidert unsere Schritte liebevoller als eure, weil es die Asche unserer Ahnen ist, und unsere bloßen Füße sind sich der teilnehmenden Berührung bewußt, denn der Boden ist angefüllt mit dem Leben unserer Rasse." (Dubos 1970, S. 150 f.; ebenso Gruhl 1976, S. 39 f. Zur Authentizität der Rede siehe Gruhl 1984.)

16. Kultur, Bildung und Natur

Bildung zielt auf Identität mit der vom Menschen geschaffenen Kultur ab. Der junge Mensch soll sich die Werke und Werte aneignen, die Angehörige einer bestimmten Nation, völkischen Herkunft, Religion, Kulturtradition o.ä. geschaffen haben: Kunst, Religion, Literatur, Sprache(n), Architektur, wissenschaftliche Kenntnisse verschiedener Art - in den Bildungskanons von Schulen manifestieren sich diese Kultur- bzw. Bildungsgüter.

Formal gesehen sind die Bildungsgüter heute in allen durch Zivilisation geprägten Kulturen in etwa gleich. Geschichte beispielsweise weist zwar unterschiedliche Inhalte auf, hat aber im Bildungsprozeß weithin dieselbe Funktion: Der junge Mensch wird in einem Sozialisationsprozeß dazu angeleitet, die von seinen "Vorfahren" in einem jahrtausendelangen Prozeß geschaffene Kultur zu bewundern und sie sich individuell auzueignen.

Natur dagegen findet in den Kulturen abendländischer Prägung und damit in ihrer Bildung kaum eine Wertschätzung. Unsere Kultur ist eine städtische und hat sich weithin gegen die Natur durchgesetzt. Natur blieb außerhalb der Stadt - auch im einfachen Wortsinn. Folglich wird die durch Bildung erworbene kulturelle Identität vor allem durch Überwindung der Natur definiert. Wenn überhaupt, sieht Bildung in Natur nur ein mehr oder minder belangloses Beiwerk.

Nur dort erhält Natur prinzipiell positive Anerkennung, wo sie als "rohes Material" zur Schaffung von Kulturgütern verwendet werden kann. Die Naturwissenschaften sind hierzu die Basis, mit der Technik schuf der Mensch die Mittel zur Ausbeutung der Natur. In indirektem Sinn wird neuerdings Natur dort thematisiert, wo sich Kultur und Gesellschaft durch Ausbeutung von Natur bedroht sehen: Dann wird "Umweltverantwortung" reklamiert.

Bildungseinrichtungen als Vermittlerinnen von Kulturgütern bieten diese Kultur alternativlos zur Sozialisation an. Sie setzen Kultur insgesamt gegen Natur und verwenden sogar den Umweltbegriff als Kulturbegriff gegen die Natur.

17. Freiheit, Bildung und Natur - Konsequenzen

Parallel mit der Kultur des Habens entwickelte sich eine Kultur der Freiheit. Die abendländische Geschichte kann geradezu als eine Entfaltung der Freiheitsidee und ihrer Verwirklichung verstanden werden. Die Demokratien westlicher Prägung nennen sich daher zu Recht freiheitliche Demokratien (und verwenden ihren Freiheitsbegriff in Abgrenzung zu anderen Staatsauffassungen). Auch der Bildungsbegriff wird logischerweise durch den Freiheitsbegriff erklärt. Bildung ist nach Blankertz "als die Freiheit zu Urteil und Kritik" zu verstehen (1976, S. 68; ähnlich Klafki 1985).

Hier soll keineswegs der großen Wertschätzung von Freiheit ein Abbruch getan werden. Vielmehr werden drei, für das Verständnis von Ökologie notwendige, aber bei der Diskussion um den Bildungs- und Freiheitsbegriff zu wenig berücksichtigte Aspekte herangezogen:

1. Zum einen wird der Freiheitsbegriff vor allem *humanegozentrisch* entfaltet. Selbst dort, wo Freiheit in dem Sinn ideal gedacht wird, daß sie alle in gleicher Weise gebrauchen und verwirklichen können, in der *idealen Kommunikationsgemeinschaft*, wird die freiheitliche Kommunikation allein in bezug auf den Menschen gesehen. Andere Lebewesen können an dieser Art von Kommunikation nicht teilnehmen, sie sind vielmehr Objekte, treffender: Opfer von Freiheit.

Zum besseren Verständnis einer idealen Kommunikationsgemeinschaft soll das Modell hier schematisch wiedergegeben werden.

Die ideale (herrschaftsfreie) Kommunikationsgemeinschaft (Diskursive Legitimation; transsubjektive Beratung; praktischer Diskurs)

1. Normen werden *argumentativ* im Diskurs *begründet*.
2. Normen bestimmen diejenigen, die von ihnen betroffen sind. Teilnehmer einer Beratung sind also prinzipiell *alle Betroffenen*.
3. Das bedeutet nicht, daß alle Betroffenen tatsächlich anwesend sein müssen. Wichtig ist vielmehr die *Vertretung aller Argumente*.
4. Da unser - von Normen bestimmtes - Handeln meist, direkt oder indirekt, für viele Menschen Konsequenzen hat, sprechen Apel und Habermas von *"idealer und prinzipiell unendlicher Kommunikationsgemeinschaft"*.
5. *Folgerung: "Transzendiere deine Subjektivität!"* (Lorenzen, Schwemmer)
   Die Teilnehmer müssen
   - über ihre subjektiven Begehrungen hinausgehen,
   - ihre Argumente der Kritik der anderen aussetzen.
6. Die ideale Kommunikationsgemeinschaft setzt daher die *Gutwilligkeit* aller Gesprächspartner voraus, d.h. die Bereitschaft, Argumente der anderen gleichermaßen wie die eigenen zu behandeln.
7. Der *Dialog* ist *unvoreingenommen, zwanglos, ohne Überredungsdruck*.
8. Die Teilnehmer haben *gleiche Chance:*
   - zu Rede und Gegenrede;
   - zu Frage und Antwort;
   - ihre Einstellungen, Gefühle und Absichten zum Ausdruck zu bringen;

- Empfehlungen, Rechtfertigungen aufzustellen und ihren Geltungsanspruch zu begründen oder zu widerlegen;
- Rechenschaft zu fordern, zu befehlen und zu verbieten.

9. Nur jene Behauptungen und Begehrungen werden zu Recht aufrechterhalten, die idealiter von jedem möglichen Kommunikationspartner *anerkannt* werden können.
10. Eine Norm ist also nicht dann gültig, wenn eine Mehrheit zustandekommt, sondern wenn *alle zustimmen* (können).

(In Anlehnung an Apel 1973, Habermas 1974, Kuno Lorenz, Paul Lorenzen, Oswald Schwemmer u.a. Zur Übersicht, mit entsprechenden Literaturangaben, siehe Künzli 1975.)

Eine solche "unendliche und ideale" Kommunikationsgemeinschaft verhindert auf bestmögliche Weise Herrschaft von Menschen über Menschen. Ökologisch gedacht, müßten in sie sämtliche Lebewesen eingeschlossen werden. Da diese Lebewesen nicht dieselben Lebensäußerungen und Sprachformen haben wie der Mensch, ist es nötig, daß stellvertretend die Menschen die Lebewesen und ihre Bedürfnisse mit einbeziehen, um die Herrschaft des Menschen über die übrigen Lebewesen in gleicher Weise zu kontrollieren und abzubauen wie die des Menschen über seine Artgenossen. Dies ist schon deshalb nötig, weil der Mensch das Lebewesen mit der größten Machtausstattung ist: Will er also Herrschaftsfreiheit anstreben, dann muß er für alle eintreten, die unter seiner Herrschaft leiden, zu Schaden oder gar zu Tode kommen. Bezieht sich dieses Engagement nur auf andere Menschen, so bleibt das Modell der idealen und unendlichen Kommunikationsgemeinschaft human-egozentrisch verkürzt.

Das bedeutet aber, daß der Mensch alle Lebewesen und ihre Bedürfnisse kennt, um sie in der menschlichen Kommunikationsgemeinschaft vertreten bzw. dort ihre Interessen einbringen zu können. Bildung muß sich also am Leben, seinen Erscheinungsformen und elementaren Bedürfnissen orientieren. Der Gebildete kennt daher den Kosmos der Lebewesen, ihre Lebensäußerungen und -gewohnheiten, ihre ökologische Bestimmung und ihre Lebensbedürfnisse. Nicht der ist also gebildet, der das "Kulturprogramm" beherrscht, der sich in Kunst, Literatur, Architektur usf. auskennt und verschiedene Sprachen spricht - das ist für das

Eintreten-Können von Lebensinteressen in hier beschriebenem Sinn weitgehend bedeutungslos; gebildet ist der, der möglichst viele Lebewesen und ihre Bedürfnisse kennt, diese berücksichtigt und für ihre Beachtung eintritt.

2. Mit der human-egozentrischen Orientierung von Freiheit und Bildung hängt die *individuelle* zusammen. Erziehung bzw. Bildung werden von Robinsohn (1967) als "Ausstattung zur Bewältigung von Lebenssituationen" definiert. Der junge Mensch soll also fit gemacht werden, um die von der Gesellschaft definierten Lebenssituationen als Einzelkämpfer bestehen zu können.

Medium dazu sind die Bildungsinstitutionen. Sie zeigen, daß diese Ausbildung ja immer Wettbewerbs- und Auslesecharakter hat; dieser bestimmt wesentlich die Schule. "Lebenssituationen bewältigen" heißt immer auch, sie *besser* bewältigen als andere. Sowohl das Bestehen der Situationen wie die Ausbildung dazu ist also immer mit Wettkampf verbunden.

Freiheit und Bildung des einzelnen bedeuten daher immer auch Freiheit und Bildung des *Stärkeren*. Von daher fallen nicht nur die Schwachen durch das Ausleseraster - Minderheiten wie Ausländer und Behinderte sind davon in besonderem Maße betroffen -, sondern auch alle neben dem Menschen existierenden Lebewesen (die ja alle, sieht man von einigen Bakterien- und Virusarten ab, schwächer sind als der Mensch).

Freiheit in einem ökologisch-ganzheitlichen Sinn hat dagegen primär eine dienende Funktion. Gebildet in diesem Sinn wäre dann der, der sich nicht nur den hilfsbedürftigen Menschen, sondern auch den übrigen Lebewesen gegenüber solidarisch verhält. Ein solcher Bildungsbegriff schließt einen einfühlenden Umgang mit der Natur, Kenntnisse über die Lebensbedürfnisse möglichst vieler Lebewesen, politisches Engagement, auch Widerstand gegen eine naturzerstörerische und lebensbedrohliche Politik, mit ein. (Vgl. etwa Kern/Wittig 1982.) Ein ökologischer Freiheitsbegriff setzt dabei eigentlich eine andere Gesellschaftsform voraus, zumindest eine andere Erziehung, Bildung und Schule. (Siehe auch die folgenden Abschnitte über die Schule.)

Zwar war mit der abendländischen Geschichte nicht nur eine Entwicklung der Freiheit, sondern auch eine solche der Solidarität verbunden. Das Motto der Französischen Revolution "Freiheit, Gleichheit, Brüderlichkeit" drückt diese Verbindung aus. Es kann aber nicht darüber hinwegtäuschen, daß das Gleichheitsprinzip in der abendländischen Geschichte nur unbefriedigend verwirklicht wurde. Die Klassenstruktur der Gesellschaft wurde im Laufe der abendländischen Geschichte lediglich immer wieder durch andere Formen ersetzt, zuletzt durch das sog. Leistungsprinzip erneut modifiziert. Mit ihm wird der Grund für die Ungleichheit sozusagen dem einzelnen selbst angelastet.

Medium der Hierarchisierung ist in erster Linie die Bildungsinstitution Schule. Denkt man ihren inhumanen Auslesecharakter bei der Diskussion um den Bildungsbegriff nicht mit, so wird der Herrschaftscharakter des Freiheitsbegriffs ideologisch verdeckt. Damit trägt auch die Erziehungswissenschaft zur Stabilisierung einer ungerechten und - der Kreatur gegenüber - mitleidlosen Gesellschaft bei.

Zum anderen ist das Motto der Französischen Revolution, das bis heute seine herausfordernde Gültigkeit behalten hat, auch human-egozentrisch gedacht. Gleichheit und Solidarität in einem ökologischen Sinn müßten alle Lebewesen mit einschließen.

3. Freiheit ist in enger Beziehung zu einer *Kultur des Habens* (Fromm) zu sehen. Als "idealer" Partner hat sich hier der Kapitalismus angeboten. Freiheit bedeutet in unserer Gesellschaft vor allem, sich Besitz bzw. wirtschaftlichen Reichtum aneignen zu können. "Die Welt wird nicht wirklich frei sein, bevor es nicht überall Coca-Cola gibt." (Der Spiegel 14/1986) Coca-Cola als Symbol für eine Kultur, in der Konsumorientierung und ein an Besitz orientierter, aggressiver Freiheitsbegriff eine enge Verbindung eingegangen sind.

Größtmögliche Entfaltung von Fähigkeiten durch die Bildungsinstitutionen bedeutet vor allem, am gesellschaftlichen Reichtum bestmöglich teilnehmen zu können. Dieses "Haben" ist aber meist verbunden mit Ausbeutung der Natur, mit Leiden und Tod anderer Lebewesen, letztlich mit der Zerstörung der Lebensbasis aller Lebewesen.

Als ein herausragendes Symbol unserer Besitzgesellschaft kann das *Auto* angesehen werden. Es erlaubt ein bequemeres und mobileres Leben, mit seinem Besitz und seiner Inanspruchnahme ist ein freiheitlicheres Lebensgefühl verbunden. Das geht so weit, daß sogar ein Tempolimit als Gefahr für diese Freiheit empfunden wird - der Protestslogan "Freie Fahrt für freie Bürger" signalisiert diese lebensfeindliche Freiheitsvorstellung. Die Folgen des Autos kennt jeder: Luftverschmutzung, Waldsterben; Straßen nehmen eine nicht geringe Fläche der Bundesrepublik ein. Aber nicht allein dieser Flächenanteil ist das lebensbedrohliche Hauptproblem: Straßen haben viele Biotopflächen mit Teer zugedeckt, sie durchschneiden die Lebenswelt vieler Tiere und haben einen Großteil der Bundesrepublik für empfindsame Lebewesen unbewohnbar gemacht. Und noch immer sollen Tausende Kilometer von Autobahnen fehlen!

Ein weiteres Markenzeichen unserer freiheitlichen und am "Haben" orientierten Gesellschaft ist der *Freizeitbereich*, vor allem der *Sport*. Sport kann sicher als Entfaltung persönlicher Fähigkeiten verstanden werden. Aber Sport in unserer Gesellschaft hat vor allem auch andere Qualitäten angenommen: Wassersport wie Motorsport und Surfen hat viele Tierarten aus einem Großteil der Gewässer vertrieben, Moto-cross-Bahnen zerstören letzte Trockenrasen-Biotope. Skipisten, Golf-, Tennis- und Fußballplätze nehmen riesige Biotopräume der Tier- und Pflanzenwelt weg. Sportflieger vertreiben Vögel seltener Arten aus noch relativ naturnah belassenen Gebieten, die jährlich zunehmende Schar der Angler drängt in die letzten noch ruhigen Uferzonen, und Jäger züchten sich ihre eigene Pflanzen- und Tierwelt. Marktwirtschaft verbindet sich mit dieser Art von Freizeitbeschäftigung auf das vortrefflichste, werden doch damit Jahr für Jahr Milliardenumsätze getätigt.

Die Bildungseinrichtung Schule bereitet auf diese Art von Freizeit kompetent vor. Fast jede Schule hat ihre eigene Turnhalle, ihren eigenen Sportplatz - oft sind sogar zwei und mehr Spielflächen angelegt -, eine 100- oder wenigstens 75-m-Bahn, Weitsprunggrube usw. Zwischen diesen Zweckflächen wachsen einige Büsche - Zeichen für den Dekorationswert von Natur.

Fleiß und Aktionismus sind die Tugenden einer zerstörerischen Haben-Kultur. Die Schule pflegt diese Tugenden auf das gründlichste, um auf das Leben in einer Konsum-Gesellschaft angemessen vorzubereiten.

Unter dem Aspekt der Berücksichtigung alles Lebendigen wäre gebildet dagegen der zu nennen, der sein Leben so einzurichten weiß, daß er die Lebensräume anderer Lebewesen achtet und ihre Bedürfnisse berücksichtigt. Um die oben aufgeführten Bereiche aufzugreifen: Gebildet wäre dann der, der sein Auto möglichst selten benützt, der so langsam fährt, daß der Schadstoffausstoß am geringsten ist, der Sportarten meidet, die die Lebensgrundlage anderer Lebewesen zerstören. Der Gebildete steht Aktionismus und Fleiß kritisch gegenüber. Vielmehr pflegt er verweilenden Umgang mit der Natur, weiß sie als Quelle seiner Lebensweisheit zu schätzen und zu nutzen und übt meditative Lebensformen. Hier könnten selbstverständlich auch andere Beispiele angeführt werden. Vor allem wäre der sparsame Gebrauch von Energie anzuführen. Zu einer lebenszugewandten Bildung gehört etwa auch, sich beim Verzehr von Fleisch der Verantwortung allem Lebendigen gegenüber bewußt zu sein. Fleichverzehr bedingt ja immer Tötung von Lebewesen, die zudem heute oft ihr Leben in grausamen Verhältnissen fristen müssen; ihre Futterversorgung kann zudem zur Verarmung nicht industrialisierter Länder oder zur Ausplünderung der Meere beitragen.

Der im ökologischen Sinn Gebildete gestaltet seinen Garten so, daß er der heimatlichen Natur und ihren Lebewesen Raum bietet u.ä.

Die Pädagogik hat einen umfassenden lebensbejahenden Bildungsbegriff bisher kaum entwickelt. Wolfgang Klafki, der zu den führenden Bildungstheoretikern gezählt werden kann - auf dem Heidelberger Kongreß der Deutschen Gesellschaft für Erziehungswissenschaft im März 1986 zum Thema "Allgemeinbildung" hielt er den einführenden Festvortrag -, entwickelt in seinem bereits zitierten Beitrag zur Bildungstheorie (1985) den Bildungs- und Freiheitsbegriff traditionell und gibt - zumal der Naturbegriff unberücksichtigt bleibt - keine neuen Impulse für die Entwicklung einer umfassend lebensbejahenden Bildung. (Ähnliches gilt für die weiteren Vorträge, die auf besagtem Kongreß gehalten und in der Zeitschr. f. Päd. 4/1986 veröffentlicht wurden. Siehe Faulstich-Wieland, Klafki, Lenhart, Nahrstedt, Oser, Rang 1986, ebenso Blankertz 1976.)

18. Zur Funktion von Schule

Schule dient heutzutage primär der Strukturierung einer vorgeblich egalitären, in Wirklichkeit aber hierarchisch aufgebauten Gesellschaft. Sie dient der Aufrechterhaltung der Herrschaft sog. Bildungseliten, auf Kosten eines von ihr selbst erzeugten Bildungsproletariats. Schule ist "Klassenschule" in neuem

Gewand.

Schule wird so zur "sozialen Siebtrommel" (Plickat 1959), zur "primären und nahezu einzigen sozialen Dirigierungsstelle für Rang, Stellung und Lebenschancen des einzelnen in der Gesellschaft" (Schelsky 1957), zur "bürokratischen Zuteilungsapparatur von Lebenschancen" (ebd.).

Schule als Ausleseinstanz hat zur Folge, daß die jungen Menschen in *Sieger und Verlierer* eingeteilt werden. Wer die von den herrschenden Bildungseliten aufgestellten Normen nicht erfüllt, wird als Verlierer stigmatisiert. Das führt dazu, daß Schule bei den Betroffenen mit negativen Gefühlen besetzt ist und Bildung von großen Teilen der Bevölkerung für ihr Leben als weitgehend bedeutungslos angesehen wird. Einem Teil der Schüler soll ja ein Bewußtsein vermittelt werden, daß er bildungsunfähig ist, minderwertige Berufe für ihn gerade die richtigen sind und Arbeitslosigkeit gleichsam ein verdientes Schicksal ist. Bildung wird zur Disqualifikation verwendet und als Strafe empfunden.

Marie Marcks (1977(a))

Das hat zur Folge, daß die von der Schule angebotenen Bildungsgüter für viele junge Menschen zuallererst eine Gefahrenquelle darstellen. Bildung ist für sog. schwache Schüler ja immer verbunden mit persönlichem Scheitern. Und insofern diese Schüler immer wieder an der Schule scheitern, müssen sie - um überhaupt ihre Identität bewahren und entwickeln zu können - eine bildungsfeindliche Einstellung erwerben. Für sie stellt Bildung ein Gewaltmittel dar zur Aufrechterhaltung von Herrschaft. Zur Vermittlung der Gewalt dienen dabei die Noten.

Bildung darf also nicht etwas werden, mit dem man

sich identifizieren darf - denn dann sind diese Schüler rettungslos verloren. Sie verlieren ihre eigene Identität und ihre "Klassenzugehörigkeit". Anders formuliert: Je mehr sie also Bildung von sich weisen, desto eher können sie ihre Identität bewahren und aufbauen - eine bildungsfeindliche zwar, aber eine, die eine tragfähige Basis für ihr Leben abgibt.

Abschaffung der Ziffernbenotung wäre eine Voraussetzung dafür, daß der sog. schwache Schüler sich mit Bildung identifizieren kann.

Wissen hat stattdessen vor allem Selbstzweck für Prüfungen. Nach dem Sinn von Wissen kann unter dieser Voraussetzung kaum mehr gefragt werden. Der Lebenssinn droht in der Schule verloren zu gehen.

Schule paßt vielmehr an Autoritätsstrukturen an, übt in herrschende Verhältnisse ein, erzeugt Lernunlust, Angst, macht krank, ja treibt junge Menschen sogar zur Selbsttötung.

Die Unbarmherzigkeit dieses Schulsystems wird vor allem in Zeiten von Arbeitslosigkeit überdeutlich.

Der *Lehrer* wird hierbei zum Interessenvertreter herrschender Bildungseliten. Ziffernbenotung - und mit ihr: Lehrplan und Verwaltungsvorschriften - degradieren ihn zum Erfüllungsgehilfen dieser Eliten.

So ist er gezwungen, tagtäglich seine Schüler gegeneinander aufzuhetzen, sie gegeneinander auszuspielen, in Verlierer und Sieger einzuteilen. Er muß dabei demütigen, kränken, bloßstellen, verletzen. Ängste, Nöte, Leiden, Aggressionen, Lernunlust, Stigmatisierung von Schülern sind die Folgen.

Andererseits lassen die Machtmittel der Schule den Lehrer unmittelbar an der Machtfülle der Bildungseliten teilnehmen.

Schule ist damit genau das Gegenteil einer ökologisch orientierten und humanen Schule, wie wir sie aus Kulturen kennen, in denen sich Menschen zu einer solidarischen Gesellschaft bekennen und in Einheit mit den übrigen Geschöpfen verstehen. (Vgl. etwa Biegert 1981 (a).)

19. Zur Aufhebung der Entmündigung und Entfremdung des Schülers

Wie soll der Schüler ein sinnvolles Verhältnis zur Natur gewinnen, wie zur Achtung alles Lebendigen gelangen, wie dazu, daß er die *Bedürfnisse* des Lebendigen im Bereich der Natur wahrnimmt, anerkennt und sich entsprechend verhält, wenn ihm selbst diese Achtung und Anerkennung nicht zugestanden wird? Zu denken ist etwa an die Bedürfnisse nach Kommunikation, nach Bewegung, nach Ausgleich im Verhältnis von Arbeit und Ruhe. Das Bedürfnis aber, das für den Menschen wohl die größte Bedeutung hat und dem die Schule am grundsätzlichsten zuwiderhandelt, ist das der *Anerkennung*.

Jeder Schüler kann etwas leisten. Seine Leistung verlangt aber nach Anerkennung durch die Mitmenschen. Vor allem durch die an der staatlichen Regelschule übliche *Ziffernbenotung* wird einem Teil der Schüler die Einlösung dieses Grundbedürfnisses verweigert. Es ist gerade der Teil der jungen Menschen, der auf die Einlösung dieser pädagogischen Grundforderung am meisten angewiesen ist.

Noten stellen ja keine objektive Beurteilungsform dar - die gibt es nicht -, sie beinhalten vielmehr eine Qualifikation bzw. Disqualifikation nach einer sozialen Stufenleiter. Schüler A hat deshalb eine 1, weil Schüler B eine 6 erhält. D.h. die Note 1 und die Note 6 bedingen sich gegenseitig. Kein Lehrer kann ja nur Einser und Zweier geben. Nicht etwa deshalb, weil es unmöglich ist, daß alle Schüler gute Leistungen erbringen. Der primäre Sinn der Notengebung ist aber nicht die Anerkennung einer möglichen Leistung, sondern die Auslese, d.h. die soziale Plazierung bzw. Displazierung. (Vgl. etwa Oblinger S. 93 ff.)

Marie Marcks (1977, S. 53)

Schule und Unterricht müßten die Voraussetzung schaffen, daß der junge Mensch erst einmal lernt, seine eigenen Bedürfnisse ernstzunehmen, nach ihnen zu handeln; dann erst kann er die der anderen wahrnehmen und mit der nötigen Rücksicht handeln. Das betrifft in erster Linie die Mitmenschen, dann aber alles Lebendige.

Ein Schüler, dem man Anerkennung versagt, wird ob der ihm zugefügten Demütigungen sich entweder in sein Schneckenhaus zurückziehen oder die ihm zugefügten Verletzungen und die ihm entgegengebrachte Verachtung in Haß auf die Mitmenschen, die ihm das Grundrecht auf Anerkennung verweigern, umfunktionieren; oder seine Aggressionen auf Gegenstände richten, weil er die Täter seiner Persönlichkeitsverletzung oder -zerstörung nicht selbst belangen kann. Für einen solchen Schüler ist ein junger Baum höchstens ein

[library stamp]

Objekt, an dem er seine Kräfte austoben kann, dem er - anstelle seines Peinigers - eine gewaltsame Antwort geben kann. Der ihm insofern Anerkennung zukommen läßt, als er ihn seine Kräfte messen läßt - auch auf Kosten seiner Zerstörung, d.h. der des Baumes.

Betroffen hiervon sind in besonderem Maß die Haupt- und Sonderschüler. Sie haben in verstärktem Maß die demütigenden Wirkungen von schlechten Noten erfahren, sie sind in bevorzugter Weise das Objekt von Ausleseprozessen. Schon mit dem ersten Zeugnis mit Ziffernbenotung in der Grundschule ist das schulische Schicksal und der soziale Status, ja das Lebensschicksal insgesamt wesentlich vorbestimmt. Nach der 4. Klasse weiß der Hauptschüler eindeutig, daß er sich nicht zu den Erfolgreichen zählen darf, in der 5. und 6. Klasse - beim Scheitern des Übertritts an die (bayerische) Realschule oder in der sog. Orientierungs- und Förderstufe - wird diese Erfahrung des Mißerfolgs vertieft, wird dem Schüler das Bewußtsein, als Versager zu gelten, tief eingeprägt. In der - oft auch "zusammengelegten" - 7. Klasse finden sich dann alle, die wissen, daß sie die unterste "Klasse" dieser Gesellschaft darstellen und in der Gesellschaft auch kaum etwas ausrichten können.

Lernen mit der Natur? Diese Schüler haben mit dem Lernen meist schlechte Erfahrungen gemacht, sie werden auch für ökologisches Lernen und Naturerfahrungen wenig übrig haben. Sie müssen ihre eigenen Lebensinteressen weitgehend aufgeben und werden in der Folge auch für die ihrer Mitmenschen, des Lebendigen insgesamt nur ein reduziertes Interesse aufbringen können.

HUS II Bibliothek Weiden UNGÜLTIG

Marie Marcks (1977, S. 35)

Diese Selektionstour mit den entsprechenden Einstellungsänderungen ist nicht zufällig: Der Staat hat ein elementares Interesse an Schülern, die Lernen mit negativen Empfindungen verbinden. Denn wie sonst etwa sollen Stellen am Fließband besetzt werden können? Dazu kommen doch nur Menschen in Betracht, die dazu gebracht wurden, daß sie sich als Lernunfähige verstehen. Oder wie sonst soll sich ein junger Mensch dazu bereiterklären, den Beruf eines Lackierers zu erlernen, wenn er von Anfang an weiß, daß er durch das Einatmen von giftigen Dämpfen etwa von Lösungsmitteln mit einiger Wahrscheinlichkeit zu langsamem Siechtum verurteilt wird? Wie sonst sollen Stellen besetzt werden können, an denen der junge Mensch vom Beginn seiner Tätigkeit an mit krebserzeugenden Chemikalien arbeiten muß?

Für eine den Menschen und die Natur ausbeutende Politik ist die Schule in ihrer Selektionsfunktion von großem Nutzen. Durch diese Funktion ist es dem Staat möglich, bei Bedarf auf Schüler zurückzugreifen, denen der Stempel des minderen Bildungsgrades aufgedrückt und ein entsprechendes Bewußtsein anerzogen wurde.

Wer Umweltzerstörung - wie dies in unserem Staat geschieht - in großem Maß betreibt, der braucht ein Heer "ungebildeter", willfähriger Mittäter, d.h. Menschen, die dazu gebracht wurden, daß sie ihre eigenen natürlichen Bedürfnisse verdrängen und die Natur um sich herum zu verdrängen bereit sind. Will der junge Mensch als "Ungebildeter" überleben, so muß er sich gegen ein sensibles Umweltbewußtsein wehren. Jedes erzieherische Bemühen um einen für die Natur und ihre Lebensbedürfnisse feinfühligen Menschen scheint daher fehl am Platze. (Umgekehrt sind in Naturschutzverbänden Menschen mit einem höheren Bildungsabschluß logischerweise überproportional vertreten und engagiert; ähnliches gilt für die Grünen.)

Mit der Verweigerung von Grundbedürfnissen bewirkt die Schule also eine Entfremdung des Schülers von sich selbst und seiner natürlichen Umwelt. Sie ermöglicht die Verfügung über den Schüler als ein von außen gesteuertes Objekt. Abgänger der Haupt- und Sonderschule bilden die für staatliche und wirtschaftliche Interessen willfährig zur Verfügung stehende und stets manövrierfähige Masse. Entfremdung von den natürlichen Bedingungen und Anpassung an die gesellschaftlichen Verhältnisse bilden eine Einheit.

Diese Art von Sozialisation ist nicht nur für das ökologische Bewußtsein und in bezug auf ein Handeln unter den von der Natur gestellten Bedingungen von Belang. Sie gewinnt etwa auch Bedeutung für die Friedenserziehung. Menschen, denen man die Erfüllung ihrer grundsätzlichen Bedürfnisse nicht gewährt, arbeiten ihre Frustrationen in Aggressionen um, sie neigen zudem zu höherer Kriegsbereitschaft. (Vgl. Halbfas 1976, S. 116.) Umgekehrt: Menschen, denen man die Erfüllung ihrer Bedürfnisse ermöglicht, zeigen größere Friedfertigkeit. Für den hier aufgezeigten Zusammenhang bedeutet dies: Sie werden auch leichter ihren Frieden mit der Natur schließen.

In Biologie hat Notengebung eine den übrigen Fächern vergleichbare Funktion: Isoliertes analytisches Wissen dient zur Sozialisation und Selektion der jungen Menschen. In einem Fach "Naturbegegnung", in dem ganzheitliche Erfahrungen mit der Natur angestrebt werden, verliert Notengebung nicht nur ihren "Sinn", sie würde den Zielen des Faches sogar radikal zuwiderlaufen und zudem kaum mehr anwendbar sein. Oder soll dann der Lehrer bewerten, daß Bärbel den Strauch "gut" gepflanzt, Max die Radieschen "ausreichend" gegossen, Susi den Laufkäfer "sehr gut" gezeichnet und Hakan das Laub "befriedigend" zusammengerecht hat? Soll der Lehrer in Noten umsetzen, daß viele Schüler "sehr eifrig" bei der Anlage des Schultümpels mitgeholfen haben, daß Fridolin sich gefreut hat, als er die winzige sternförmige rote Blüte des Ackergauchheil in der Rabatte vor dem Klassenzimmer entdeckte, daß Monika ihre Mitschülerinnen und Mitschüler über das Blühen der Linden im Schulhof unterrichtet und Dieter den Kleinen Fuchs und Distelfalter auf den Disteln im Schulgarten gerne beobachtet?

Naturbegegnung: Die Absicht des Faches sollte es sein, Beziehungen zu Lebendigem zu knüpfen, zu lehren, das Lebendige - auch in seiner kleinen Gestalt - wahrzunehmen und es für das eigene Leben bedeutsam zu halten, daher zu schätzen und empfindsam zu schützen, gefühlsmäßige Bindungen zum Lebendigen in der Natur reifen zu lassen.

Völker, die sich durch ein "mitfühlendes Weltverständnis" (Gruhl 1976, S. 40) auszeichneten, kannten bezeichnenderweise auch kein Konkurrenzprinzip. So berichtet Biegert (1981(a), S. 42) von einer indianischen Schule:

"Da die indianische Wertskala den Wettbewerb nicht kennt, versucht auch hier niemand besser zu sein, um seinen Nachbarn zu übertrumpfen. Jeder will gut sein, gemeinsam wird daran gearbeitet. Bis zur Prüfung haben es dann alle begriffen. Überraschungstests gibt es nicht. Zensuren ebensowenig. Will jemand auf die Universität oder aufs College, bilden sich Arbeitsgruppen. Allein für die Schule, für Zensuren lernt niemand."

Es "verbietet indianischer Takt, andere mit eigenem Wissensvorsprung zu verletzen, die Macht des eigenen Wissens gegen Freunde und Stammesmitglieder auszuspielen. So lieferten Reservationsschüler bei einem Test, obwohl vorbereitet, ihre Blätter leer ab, um jenen Freunden nicht weh zu tun, die die gestellten

Aufgaben nicht lösen konnten." (Ebd., S. 76; Biegert bezieht sich auf Erik H. Erikson, Kindheit und Gesellschaft.)

Diese Haltung ist im Zusammenhang mit anderen gesellschaftlichen Praktiken zu sehen. So wurde bei vielen Indianerstämmen Sorge für Kinder, Waisen, Kranke, Witwen und alte Menschen als vornehme Pflicht angesehen. (Vgl. Biegert 1981 (a).) Nach Farb (1976, S. 255) waren es vor allem Gastfreundschaft und Großzügigkeit, die alle Indianergesellschaften kennzeichneten.

Völker, die naturnah lebten, begegneten der Natur mit einer empfindsamen Einstellung. Carlos Castaneda berichtet in seinem Buch "Reise nach Ixtlan" (1974, S. 74 u. 82) von einem kleinen Jagderlebnis, das er mit seinem Lehrer, dem Hopi-Indianer Don Juan, hatte. Castaneda: Wir "erlegten... heute eine kleine Schlange. Ich mußte sie um Verzeihung bitten, weil ich ihr Leben so plötzlich und endgültig beendete; was ich tat, tat ich im Wissen, daß auch mein eigenes Leben eines Tages auf ganz ähnliche Weise, plötzlich und endgültig, beendet werden kann." Als die beiden einige Zweige brauchten und sie von den Büschen brachen, baten sie die Sträucher ebenso um Verzeihung für ihr Handeln.

Uns erscheint ein solches Verhalten irrational. Nur: Diese scheinbare Irrationalität gründet auf Vernunft, während unsere Rationalität weithin völlig unvernünftig ist.

20. Bedingungen für freiheitliches schulisches Lernen

Will man im Hinblick auf die beiden Teilbereiche naturnahe Erziehung und Umwelterziehung von neuen Lernintentionen und Lerninhalten sprechen, so sind in bezug auf die Schule folgende Einschränkungen und Problematisierungen angebracht:

1. Schulisches Lernen ist fast ausschließlich mit *Auslese* verbunden. Jeder neue Inhalt wird automatisch mit dieser inhumanen Hypothek belastet. Durch den Zweck "Auslese" wird er zudem dem Schüler gegenüber verfremdet. Der ursprüngliche Sinn wird durch den neuen Zweck zerstört, zumindest leidet er durch ihn.

Solange dieser Zweck nicht beseitigt, d.h. die Ziffernbenotung nicht abgeschafft ist, sollte man jedem in die Schule neu aufgenommenen Lerninhalt mit Mißtrauen gegenübertreten.

2. Schule strebt nach *analytischem Wissen*, das kognitive Qualität hat und (daher) für den Ausleseprozeß verwertbar ist. Naturnahe Erziehung und Bildung müssen aber vor allem ganzheitlich vermittelt werden. Es handelt sich um das erlebnishafte Erfassen einer neu definierten Wirklichkeit. Wissen hat dabei nur die Funktion eines helfenden Elements.

In der Schule werden dabei die Bezüge auf den Kopf gestellt: Nicht die Erfahrungen sind bedeutsam, sondern das aus zweiter Hand vermittelte und damit seiner Ursprünglichkeit beraubte Wissen.

3. Schule legt kaum Wert auf *emotionale Dimensionen*. Für eine naturnahe Erziehung und Bildung ist aber beispielsweise eine neue *Ästhetik* Basis eines andersartigen Erlebens.

4. Jeder Versuch, *durch Schule gesellschaftliche Reformen einzuleiten*, ist wohl zum Scheitern verurteilt. Vor allem mißbraucht diese Intention den Schüler: Was der Erwachsene nicht leisten kann oder will, soll der junge Mensch in die Wege leiten. Der junge Mensch als Lehrmeister des Erwachsenen - welch eine absurde Vorstellung!

Konservative Politiker haben seit je gegen diese Zwecksetzung der Schule polemisiert. So scheint es umso merkwürdiger, daß gerade sie Umweltlernen als Bestandteil gesellschaftsverändernden Handelns fordern (wenngleich sie dies auch nicht so formulieren).

5. Auch dem Trugschluß soll vorgebeugt werden, als sei lediglich ausreichendes *Wissen* nötig, um die "Umweltproblematik in den Griff zu bekommen".

Sind es doch *Politiker*, die oft ein immenses Umweltwissen haben - zumindest steht es ihnen abrufbereit zur Verfügung-, die aber mehr oder minder bedenkenlos eine umweltzerstörerische Politik betreiben. Dies gilt sogar für die meisten sog. "Umweltminister", die oft widerspruchslos die naturzerstörerische Politik ihrer Regierung mittragen. Von Bedeutung ist also weniger das Wissen, es sind vielmehr die *Interessen*, die Entscheidungen bestimmen.

Wissenschaftler, die ja von Haus aus Wissen kumulieren, zeigen im allgemeinen auch kein größeres Naturverständnis. Dies trifft sogar für Naturwissenschaftler zu. Von Ausnahmen abgesehen, geht auch von ihnen kein innovatorisches Element für naturerhaltendes Handeln aus.

6. Schulisches Lernen hat in den letzten beiden Jahrzehnten durch das *Fernsehen* einen neuen Stellenwert erhalten. Gesellschaftlich relevante Probleme

wie Umweltzerstörungen werden heute von diesem Massenmedium fast täglich thematisiert, Beispiele von Umweltverschmutzung und -zerstörung zumindest einmal pro Woche ausführlich dargestellt, Tiere und Pflanzen in ästhetisch schönen Sendungen vorgestellt.

Von daher kann es kaum verwundern, wenn schon Schüler der Grundschule - wie das eingangs erwähnte Gespräch über das Waldsterben in einer 2. Klasse zeigte - viel Wissen über ihre Welt und die Natur haben. Schulische Lernziele dürfen dieses Wissen und die damit verbundenen Problemfindungen nicht minder achten, beides ist Ausgangspunkt für neues gemeinsames Lernen von jungen und erwachsenen Menschen.

Sinnvolles Lernen und *Auslesefunktion* der Schule sind Widersprüche in sich. Abschaffung der Noten ist Voraussetzung für nicht-entfremdetes Lernen. Ohne diese Vorbedingung bleibt die Verwirklichung einer Naturbezogenen Pädagogik grundsätzlich fragwürdig.

Hierbei könnte man an Forderungen, die bereits von anderer Seite erhoben werden, anknüpfen. So lautet etwa ein Motto der bayerischen SPD "Grundschule ohne Noten". Hamburg ist übrigens das einzige Bundesland, das es dem Lehrer erlaubt, bis zum vierten Schuljahr auf Ziffernbenotung zu verzichten. Andere Staaten haben bereits eine weit humanere Schule verwirklicht. So sind in Dänemark, Italien und Norwegen Noten bis zum achten Schuljahr, in Großbritannien bis zum sechsten Schuljahr abgeschafft.

Die Abschaffung der Noten bedingt mittelbar auch eine organisatorische Veränderung des dreigliedrigen Schulsystems hin zur *Gesamtschule*.

Die Aktion Humane Schule Bayern hat eine vorzügliche Broschüre zur Notengebung herausgegeben (Verfasser: Kurt Singer): Ohne Noten lieber lernen und mehr leisten.

Daneben wäre die *Anerkennung und Verwirklichung weiterer Grundbedürfnisse* zu gewährleisten, so das Bedürfnis nach sozialen Kontakten und nach Kommunikation, nach ausreichender Bewegung, nach einem Ausgleich zwischen Arbeit und Ruhe u.ä. *Selbstbestimmung* des jungen Menschen dürfte nicht nur ein (ideologisches) Fernziel sein.

Heute steht in der Schule *Zwangslernen* weitgehend im Vordergrund. In der Bundesrepublik gibt es gerade fünf (!) Schulen, die ein freiwilliges Lernen praktizieren. (Vgl. Behr 1984.) Bezeichnend ist es dabei, daß alle traditionellen Parteien diese Schulen bekämpfen. Auch ein demokratischer Staat kann anscheinend Menschen, die sich selbst bestimmen (wollen), nur mit Mißtrauen begegnen.

Wenn Freiheit für den jungen Menschen noch weiter gedacht wird, muß die *Schulpflicht* in den Blick kommen. Sicherlich gibt es eine Vielzahl von Gründen, die für ihre Beibehaltung sprechen. Bedingt durch die Auslesefunktion der Schule können andererseits Schulen aber den jungen Menschen großen Schaden zufügen. Daher müßte Schulpflicht zumindest reduziert und flexibler gehandhabt werden. Zu denken ist etwa an ein Modell, bei dem mit der Einschulung der Lehrer für das Lernen des Schülers mitverantwortlich ist, er aber bei ausdrücklicher Ablehnung des Schulbesuchs durch Eltern und/oder Schüler dies - unter Abwägung pädagogischer Gesichtspunkte - möglicherweise respektiert, zumindest für eine bestimmte Zeit.

Andere vergleichbare europäische Länder wie Dänemark oder Großbritannien haben eine weniger rigide Schulpflicht-Gesetzgebung. Schüler müssen die Möglichkeit haben, Schule zu verweigern, wenn diese ihnen schadet. Der junge Mensch braucht vor allem in Krisensituationen Freiräume, die es ihm gestatten, wieder zu sich selbst zu finden. Außerdem könnte eine solche Auflockerung der gesetzlichen Schulpflicht der Institution Schule selbst zur heilsamen Besinnung verhelfen. Schule, die über den jungen Menschen vor allem deshalb verfügen kann, weil dieser zum Schulbesuch unabdingbar verpflichtet ist, braucht sich um Pädagogik kaum sonderlich Gedanken zu machen. Zudem sind eine zwanghaft verordnete naturnahe Erziehung und Bildung ein Widerspruch in sich.

Wenn in den letzten Abschnitten von Teil I die Schule im Blickpunkt der Auseinandersetzung stand, so deshalb, weil sie - neben Familie - die Jugendzeit am meisten ausfüllt und entscheidend prägt. Eine Neuorientierung von Schule und Unterricht darf aber nicht isoliert gesehen werden. Gefordert wird eine Neubesinnung des Menschen, wissenschaftlich gesehen: eine naturbezogene Anthropologie. Diese würde den Menschen als Naturwesen, das Leben und den Kosmos des Lebendigen insgesamt in den Mittelpunkt ihrer Überlegungen stellen. Eine solche Anthropologie hätte Konsequenzen nicht nur für Schule und Unterricht, sondern für Erziehung und Bildung insgesamt, umfassender noch: für ein sinnvolles Leben und dabei ein verständnisvolles Miteinanderauskommen alles Lebendigen.

II
Naturnaher Unterricht

Einführung

Naturnahe Erziehung und Bildung haben ganzheitlichen Charakter, sie beziehen sich auf viele Aspekte des Lebens. Daher können sie sich auch nicht auf die Schule beschränken, schon gar nicht allein auf ein Unterrichtsfach. Trotzdem wird im folgenden das Fach *Biologie* herangezogen, weil an ihm besonders anschaulich gezeigt werden kann, welche Wertschätzung Natur in Erziehung und Bildung erfährt und welcher Behandlung sie im Unterricht unterzogen wird. In Gegenüberstellung hierzu werden Unterrichtsbeispiele und Modelle, die sich an Kriterien einer naturnahen Erziehung und Bildung orientieren, vorgestellt. Der Bereich "Umwelterziehung" wird dabei nur am Rande berührt.

Der analytische Teil bezieht sich vor allem auf *Stundentafeln, Lehrpläne und Schülerbücher*, weil diese Unterlagen den didaktischen Ort, die Ziele und Praxis des Faches Biologie wesentlich bestimmen bzw. die Realität dieses Faches bestmöglich widerspiegeln.

Neben Beispielen aus der *Grundschule* werden vor allem solche für die *Hauptschule* herangezogen.

Dies hat verschiedene Gründe. Zum einen ist diese Institution auch heute noch die Schulart, die relativ viele Kinder eines Jahrgangs besuchen. Neben der Sonderschule ist sie zudem die Schule, die den reduziertesten Bildungsgang aufweist. Hier muß sich erweisen, was "Bildung für das Volk" bedeuten soll. Diese Schulart verwirklicht zudem einen Bildungsweg, der den jungen Menschen in der Regel nicht befähigt, sich selbst zum Subjekt der Bildung werden zu lassen. Während der (ehemalige) Gymnasiast möglicherweise auch dann einen Zugang zur Natur finden wird, wenn er in der Schule Natur in einer naturdistanzierten und reduzierten Weise kennenlernt bzw. kennengelernt hat, wird dem (ehemaligen) Hauptschüler die eigenständige Erschließung eines Bildungsgutes in der Regel nicht so leicht gelingen. Noch eindeutiger formuliert: Von den weiterführenden Schulen bewirkt diese Bildungseinrichtung oft den tiefgreifendsten Entfremdungsprozeß bei den sie besuchenden Jugendlichen. In bezug auf die hier abgehandelte Thematik bedeutet dies: Sie läßt die Menschen kaum Zugang zur Natur, auch ihrer eigenen, finden. Unterlagen der Hauptschule werden auch deshalb benützt, weil in den Lehrplänen der anderen weiterführenden Schulen - wie Realschule und Gymnasium - die hier kritisierten Tendenzen meist noch stärker ausgeprägt sind, so daß die hier gemachten Aussagen für diese Schularten erst recht zutreffen. Zum dritten kann der Leser/die Leserin die Beispiele aus der Hauptschule relativ leicht auf die Situation anderer Schularten übertragen.

Ausgegangen wird bei der Untersuchung von der bayerischen Schulsituation, auf die anderer Bundesländer wird aber ebenso eingegangen. Die Lehrplanbeispiele entstammen meist der bayerischen Hauptschule, sie sind jedoch mehr oder minder durch Beispiele aus den Lehrplänen anderer Bundesländer austauschbar. Eine systematische Analyse der Lehrpläne aller Bundesländer in einer Zusammenschau enthält Teil IV.

1. Der fehlende Raum für naturnahen Unterricht in der Schule

Schule versteht sich als Vorbereitung auf die heutige Gesellschaft, die sich ja gerade durch ihr Entfremdetsein von der Natur auszeichnet. Mathematik und naturwissenschaftliche Fächer werden als Basis für Weltverstehen und Lebensbewältigung angesehen. Ihnen wird eine breite Entfaltungsmöglichkeit eingeräumt. Natur in ihrer Ursprünglichkeit, Unverfälschtheit und vielfältigen Ausdrucksweise ist ein Randphänomen.

Naturnaher Unterricht und Grundschule

In der bayerischen Grundschule etwa wird zwar der Aspekt der unmittelbaren Naturbegegnung berücksichtigt. Die Inhalte des zuständigen Faches "Heimat- und Sachkunde" erscheinen aber ziemlich willkürlich gewählt, sie stehen isoliert nebeneinander, zeigen wenig Bezug zum Gesamt des Jahresablaufs und sind kaum handlungsorientiert. Schulgartenarbeit ist auch von dem z. Zt. gültigen, erst 1981 eingeführten Lehrplan nicht eingeplant.

"Heimat- und Sachkunde" ist in der 3. und 4. Klasse mit je vier Wochenstunden vertreten. Wenn man aber dabei berücksichtigt, daß etwa im 3. Schuljahr von 21 verpflichtend vorgeschriebenen Themen nur zwei (!) "Natur" im oben skizzierten Sinn beinhalten, dann bedeutet dies bereits für die Grundschule: bestenfalls ganze fünfzehn Minuten unmittelbare Naturbegegnung pro Woche!

"Natur" müßte schon und vor allem in der Grundschule einen ganz anderen Stellenwert erhalten!

Naturnaher Unterricht und weiterführende Schulen

Folgerichtig ist auch Biologie ein Nebenfach mit wenigen Wochenstunden. In der Hauptschule in Bayern ist das Fach in der 5. Jahrgangsstufe mit zwei, in den übrigen Jahrgängen nur mit einer einzigen Stunde pro Woche vertreten. Selbst andere Sachfächer, die meist als sog. Nebenfächer behandelt werden, wie Religion und Geschichte, werden als bedeutsamer angesehen. Religion etwa ist in der Grund- und Hauptschule durchgängig mit zwei Wochenstunden vertreten, in der Grundschule teilweise sogar mit drei, das Fach Geschichte hat wenigstens in den Jahrgangsstufen 7 bis 9 ein Deputat von zwei Stunden.

Unterricht in der Natur ist in einem Fach, das nur mit *einer* Wochenstunde vertreten ist, kaum zu leisten. Dieses Fach ist daher in allen Jahrgangsstufen der weiterführenden Schulen zumindest mit *zwei Wochenstunden* auszustatten.

Stundentafel für das Fach Biologie, Hauptschule, Schuljahr 1986/87

Jahrgangsstufen	5	6	7	8	9	10
Baden-Württemberg	2	2	2	–	2	–
Bayern	2	1	1	1	1	–
Berlin	2	1	2	–	1	1
Bremen	1	1	1	2	1	–
Hamburg	2	2	2	2	2	2
Hessen	3	2	1	–	1	1
Niedersachsen (Fachbereich "Physik, Chemie,Biologie")	3	4	3	4	4	–
Nordrhein-Westfalen	2	1	1	1	1	1
Rheinland-Pfalz	2	2	2	2	2	1
Saarland	2	2	2	–	2	1
Schleswig-Holstein	2	2	2	1	1	–

Anmerkung zu den Stundentafeln: Die Jahrgänge 5 und 6 gehören nicht in allen Bundesländern zu der Hauptschule, werden stattdessen als eigene Stufe geführt, als Förder-, Beobachtungs-, Orientierungsstufe u.ä. In Berlin gehören die Jahrgänge 5 und 6 zur Grundschule.

In einigen Bundesländern gibt es ein (freiwilliges)

10. Schuljahr, für das auch Lehrpläne erstellt wurden.

Wie die Übersicht über die Stundentafeln zeigt, sind die drei Bundesländer, die für Biologie die wenigsten Wochenstunden ausweisen, Bayern, Bremen und Nordrhein-Westfalen.

Auch nach Klaus Wenzel (1984), Leiter der Schulpolitischen Hauptstelle im Bayerischen Lehrer- und Lehrerinnenverband, erschweren einstündige Fächer einen sach- und schülerorientierten Unterricht. Nach Wenzel sollen daher einstündige Fächer epochal angeboten werden: "z.B. ein halbes Jahr drei Stunden Physik/Chemie, die zweite Jahreshälfte Biologie dreistündig. Die Intervalle können auch in kürzeren Fristen gewählt werden." Prinzipiell ist bei diesem Vorschlag zu begrüßen, daß Biologie für alle Jahrgangsstufen mit 1 1/2 Stunden vorgesehen ist, zumindest für die Jahrgangsstufen 7 bis 9. Das wäre schon ein beachtenswerter Fortschritt im Vergleich zur jetzigen Situation. Andererseits ist zu fragen, ob ein Fach "Biologie", das das Lebendige zum Inhalt hat, für bestimmte Jahresabschnitte reserviert werden kann. Im Gegensatz zu allen übrigen Fächern läßt sich die Thematik der Biologie ja nicht auf bestimmte Zeiten einschränken: Die Zugvögel kommen und fliegen fort, wenn *ihre* Zeit gekommen ist; ein Baum verändert sich während des ganzen Jahres. Dem Lebendigen kann der Mensch nur dadurch näherkommen, daß er sich bewußt in den Lebenszyklus des Jahresablaufs mit einbringt, diesen Lebenszyklus miterleben und den Spuren des Lebendigen über das ganze Jahr zu folgen lernt.

Wo zudem andere Inhalte - wie Menschenkunde, Gesundheitslehre, naturwissenschaftlich-physikalische Stoffe, Umweltschutz u.ä. - in dieses Fach aufgenommen werden, ist dieses Stundenmaß entsprechend zu erhöhen.

Im neuen bayerischen Hauptschullehrplan, der 1986/87 verpflichtend eingeführt wurde, sind von 32 Themen 14 der Menschenkunde vorbehalten. Rechnet man die "theoretischen" Themen dazu - "Zusammenhänge im Nahrungskreislauf", "Entwicklung der Lebewesen auf der Erde" -, so bleiben günstigenfalls 20 Min. Naturbegegnung pro Schulwoche! Ein recht mageres Ergebnis vor allem dann, wenn man in Rechnung stellt, daß sich der Schüler pro Woche fünf bis sechs Stunden mit Mathematik zu befassen hat! Eine naturnahe Erziehung und Bildung sind damit quasi ausgeschlossen!

Völlig unverständlich ist es, wenn etwa - wie nach dem neuen Hauptschullehrplan für die 9. Jahrgangsstufe vorgesehen - Biologie nur noch aus Menschenkunde bestehen soll.

Biologie vermittelt so Wissen über die Natur nur in einer unzulänglichen und in gewisser Weise oberflächlichen Art. Biologie als Fach kann so kaum ein neues Verständnis von Natur aufbauen.

2. Das Desinteresse der Schule an naturnaher Erziehung und Bildung

Staatliche Schule dürfte kaum ein Interesse an einer naturnahen Erziehung und Einstellung haben. Sie will Identität mit der Gesellschaft erreichen, die sich naturwissenschaftlich-technisch interpretiert.

Eine neue sensible Einstellung zur Natur muß dabei eher als störend empfunden werden, mehr noch: Menschen, die zu einer fundamental-kritischen Einstellung unserer technisch-naturwissenschaftlich orientierten Gesellschaft gegenüber gefunden haben, muß der Staat von seinem eigenen Selbstverständnis her eher als Gefahr verstehen. Diese Menschen wollen ja Staat, Verwaltung und Wirtschaft nicht länger in ihrem ausbeuterischen, naturzerstörerischen Tun kritiklos schalten und walten lassen; sie haben sich als Ziele etwa die Verhinderung von Bauprojekten gesetzt - bei einem Wirtschaftssystem, dessen Haupterhaltungstrieb Wachstum ist, wohl das Verwerflichste. Sie sorgen in Bürgerinitiativen und Naturschutzverbänden für ständige kritische Unruhe.

So hat die Biologie primär auch eine andere Funktion in der Schule. In diesem Fach geht es weniger darum, dem jungen Menschen zu einem neuen Verhältnis zur Natur in dem Sinne zu verhelfen, daß er die Vielfalt der Natur kennen-, die Wunder der Natur verstehen lernt, so daß er letztlich den Reichtum der Natur als seinen eigenen interpretiert und für diesen Reichtum mit Engagement eintritt. Der Biologieunterricht sieht seine Aufgabe vielmehr darin, dem Schüler ein ganz bestimmtes Wissen über die Natur zu vermitteln, vor allem die *Gesetzmäßigkeiten*, die der Mensch *über die Natur* gefunden hat. Analytisches Vorgehen soll technologisch orientiertes Denken fördern.

Das ist ja auch folgerichtig: Die mächtigen Reiche unseres Kulturraumes - angefangen vom ägyptischen Reich des Altertums, über das Griechenland der Antike, das römische Kaiserreich bis zum Heiligen Römischen Reich Deutscher Nation - wurden ermöglicht durch den naturwissenschaftlich-technischen Erfindungsgeist der Menschen.

Es ist daher naheliegend, daß sich der Mensch nicht als Naturwesen verstehen bzw. mit Natur zu sehr identifizieren soll. Vielmehr will Erziehung dem jungen Menschen ein Wissen über die Natur vermitteln, das in seiner Systematik als Voraussetzung für die Beherrschung der Natur verstanden werden kann, daher als Herrschaftswissen interpretierbar ist und das Bewußtsein des Menschen entsprechend zu prägen vermag.

Zwar wird in dem weit verbreiteten Biologiebuch "Leben überall - neu", 5. Jahrgangsstufe - das erste Schülerbuch über Biologie, das der Schüler erhält - in das Thema "Biologie" in einer Weise eingeführt, die nach den hier vorgestellten Überlegungen ideal erscheint, nämlich durch folgendes Gedicht von Christian Morgenstern:

> Wieviel Schönheit ist auf Erden
> unscheinbar verstreut;
> möcht' ich immer mehr des inne werden.
> Wieviel Schönheit, die den Taglärm scheut,
> in bescheidnen alt' und jungen Herzen!
> Ist es auch ein Duft von Blumen nur,
> macht er holder doch der Erde Flur,
> wie ein Lächeln unter vielen Schmerzen.

Zwei alte Bäume - wahrscheinlich Rotbuchen - sind neben dem Gedicht abgebildet; nach der Gliederung des Buches folgt ein ganzseitiges Foto über einen mehrstufigen Wasserfall.

Das erste Kapitel behandelt dann fast folgerichtig das Thema "Biologie - Die Lehre vom Leben". "Damit beschäftigt sich Biologie" lautet die erste Teilüberschrift, gefragt wird mit einer zweiten: "Was ist Leben?" Der sich anschließende Text soll Auskunft geben: "Niemand kann genau sagen, was Leben ist. Noch weniger ist es bis heute gelungen, herauszufinden, wie aus leblosem Stoff Leben entstehen konnte. Diese Frage wird vielleicht für immer ein Geheimnis bleiben." (Barsig u.a. 1978, S.8)

Läßt man den Begriff "Lehre" außer acht, der

bereits im Titel das Thema "Leben" in einer bestimmten Weise interpretiert, so erfolgt der entscheidende Bruch hier, also bereits auf der ersten Textseite des Buches. Über Leben als Geheimnis scheint man nicht sprechen zu können. "Es läßt sich aber beschreiben, wie sich die pflanzlichen, tierischen und menschlichen Lebewesen (Organismen) von leblosen Körpern unterscheiden. Diese Unterscheidungsmerkmale nennt man die *Kennzeichen des Lebens.*" (S.8) Es sind dies: "1. Stoffwechsel... 2. Reizerscheinungen... 3. Entwicklung und Fortpflanzung" (S. 8 - 10). Es folgt als erstes - ernüchterndes - "Sachthema": "Stütz-, Schutz- und Bewegungssystem beim Menschen" (S. 13ff.).

In Biologie sollen also das Thema "Leben" und damit die Gegenstände dieses Faches in dieser verkürzten naturwissenschaftlich-materialistischen Betrachtungsweise abgehandelt werden, wobei der Vorwurf der Reduktion in erster Linie nicht den Autoren des Schülerbuches zu machen ist, sondern den Lehrplanerstellern, die in dieser Hinsicht die Vorgabe für das Fach geben. *

Um es an anderen Beispielen aufzuzeigen: Nicht der *Hund* in seiner Ganzheit ist von Interesse, der Hund, den ich streicheln kann, mit dem ich mich verbunden fühle, weil er mein Lebensgefährte ist, den ich liebe, weil er mein Spielkamerad ist, der mich auf meinen Streifzügen durch die Natur begleitet und mich auf Besonderheiten in dieser Natur aufmerksam macht, mit dem ich tollen kann, der mit mir Ball spielt, der ganz unterschiedliche Verhaltensweisen zeigt, wenn er verschiedenen Artgenossen begegnet, dessen Gesicht die unterschiedlichen Gefühlsregungen widerspiegelt, der mir vielleicht Angst einjagen kann, wenn er knurrt oder bellt. (Vgl. Lorenz 1967.) Biologie geht überhaupt nicht vom Lebewesen aus, sondern von *abstrakten Merkmalen*, mit denen der Mensch die Natur strukturiert und die in ihrer Abstraktheit auch Bewertungsmaßstab für das Lebendige sein sollen.

Der *Hund* etwa soll unter der Lehrplanüberschrift

---

* In der überarbeiteten Auflage "Leben überall" von 1986 sind folgerichtig auch Gedicht und Bild der Rotbuchen, ebenso die einleitenden Reflexionen über das Leben herausgenommen. Das neue Buch beginnt sofort mit dem Thema "Das menschliche Skelett ist gegliedert".

"Wahrnehmungsarten und Verhaltensweisen" auf der 5. Jahrgangsstufe der Hauptschule behandelt werden. Kommt hierbei noch ein relativ weites Spektrum des tierischen Lebens in den Blick, so reduziert sich bei anderen Themenstellungen wie der des "Verhaltens" im 8. Schülerjahrgang die Betrachtung auf enge und relativ periphere Aspekte: "...stets in gleicher Weise ablaufende Verhaltensweisen von Tieren", Beispiel: "Scharrbewegungen des Hundes"; "Bedeutung einiger Verhaltensweisen von Tieren für das Überleben", Beispiel: "Hund, Wolf: Zähnefletschen und Beißdrohungen (Drohgebärde)". Der Pawlow'sche Hund - als Beispiel für künstlich und isoliert ausgelöste Reflexe - wird in diesem Zusammenhang genannt: Wenn der Hund ein Stück Fleisch sieht, fließt sein Speichel. Zeigt der Versuchsleiter dem Hund ein Stück Fleisch und läutet gleichzeitig mit der Glocke, dann fließt zuletzt auch dann der Speichel des Hundes, wenn der Mensch nur den akustischen Reiz des Läutens auslöst.

Nicht die intelligente, treue *Graugans* mit ihrer Vielfalt von Gefühlsregungen, wie sie Konrad Lorenz in seinem bezaubernden Buch "Das Jahr der Graugans" (1979) beschreibt, ist Thema des Biologieunterrichts, sondern - so möchte man sagen - die "dumme" Gans, die beim Brüten als Reflex auch dann noch ihr Ei umdrehen möchte, wenn der Mensch es ihr wegnimmt.

Nicht das Lebendige in seiner besonderen Eigenwertigkeit und Einmaligkeit, in seiner vielfältigen Darstellungsweise soll dem jungen Menschen nahegebracht werden, damit er Tier und Pflanze zu sich und seiner Umwelt gehörig schätzen lernt. Er lernt das Lebendige in einer Reduktion kennen, die in erster Linie naturwissenschaftliches Interesse provoziert: Je nach Strukturelement wird ein bestimmter Aspekt des Hundes und der Gans herausgegriffen - Lebewesen sind dabei austauschbar -, Hund und Gans werden in der Folge zu Manipulationsobjekten des Menschen herabgewürdigt. Die Konsequenz ist ein eher vordergründiges Wissen vom Lebendigen, das in seiner distanzierten Strukturiertheit kein kreatürliches Verhältnis zur Natur schafft. Schulische Erziehung ist auf diese Weise in Gefahr, die natürlichen Erfahrungen des Menschen zu Belanglosigkeiten zu degradieren und die Würde des Lebendigen zu zerstören. Sie läßt die Lebensweise der Geschöpfe als "Beschränktheit" erfahren, zementiert so den Hochmut des Menschen von seiner Einmaligkeit im Bereich des Lebendigen und setzt die Entfremdung des Menschen in der

Welt von heute fort.

3. Objektiviertes Wissen im Gegensatz zu sinnlich-ganzheitlichen Naturerfahrungen? - Das Individuelle und das Allgemeine

Schule lehrt vor allem kognitive Inhalte, weil diese abfragbar sind, zu Noten umgewertet und dem Zivilisationsprozeß dienstbar gemacht werden können. Das schulische Interesse deckt sich dabei mit den reduzierten naturwissenschaftlichen Absichten des Faches Biologie.

Beispiele und Gegenbeispiele
Die Katze

Anhand eines Unterrichtsbeispiels sei auf die Problematik, die mit derartigen kognitiven Inhalten verbunden ist, hingewiesen. Thema war die Katze. Der Unterrichtsversuch wurde in zwei Parallelklassen einer 2. Jahrgangsstufe von Studenten durchgeführt; er ist jedoch von seiner Problematik her mit allen Jahrgangsstufen austauschbar.

In der einen Klasse erarbeitete ein Student an Hand eines Schaubildes und eines Modells einer Katzenpfote mit einem Arbeitsblatt Wissen über die Katze mit den entsprechenden Begriffen.

Bei diesem Teil des Unterrichtsversuchs war die Übernahme eines gebräuchlichen Konzepts schulischen Lernens beabsichtigt, das in der Regel als Ritual organisiert ist. Es läuft in folgender Kettenreaktion ab:

- vorfixierte, in einer Zeitfolge festgelegte Einzelziele, wobei das Planungskonzept weitgehend alleiniger Maßstab des Lehrerhandelns ist,
- analytisches Vorgehen mit entsprechenden Tafelanschriften und Eintragungen in Merkblätter und Schülerhefte,
- Wiederholen und Lernen nach den vorgenommenen Eintragungen und den - nach diesem Lernritual - aufgebauten Schülerbüchern.

Während nach dem neuen bayerischen Lehrplan die Orientierung an kognitiver Wissensvermittlung in der Grundschule wieder zurückhaltender betrieben wird, trifft dies für weiterführende Schulen nicht zu. Wenn

Schüler in der Hauptschule die Katze durchnehmen, dann müssen sie lernen, daß die Katze ein Kleinraubtier, ein Schleichjäger, ein Beutegreifer, ein Nachtjäger ist, sie lernen, daß die Katze einen Tötungsinstinkt hat u. dgl. Das sind Begriffe, die leicht abfragbar sind, bzw. diese Begriffe symbolisieren Inhalte, die sich abfragen lassen.

Katze und Maus vor einem Mauseloch in einem Keller. Zeichnung eines Mädchens einer zweiten Klasse, Bildbreite etwa 11cm.

Das Mädchen setzte das Erlebnis "Katze" mittels eines Füllers in eine Zeichnung um. Mit der Feder schuf es einen Raum neu, der in seiner lebendigen Strukturiertheit für die Begegnung der beiden ausdrucksvoll gestalteten Tiere den passenden Rahmen abgibt.

Bei dem obengenannten Unterrichtsversuch brachte in der Parallelklasse ein Student einfach eine Katze mit, setzte sie in die Mitte des Gesprächskreises und gab ihr etwas Milch und Futter. Die Schüler sahen der Katze beim Fressen und Trinken zu, sprachen von ihren Eindrücken und tauschten Erfahrungen mit Katzen aus. Sie vermittelten sich gegenseitig Informationen, und an den Stellen, an denen er es für nötig hielt, ergänzte der Student den Wissensstand durch eigene Beiträge. Jedes Kind durfte wenigstens einmal die Katze streicheln und in den Arm nehmen.

Es war wohl für alle eine spannende und erlebnisreiche Stunde, die sich an den Erfahrungen und Erfahrungsmöglichkeiten der Schüler orientierte; sie versuchte, emotionale Bezogenheit zur Natur zu vermitteln und strebte die Identität mit dem Lebendigen an.

Allerdings stand am Schluß dieser Stunde nichts an der Tafel, war kein Eintrag ins Heft erfolgt, war kein Arbeitsblatt ausgefüllt. Vielmehr bildete die Stunde ein Beispiel für entschulten Unterricht.

Die Klassenlehrerin war mit den anwesenden Studenten einer Meinung, ein solcher Unterricht sei pädagogisch sehr wertvoll. Er könne ihrer Auffassung nach jedoch nur in Ausnahmefällen so realisiert werden, denn er schaffe keine ausreichenden Voraussetzungen für allgemeinverpflichtende, abfragbare Wissensinhalte. Schließlich sei es ja auch ihre Aufgabe, Noten zu geben.

Die Tulpe

In seinem Buch "Die übergangene Sinnlichkeit" (1981) zeigt Horst Rumpf die Hintergründe für diesbezügliches Lernen auf. Der Ziviliationsprozeß verlangt nicht nur, daß der Mensch die übrigen Lebewesen der aspekthaften und distanzierten Betrachtung ausliefert, wenn er sie als Objekte gleichsam wie "tote Lebewesen" behandelt. Der Mensch selbst muß sich dieser Verfahrens- und Lebensweise unterwerfen. In Anlehnung an Norbert Elias (1977) sieht Horst Rumpf den Zivilisationsprozeß in strikter Kontrolle, ja sogar des Abtötens des Körperlichen und seiner kreatürlichen Bedürfnisse wie etwa nach ganzheitlicher, sinnlicher Erfassung der Wirklichkeit. Ziel der Zivilisation ist es

"die Menschen möglichst unabhängig zu machen von Regungen und Kundgaben pathischer Leiblichkeit. Man müßte lernen - jedenfalls in vielen gesellschaftlichen Ernstsituationen (Arbeit, Verkehr, Verwaltung)-, die pathische Leiblichkeit und ihre Bekundungen hintanzuhalten, für sie unempfindlich zu werden. Jedenfalls sind sie abzulösen vom technischen, vom Arbeits-Leib und verläßlich zu isolieren." (S. 47)

Horst Rumpf verweist hierbei auf Descartes (S. 52):

"Denn soviel ist gewiß, daß ich von meinem Körper wahrhaft verschieden bin und ohne ihn existieren kann."

"An den sinnlich wahrgenommenen Dingen ist nur das

wirklich vorhanden, was klar und deutlich gedacht wird, also in dem Gegenstand der reinen Mathematik einbegriffen ist" (Meditationen VI, §§ 17 und 22).

Sieg des Geistes mit den Folgen der Zerstörung des Lebens: wahrlich ein Pyrrhussieg!

Das folgende Beispiel ist dem zitierten Werk von Horst Rumpf, S. 183-185, entnommen:

Ernst Goldberg erzählt in seinem 1928 erschienenen, 1962 neu herausgebrachten Buch "Die Welt des Knaben" davon, wie er als junger Lehrer zur ersten Naturkundestunde in einer Sexta sich in der Markthalle "zweiunddreißig feuerrote, kaum erschlossene Tulpen" gekauft hat:

"Mit diesem Strauß in der Hand betrat ich die Klasse. Soviel Äußerung der Freude vermochte doch die strenge Zucht nicht zu verschleiern, daß nicht ein bald ersterbendes >Ah< zu hören gewesen wäre. Und nun wurden die Blumen von mir verteilt, so daß jeder Knabe eine bekam. Mit Argusaugen verfolgten die Kleinen die Verteilung, ob auch jeder zu seinem Recht komme, denn das ist ja klar, daß keiner mehr oder besseres bekommen dürfe als der andere... Als ich dann fertig war und zum Katheder zurücktrat, saßen alle befriedigt da, die schönen Blumen sorgsam und lang am grünen Stiel gefaßt mit den kleinen schmalen Händchen. War es ein übermäßiges weichliches Fühlen oder war es ein Wirkliches, was da aufkam? Der Anblick war so rein, so schön, so erhebend, daß eine fast jenseitige Trauer, ein jäher rätselhafter Schmerz aufkam, der überhaupt gern begleitet, was zauberhaft schön und flüchtig zugleich ist...

Das Schönste an den Blumen war den Kindern sichtlich die Farbe, die rote Farbe. Doch schien es auch, als freuten sie sich dunkel über die >stielrunden< Stengel und die leise Sensation in den Fingerspitzen. Einer oder der andere gar versetzte diesen Stengel in eine leise Rotation...

Die Kinder so naiv und instinktiv mit der Tulpe herumspielen zu lassen, das paßt nicht in eine rechte Schule, wo zielbewußte Arbeit geleistet werden soll und bei engbemessener Stundenzahl Zeitvergeudung nicht erlaubt ist. Der große englische Physiker Ramsey sagte freilich bei einem Vortrag in Berlin, er spiele immer zuerst mit den neuentdeckten Erscheinungen, ehe er an ihre systematische Durchforschung gehe" (Goldbeck 1962, S. 168 -170).

Goldbeck schildert, wie es weiterging: Getreu der

Lehrmethodik fordert er Beschreibungen von Farbe und Form ("aber da gab es eine quälende Ohnmacht bei den Kleinen"), es folgen "Zeichenversuche an der Tafel"; schließlich die Aufforderung: "Nun zählt einmal die Blätter der Tulpe! Und damit ihr euch nicht irrt, reißt einmal die Blätter vorsichtig ab, legt sie vor euch sauber auf den Tisch, damit ihr keines verliert und auch alle gehörig zählen könnt!" Aber dieser Vorschlag stieß auf Widerstand! "Des 'Ach' und 'Oh' war kein Ende. Man sah, daß diese Kinder die Tulpe nicht zerstören wollten. Immerhin stellten sie auch so die Sechszahl fest" (Goldbeck 1962, S. 171).

Die Kinder sind etwas verwirrt: Was der Lehrer ihnen ansinnt, stört und vertreibt *die* Nähe zu den Tulpen, die sich zuvor eingestellt hatte, als sie sie glücklich und aufmerksam, manche sie leise wiegend, vor sich in den Händen hielten. Sie sind von den Tulpen angetan - und jetzt wird von ihnen verlangt, sie auseinanderzunehmen. Der Lehrer will die Kinder in eine Position den Tulpen gegenüber manövrieren, die es erlaubt, frei von Sympathien oder Antipathien bestimmte Merkmale herauszupräparieren - Merkmale, die jedermann an Tulpen jederzeit und an jedem Ort registrieren kann.

Nach Rumpf ist die Szene exemplarisch für die zivilisatorische Funktion des Schulunterrichts. Das Angetansein und Angesprochensein von einem Gegenstand begründet eine andere Beziehung als es die ist, die eine Fahndung nach allgemein erkennbaren Merkmalen zum Ziel hat. Das Rot, das die Kinder zuvor an ihrer Tulpe sahen, hatte möglicherweise für manche sehr persönliche Untertöne - Erinnerungen vielleicht an ein Kleid, ein Osterei, eine Geburtstags-Überraschung; das Rot, das der Naturkundeunterricht an den drei Blättern der Tulpe feststellt, ist von solchen privaten Einfärbungen "gereinigt". Es geht da nur noch um die "allgemeine" Tulpe, wie sie dazu noch eine bestimmte Wissenschaft im Blick hat. Die Identifikation mit gerade dieser, mit "meiner" Tulpe muß zurückgenommen werden, um naturkundlich in Sachen "Tulpe" operationsfähig zu werden. Wie es also um die "allgemeine Tulpe" geht, geht es auch um ein "allgemeines Subjekt", das in den Kindern durch Unterricht schrittweise aufgerichtet wird - ein Subjekt, das sich nicht von hier und jetzt aufwallenden Gefühlen des Angetanseins herausreißen läßt aus der Rationalität des gemeinsamen gesellschaftlichen Lebens. "Aller

Fortschritt des Begriffs und seiner 'Theorie' besteht eben darin, diese erste sinnliche Unmittelbarkeit fortschreitend zu überwinden", schreibt Ernst Cassirer 1923 in seiner "Philosophie der symbolischen Formen" (Bd. 1, S. 127). Die fortschreitende "Reinigung" der begrifflichen Sprache von solchen sinnlichen Vergegenwärtigungen im Zug der menschlichen Individualentwicklung hat ihr gesellschaftliches Pendant im Fortschritt der gesellschaftlich-zivilisatorischen Verflechtung, die es dem einzelnen immer weniger gestattet, sich von dem hier und jetzt in die Sinne Dringenden ungebremst anrühren zu lassen. Schulunterricht ist also eine gesellschaftliche Erfindung, um diese Dämpfungs- und Distanzierungsvorgänge mit vielerlei didaktischen Mitteln zu begünstigen.

Der "Prozeß der Zivilisation" hat so einen Prozeß der Entsinnlichung, der Naturentfremdung und der Entfremdung des Menschen von sich selbst zur Folge. Der Reichtum des Lebens wird durch Unterricht ausgetrieben. Kann doch der "zivilisierte" Mensch anscheinend nur durch Kastration des Leiblichen und Verleugnung der eigenen sinnenhaften Erfahrungen erreicht werden. Wie sonst könnte Naturzerstörung als selbstverständliche Begleiterscheinung des Zivilisationsprozesses akzeptiert werden! Naturwissenschaft ist dabei die Zuchtmeisterin der dieser Entwicklung angemessenen Erziehung.

Helmut Zöpfl hat diesen Zivilisationsprozeß mit seiner Geschichte "Der kleine Prinz beim Pädagogen" (1984) treffend karikiert:

... Sag mir ..., was du bisher ... geleistet hast. Bringst du wenigstens ein biologisches Wissen mit? Welche Pflanzen und Tiere kennst du?

Ich habe auf meinem Planeten eine Rose, sagte der kleine Prinz.

Es gibt viele Rosenarten, sagte der Pädagoge. Ich habe hier ein Arbeitsblatt über Rosen. Da du nicht lesen kannst, will ich es dir vorlesen.

1. Arbeitsaufgabe: Meine Rose ist a) eine Pfingstrose, b) eine Polyantharose, c) eine Heckenrose, d) eine Hochstammrose. Kreuze die richtige Antwort an!

2. Arbeitsaufgabe: Welche chemischen Prozesse vollziehen sich bei der Nahrungsaufnahme der Rose? Du hast wieder mehrere Antworten zur Auswahl.

3. Bilde mindestens 5 zusammengesetzte Hauptwörter mit Rose wie Rosenkohl, Rosenduft!

Meine Rose duftet sehr gut, unterbrach ihn der kleine Prinz.

Guter Duft ist im kognitiven Erfassungsbereich nicht vorgesehen, der läßt sich schlecht kontrollieren und gehört daher nicht in den Lernzielkatalog, winkte der Pädagoge ab.

Ich mag meine kleine Rose, sagte der kleine Prinz, und denke immer darüber nach, wie ich sie vor dem Schaf auf meinem Planeten schützen kann.

Über Pflanzenschutzmittel sprechen wir dann im chemischen Sachkundeunterricht. Du wirst sehen, das ist sehr interessant.

Und ich freue mich jeden Tag an meiner Rose, warf der kleine Prinz ein.

Freude ist ein affektives Lernziel. Das ist nicht so wichtig, aber von mir aus darfst du am Schluß der Unterrichtsstunde auch Freude über Rosen empfinden. Ich werde schon einen Weg finden, wie ich kontrollieren kann, ob deine Freude lernzielspezifisch war.

Ich will mich aber nicht nur freuen, wenn es auf deinem Plan steht, sagte der kleine Prinz.

Zur ständigen Freude haben wir leider keine Zeit, sonst erreichen wir unsere Lernziele nicht, sagte der Pädagoge unwirsch. Und wenn wir die nicht erreichen, bist du lebensuntüchtig. Nicht für die Schule, sondern für das Leben lernen wir.

Du hast recht, sagte der kleine Prinz, darum glaube ich, ist deine Schule doch nichts für mich. Und er machte sich wieder auf die Reise. ...

Der Hund

Der Text eines Schülerbuches

Nach dem Kapitel "Stütz-, Schutz- und Bewegungssystem beim Menschen" wird unter der Kapitelüberschrift "Wahrnehmungsarten und Verhaltensweisen" als erstes Tier der Hund vorgestellt. (Barsig u.a. 1978, S. 33 ff.) Es ist die erste Tierart, die nach dem Lehrplan in Biologie der Hauptschule Gegenstand des Unterrichts sein soll. Im Schülerbuch ist hierzu unter der ersten Teilüberschrift "Stammen alle unsere Hundeformen vom Wolf ab?" folgender Text abgedruckt (S. 34):

Was wir über die Abstammung des Hundes wissen

Fachleute sagen uns, daß es gegenwärtig über 400 Hunderassen gibt. Diese Vielfalt hat ihren Grund, weil sich Menschen für

- die Jagd oder Hetze,
- das Bewachen der Wohnstätte,
- das Aufspüren eines Vermißten (oder eines Verbrechers),
- das Ziehen des Schlittens,
- das Führen eines Blinden,
- oder einfach aus dem Verlangen heraus, einen "Spielgefährten" zu haben, der "lieb" und "anhänglich" ist,

einen ganz bestimmten Hund nach und nach züchteten.

Jagdhunde, Wachhunde, Hunde, die man als Zugtiere beanspruchen kann, Spürhunde, aber auch die "lieben und netten" Schoßhündchen gab es also nicht von allem Anfang an. Es kam allerdings dem Menschen entgegen, daß das Erbgut des Hundes ungemein vielseitig ist und seinen Wünschen oder Ansprüchen genau entsprach.

Dieses Erbgut aber verweist auf den Vorfahren des Hundes, den Wolf.

- Wölfe leben in "Gemeinschaften", im Rudel.
- Wölfe ordnen sich willig einem oder mehreren Leittieren unter.
- Wölfe sind Lebewesen, die vielseitig dem "Leben auf dem Festland" angepaßt sind.
- Wölfe verfügen als sogenannte "Nasentiere" über die Fähigkeit, einer Wildspur zu folgen, dem Beutetier auf der Fährte zu bleiben und es dann gemeinsam so lange einzukreisen und zu hetzen, bis es erschöpft zusammenbricht und getötet werden kann.
- Wölfe sind Raubtiere, die über Angriffsmut, Ausdauer, Kraft, Wachsamkeit und über einen Körperbau verfügen, der die vorgenannten Eigenschaften günstig zur Wirkung bringt.

Der Text entspricht den Intentionen des Faches Biologie nach "sachlicher", naturwissenschaftlich orientierter Information. Unpersönlich vorgetragene kognitive Daten bestimmen seinen Charakter. Der Stoff ist dabei so angeordnet, daß er sich als Lernmaterial direkt aufdrängt. So kann der Lehrer aus dem Text leicht Testfragen ablesen, etwa der Art: "Nenne sechs Gründe für die Vielfalt von Hunderassen!" "Nenne fünf Gründe, weshalb das Erbgut des Hundes auf den Vorfahren des Hundes, den Wolf, hinweist!"

Nach weiteren zwanzig Zeilen Text, die "reine" Information über die Zähmung des Wolfes zum Inhalt haben, ist - wie bei jedem Teilkapitel - ein Abschnitt "Denk- und Arbeitsanregungen" mit fünf Aufgaben angefügt (S. 35). Beispiel: "2. Überlege, warum gerade der Hund zu einem der ersten Haustiere des Menschen wurde!"

Auch wieder wie bei allen übrigen Teilkapiteln folgt ein zusammenfassender Abschnitt:

"Diese Begriffe kennen wir jetzt: Hundevorfahren - Hunderassen - Rudel - Leittier - Nasentier - Zähmung. Wir wissen ...
- warum man heute sicher sagen kann, daß der Hund vom Wolf abstammt,
- was Wolf und Hund gemeinsam haben,
- was Wolf und Hund unterscheidet,
- warum sich der Hund dem Menschen anschließt und sich ihm in der Regel auch unterwirft." (S. 35)

Diese Zusammenfassung bildet den Schluß des Teilkapitels "Was wir über die Abstammung des Hundes wissen". Es schließt sich ein zweites Teilkapitel über den Hund an, u. zw. mit der Überschrift "Was zeichnet den Hund als 'angepaßtes Festlandtier' so besonders aus?", das vor allem Skelett- und andere Körperbaubetrachtungen des Hundes zum Gegenstand hat, ähnlich orientierte Texte und denselben Aufbau aufweist.

In ihrer Wissensinhalte additiv aufzählenden Art wirken die Texte distanziert, farb- und leblos. Die dauernde Wiederholung der Lerninhalte in verschiedenen Abschnitten verstärkt den unpersönlichen Lehrbuchcharakter. Problemorientiertes Denken wird kaum angeregt, das Denkprodukt ist fertig vorgegeben. Der Text hat in erster Linie Einprägefunktion. Auch wenn ein Teilabschnitt jeweils mit "Denkanregungen" betitelt ist, können diese - da sie sich kaum auf den voranstehenden Text beziehen - die Textfunktion nicht verändern. Zudem handelt es sich bei den isoliert vorgegebenen Aufgaben dieses Abschnitts - wie es der zweite Teiltitel auch besagt - mehr um Arbeitsanregungen. In ihrer Aufdringlichkeit als Lernstoff können die Texte wohl kaum Faszination für das Lebendige bewirken, auf die Dauer werden sie eher Widerwillen gegen schulische Wissensvermittlung hervorrufen. Es ist zu fragen, ob bei einer derartigen Textgestalt die prinzipielle Ablehnung von Schülerbüchern die pädagogisch und didaktisch bessere Alternative darstellt. Die Waldorfschule beharrt traditionsgemäß auf einer solchen Ablehnung, eine Schule, die bezeichnenderweise ihre Hauptaufgabe - anders als die Regelschule - nicht in der Wissensvermittlung, schon gar nicht in der Wissensvermittlung als Grundlage von

Auslese sieht, sondern in Erziehung. (Vgl. etwa Lindenberg 1975.)

Tiere sind primär unter bestimmten *eingeschränkten Aspekten* zu betrachten. Wenn aber - wie im bayerischen curricularen Lehrplan der 5. Jahrgangsstufe - nur der "führende Sinn für die Lebensweise" herauszustellen ist, dann sind Katze, Feldmaus und Delphin als "Ohrentiere" austauschbar. Das vielseitig gestaltete Leben der Delphine, bedingt durch eine hohe Intelligenz, die wiederum die Ausbildung einer differenzierten Sprache ermöglichte, ist unter dieser verkürzten Sicht nicht erwähnenswert. Die Einschränkung der Information bedingt aber nicht nur einen Mangel, die Reduktion auf bestimmte Daten läßt das Lebewesen Delphin "verkümmern". Tiere wie Hund, Gans (Curricularer Lehrplan, 8.Jg., S. 46) und Delphin sind zur "Dummheit" verurteilte Objekte des Menschen.

Wie wäre es, wenn man den Menschen nur unter dem Aspekt des Zweibeiners betrachten würde?

Ein Hund im Klassenzimmer - naturwissenschaftliches Objekt oder lebendiges Individuum?

An einer Geschichte aus John Herndons Buch "Die Schule überleben" (1972) macht Horst Rumpf (S.52ff.) deutlich, wie sich Schule auf Lebewesen einlassen soll; sie zeigt zugleich, welche Art dem Schulunterricht paßt und welche ihm querliegt:

Ein Hund in der Schule

"Oft kommen Hunde in Schulklassen hereingewandert, und immer erregen sie großen Tumult. Kinder können nicht an sich halten, wenn mitten in der Altägypten-Stunde ein Hund auftaucht, und niemand weiß anscheinend weshalb. Warum können die Kinder den Hund nicht in Ruhe lassen, wenn er in der Klasse herumläuft, hier etwas beschnüffelt, dort ein paar Hände leckt, lautlos nach Hundeart einfach so dahinschlendert, während die Klasse mit dem allerwichtigsten Teil der Altägypten-Stunde weitermacht? Aber nein, das können sie nicht. Sie müssen sich auf den Hund stürzen, müssen ihn hochheben und wieder fallenlassen, müssen ihm Süßigkeiten anbieten oder ein Stück Brot, sie müssen schreien und kreischen und sich so aufführen, als hätten sie noch nie in ihrem Leben einen Hund gesehen. Folglich muß dann die Lehrerin sagen: schafft den Hund hier raus!... und dann jagen neun

Kinder den Hund in der Klasse herum, bis die Lehrerin den Hund selbst packen und hinauswerfen und die Tür schließen und dann mit den Kindern über das Problem von Hunden in der Klasse reden muß (wenn ihr den Hund doch nur einfach hier haben könntet! und nicht so einen Wirbel machen würdet! sagt sie ihnen, um nicht wie ein Ungeheuer dazustehen, das Hunde verabscheut; und die Kinder wollen doch nichts als diesen Hund).

Worum geht es hier eigentlich? Nun, natürlich darum, daß der Hund lebt und Altägypten tot ist" (S. 63f.).

Der Hund, der in die von Herndon gemeinte Klasse hineinspringt, interessiert die Kinder offenbar nicht als Exemplar einer bestimmten Art von Säugetieren. Er interessiert überhaupt nicht als Träger allgemeiner Merkmale, die bei jeder Sorte Hund, in jeder Situation, zu jedem Zeitpunkt und an jedem Platz zu beobachten sind.

Wenn dieser Hund im Schulzimmer erscheint, können die Kinder nicht an sich halten. Sie erfahren den Hund als faszinierend lebendiges Wesen, sie "wittern" ihn sympathetisch, wollen mit ihm sinnlich ins Handgemenge kommen und durch Aufheben und Füttern körperlichen Kontakt aufnehmen. In ihren Empfindungen regt sich etwas, was sie mit der sie umgebenden sinnlichen Umwelt stark verhaftet. Man könnte fast sagen, sie sind ihr verfallen. Die Empfindungen scheinen die Grenzen zwischen dem Ich und - in diesem Fall - dem Hund zu durchschlagen, der Hund ist kein fremdes Objekt; er "bewegt" die Kinder, "er kommt ihnen nahe" - sinnlich wie in ihren Empfindungen.

Die Lehrerin sucht, schulgemäß, den Hund auf Distanz zu bringen, ihn als Fall eines Allgemeinen, als Fall der Schulordnung zu behandeln. Im Tierkundeunterricht taucht er als Fall eines biologischen Systems auf. Ein Erlaß einer Aufsichtsbehörde nimmt sich des Hundes unter dem Gesichtspunkt der Gesundheitspflege an. Das sind drei Rahmenwerke, die vorschreiben, dieses faszinierend fremdlebendige Wesen als Sache, als Exemplar wahrzunehmen, eingeordnet in ein festes Netz von Beziehungen; sie schreiben gleichzeitig vor, die hundbezogenen Empfindungen hintanzustellen, ins Inoffizielle zu drängen. Den Hund als Gegenstand (der Schulordnung, der Biologie, der Schulgesundheit) wahrnehmen zu lernen, heißt, die von einem bestimmten Hund möglicherweise auch einmal im Schulzusammenhang geweckten Empfindungen beherrschen zu können, sich zu den mit diesen Empfindungen verbundenen Bewegungen (des Streichelns, des Nachrennens z.B.) nicht hinreißen zu lassen.

In der verordneten Wahrnehmung geht der Mensch auf Distanz. Er selbst wird dabei ein anderer, nicht nur das Gegebene und die Beziehung zu ihm verändern sich.

Horst Rumpf sieht diese Distanz in vielen Berufen und Rollen, die das moderne Leben dem Menschen abverlangt, verwirklicht. Die diagnostisch wahrnehmenden Blicke des Arztes, der den Körper etwa auf dem Hintergrund einer anatomischen Folie mustert, des Autofahrers, der die Wegweiser mit der Landkarte vergleicht, des Schalterbeamten oder der Verkäuferin, die korrekten Austausch von Ware und Geldbetrag gemäß den gültigen Preistabellen in die Wege leiten: in den genannten Berufen und Rollen muß der Mensch eine Aktivität in Gang setzen, die lediglich distanzierend wahrnimmt und nicht sich identifizierend empfindet.

Die Sinne dieses Arztes, Autofahrers, Verkäufers, sie werden zu Instrumenten, mittels derer jene allgemeinen Merkmale aufgefangen werden, die nur dann zugänglich und faßbar sind, wenn man sich von der Empfindungswelt löst und die Globalperspektive eines allgemeinen Rasters übernimmt. "Der Raum des Empfindens verhält sich zum Raum der Wahrnehmung wie die Landschaft zur Geographie" (E. Straus, Vom Sinn der Sinne, 1956, S.335). Und ein Geograph läßt eben die "beschränkte" Perspektive der eigenen leiblichen Empfindung hinter sich; er lernt und lehrt, die Landschaft beispielsweise mit Hilfe von Kartensystemen aus der Perspektive eines außerweltlichen Wesens aufzufassen, eines Wesens, das nicht gebunden ist an einen Körper, an die dadurch beschränkten Möglichkeiten der Zugänglichkeit, der Sichtbarkeit, an ein Ich in einer bestimmten Situation und Verfassung.

Rumpf stellt die für unseren Zusammenhang wichtige Frage: Welche Rolle spielen bei diesem Prozeß der Herauslösung aus dem Empfindungsstrom und der beschränkten Wahrnehmungsmöglichkeiten eben jene Empfindungen und auch Wahrnehmungen, die an das sinnliche, das geschichtliche Subjekt mit einem Lebensschicksal, mit Verhaftungen in Situationen gebunden sind? Man könnte ja einfach antworten: Diese vielfältigen Erfahrungen sind die Voraussetzung, sie stellen Material dar, aus dem dann ein gedankliches Operationszentrum im Menschen - unter Verwendung wissenschaftlich anerkannter Befunde - allgemeine Erkenntnisse über den Hund herausschmilzt, in Begriffen, die immun sind gegen wechselnde Gefühle, Situationen und Zeiten. Der Elfjährige, der aus dem Lehrbuch über den Hund im allgemeinen lernt, kann sehr wohl seine Hundeerlebnisse verwenden; er wird, so heißt es, besser verstehen - eben weil er auf sogenannte Umgangserfahrungen zurückgreifen konnte.

Die Auskunft ist jedoch unbefriedigend. Die Folgen sind zu bedenken, wenn das Subjekt, das - sympathetisch - mit diesem seinem Hund lebt und von ihm im doppelten Sinn bewegt wird, immer wieder dazu gebracht wird, zurückzutreten, weil die "richtigen" und "wichtigen" Erkenntnisse kommen. Empfindungen bekommen eine reine Zulieferfunktion zugebilligt. Aus ganzheitlichen Empfindungen oder Wahrnehmungen sind einzelne Sinnesdaten (z.B. über das Hundegebiß) herauszulösen; nur sie können dazu verwertet werden, die allgemeinen Erkenntnisse des Großsubjekts aufzuzeigen.

Was heißt es für den elfjährigen Buben, der gelernt hat, daß die ihn vielleicht faszinierende Hunde-Erfahrung offiziell nicht viel gilt? Daß sie im Hinblick auf die objektiven Befunde nur einen relativen und geringfügigen Wert hat? Daß die vielen körperlichen Austauschformen mit dem Hund - das gemeinsame Herumrennen, das Reden, Spielen, Kommandieren, Bürsten, Tätscheln, Füttern usf. - nichts mehr gelten, wenn "DER HUND" durchgenommen wird? Dann gilt es vielmehr stillzusitzen, an die Tafel, vielleicht an eine Filmleinwand, auf den Lehrer zu schauen und Buch und Heft zu benutzen. Die vielen mit der Empfindung verbundenen Erfahrungen haben ausgespielt, wenn es an die Erkenntnisse geht, die vom Bann des Zufalls, der Privatheit und Affekte zu befreien sind. Wenn es um die "wahre" Erkenntnis geht, werden sie uninteressant.

Unter Zitierung von E. Straus' Werk "Vom Sinn der Sinne" (1956) mahnt jedoch Rumpf, daß der Mensch nicht von der "vollendeten" Erkenntnis her interpretiert werden darf. Denn das würde bedeuten, ihn aus seiner endlichen, an Sinnlichkeit, an Empfindung, an Geschichtlichkeit gebundenen Subjektivität hinauszudrängen. Der Mensch vermag sich dann nur so lange neue Erfahrungen zuzutrauen, solange die eigenen Empfindungen und Wahrnehmungen zu Bausteinen der Erkenntnisse des Großsubjekts, das alle überragt, werden können. Die wirklich empfundene Landschaft, das wirklich Gespürte in einer Geschichte - einerlei ob sie von Brecht oder von Jesus stammt -, die in die

Glieder gehende Wirkung einer Musik, das alles kann bestenfalls Zuliefermaterial sein. Das endliche Subjekt hat demnach solche sympathetischen Regungen aufzugeben oder in private Reservate einzuhegen. Denn sie sollen ja die Erkenntnis verzerren, subjektiv, standortgebunden und augenblicksverhaftet sein. Die offiziellen Bildungsinstitutionen - von Grundschule bis Universität, von Kirchen bis zu Erwachsenenbildung - arbeiten an der Relativierung und Überwindung jener beschränkten Perspektive. Und damit an der Austrocknung der als privat geltenden Empfindungswelt.

Um es biblisch zu sagen - so meint Rumpf -, wenn das Vollkommene anbricht, hat das Unvollkommene keinen Platz mehr. Was sollen Privatempfindungen über Hunde, wenn es gesicherte biologische Erkenntnisse gibt; was sollen private Landschafts- und Himmelsempfindungen, wenn es eine solide Geografie und Astronomie gibt? Wissenschaftsgestützte Lehrämter überall, die den Menschen immer wieder einschärfen, wie vorläufig und unzulänglich alles das ist, was sie aus eigener Kraft und aus ihrer wirklichen Empfindungs- und Erfahrungswelt heraus erkennen! (Nach Rumpf, S. 52-61)

Ein "Herrschaftswissen" lähmt den einzelnen Menschen, läßt ihn eigenen Erfahrungen gegenüber mißtrauisch werden, bringt ihn dazu, diese als bedeutungslos zu werten, läßt in der Folge auch das eigene Denken als minderwertig erfahren. Es nimmt dem Menschen die Motivation, durch eigene Erfahrungen die Welt zu erobern und mit dem Lebendigen kreatürliche Kontakte zu knüpfen, läßt das eigene Leben als isoliert, d.h. für die Allgemeinheit belanglos erfahren, bringt ihn letztlich in Abhängigkeit zu vollkommenen Autoritäten und hat damit totalitäre Tendenz.

Der "zivilisierte" "Gebildete" ist in der Folge der, der das gesellschaftlich anerkannte Wissen bestmöglich aufnimmt. Schule fordert dieses Wissen ein, wobei jedermann dahingehend zu überprüfen ist, ob und inwieweit er sich dem beschriebenen Bildungsprozeß widerspruchslos ausliefert, ihn nachvollzieht bzw. das entsubjektivierte Denken beherrscht.

Lernen verliert damit seinen Sinn (der ja immer nur ein subjektiver sein kann). So schreibt eine betroffene (amerikanische) dreizehnjährige Schülerin:

"Ich habe über nichts eine Meinung. Ich fühle mich mehr und mehr kontrolliert und ich lerne nichts. Ich erinnere mich an ein Gefühl, das ich in der ersten

Klasse hatte - wie ein Schwamm, der Wissen aufsaugt, das ich dann für immer anzuwenden fähig sein würde: Lesen, Schreiben etc. Dieses Gefühl hatte ich in diesem Jahr nicht ein einziges Mal. Man schlingt nur gerade herunter, was der Lehrer sagt, lernt auswendig, macht die Prüfung und vergißt unverzüglich alles. Ich habe weder Eindrücke noch Erfahrungen gemacht; ich bin nicht interessiert... (Wirth 1970, S. 57; deutsch zit. nach Oblinger, S. 107).

Die Sinnlosigkeit beim Lernen bedeutete auch für mich als Schüler ein kaum zu bewältigendes Problem. Ein Erlebnis ist mir bis heute - obwohl mittlerweile etwa dreißig Jahre vergangen sind - in lebhafter Erinnerung. Mein Erdkundelehrer fragte mich - damals besuchte ich die sechste Klasse des Gymnasiums - nach der Zusammensetzung des Meerwassers, speziell dem Anteil des Salzgehalts. Die betreffenden Ziffern hätte ich als Hausaufgabe lernen sollen, was ich jedoch nicht für notwendig hielt. Da der Lehrer mich gut leiden mochte, gab er mir die Chance, das Lernen der Prozentanteile für die nächste Erdkundestunde nachzuholen. Seine Liebesmühe war allerdings vergeblich: Ich konnte einfach keinen Sinn darin finden, die Zahlen mir einzuprägen. Dabei hatte ich in jenen Jahren - wie wohl viele Jugendliche desselben Alters - ein übergroßes Interesse an erdkundlichem Wissen. Es gab zu der damaligen Zeit in meiner Heimatstadt Würzburg eine Geographische Gesellschaft, die alle vierzehn Tage einen Lichtbildervortrag hielt. Jahrelang war es mir ein Anliegen, keinen Vortrag zu versäumen. Die Reisen in entfernte Länder fesselten mich. Da wurde - im Gegensatz zur Schule - wirklich Interessantes, weil Erlebtes vermittelt, zumal ohne das schulische Abfrage- und Kontrollritual. Als Schüler und Student bin ich dann durch etwa fünfzehn Länder "getrampt". Das Wissen der Prozentangaben der Zusammensetzung des Meerwassers hätte mir dabei wenig geholfen - auch dann nicht, als ich im Wasser des Toten Meeres lag, dessen Salzgehalt so hoch ist (Prozentanteil?!), daß es den Menschen ohne Schwimmbewegungen trägt -, wohl aber tat dies manches, was ich in jenen Vorträgen über fremde Länder "subjektiv" vermittelt erhielt und was mir teilweise bis heute in Erinnerung geblieben ist.

Texte von Konrad Lorenz

Im folgenden werden Texte vorgestellt, die in ihrem "individuellen" Aussagegehalt zu eigenen Erfahrungen mit dem Lebendigen, zu ganzheitlichen, sinnlichen, subjektiven Naturerfahrungen ermutigen wollen. Sie sind verfaßt vor allem von Tierforschern, meist von Verhaltensforschern - von Leuten also, deren Arbeiten wohl nicht zufällig von Vertretern traditionell orientierter Wissenschaften oftmals eher skeptisch betrachtet werden. Über Hund und Wolf etwa haben u.a. Konrad Lorenz (1967) und Erik Zimen (1978) Eindrucksvolles berichtet:

"Im Vorfrühling 1940 geboren, war Stasi sieben Monate alt, als ich sie zu meinem Hund erkor und in Dressur nahm. In Aussehen und Charakter mischten sich die Züge des deutschen Schäferhundes und die des Chows: mit ihrer scharfen Wolfsschnauze, den breiten Jochbögen, den schräg stehenden Augen, den kurzen dickpelzigen Ohren, der kurzen, kerzengeraden und prachtvoll buschigen Rute, vor allem aber in ihren elastischen Bewegungen glich sie einer kleinen Wölfin, im flammenden Goldrot ihres Pelzes aber trat das Aureuserbe in Erscheinung. Das wahre Gold jedoch lag in ihrem Charakter. Die Grundlagen der Hundeerziehung, nämlich Leinenführung, bei Fuß gehen und das Abliegen begriff sie in erstaunlich kurzer Zeit; zimmerrein und geflügelfromm war sie gewissermaßen von selbst, man brauchte sie das gar nicht erst zu lehren.

Mein Bund mit Stasi wurde knapp zwei Monate später dadurch getrennt, daß ich eine Berufung an die Universität Königsberg als Ordinarius für Psychologie annahm. Als ich zu Weihnachten für einen kurzen Urlaub nach Hause kam, empfing mich Stasi mit einem Freudenrausch und zeigte sich in ihrer großen Liebe zu mir völlig unverändert. Sie konnte alles, was ich sie gelehrt hatte, kurz, sie war derselbe brave Hund, den ich vor drei Monaten verlassen hatte.

Geradezu tragische Szenen aber spielten sich ab, als ich mich wieder zur Abreise anschickte. Noch ehe das Packen begann, war Stasi auffallend gedrückt und wich nicht einen Augenblick von meiner Seite. Sobald ich aus dem Zimmer ging, sprang sie nervös auf und wollte mich sogar auf das gewisse Örtchen begleiten. Als die Koffer gepackt waren, steigerte sich Stasis Kummer bis zur Neurose: sie fraß nicht mehr, ihre

Atmung war flach und gestört und von tiefen Seufzern unterbrochen. Am Tage der Abreise wollten wir sie einsperren, um zu verhindern, daß sie gewaltsam versuche, mich zu begleiten. Aber Stasi hatte sich in den Garten zurückgezogen, der gehorsamste aller Hunde verweigerte den Gehorsam, als ich ihn rief. Alle Versuche, des Tieres habhaft zu werden, scheiterten.

Als sich schließlich die übliche Karawane mit Kindern, Handwagen und Koffern in Bewegung setzte, folgte ihr, etwa zwanzig Meter entfernt, ein sonderbar aussehender Hund mit gesenkter Rute, gesträubtem Nackenfell und irren Augen. Auf dem Bahnhof versuchte ich ein letztes Mal, ihn zu fangen - vergebens. Noch als ich den Zug bestieg, stand Stasi in der bedrohlichen Haltung des revoltierenden Hundes in sicherer Entfernung und sah mich unverwandt an. Der Zug fuhr an, Stasi stand immer noch unbeweglich an der nämlichen Stelle, erst als er sein Tempo bereits erheblich beschleunigt hatte, preschte sie blitzschnell vor, den Zug entlang und sprang dann drei Wagen vor demjenigen auf, auf dessen Trittbrett ich stehen geblieben war, um ihr das Aufspringen zu verwehren. Ich lief rasch nach vorne, faßte Stasi an Nacken und Kreuz und warf sie aus dem Zug. Sie fiel geschickt auf die Füße, ohne sich zu überkugeln. Dann blieb sie stehen, aber nicht mehr in Drohstellung, und sah dem Zuge nach, solange sie ihn sehen konnte.

In Königsberg erreichte mich bald beunruhigende Nachricht: Stasi habe beim Nachbarn etliche Hühner getötet, streune ruhelos durch die Gegend, habe ihre Zimmerreinheit verloren, folge niemandem mehr und müsse deshalb im Zwinger gehalten werden.

Da saß sie nun in Trauer und Einsamkeit auf der Lindenterrasse. Einsam allerdings nur, was die menschliche Gesellschaft betrifft, denn sie teilte den eleganten Zwinger mit dem Dingorüden, von dem ich schon einiges erzählt habe.

Ende Juni kam ich wieder nach Altenberg. Mein erster Gang war zu Stasi. Als ich die Treppe zur Terrasse emporstieg, fielen beide Hunde wütend über mich her, so wütend, wie nur dauernd eingesperrte Zwinger- oder Kettenhunde sein können. Ich blieb auf der obersten Stufe stehen und rührte mich nicht. Die Tiere prellten bellend und knurrend immer wieder gegen mich vor. Ich war neugierig, wann sie mich rein optisch erkennen würden, zumal der Wind von ihnen her strich, sie also keine Witterung haben konnten. Aber die Hunde erkannten mich nicht. Nach einer Weile bekam Stasi plötzlich Witterung und erstarrte mitten im Angriff zur Bildsäule. Die Mähne war noch gesträubt, der Schwanz gesenkt, die Ohren hatte sie flach zurückgelegt - nur die Nasenlöcher waren mit einem Male weit, weit offen und sogen gierig die Botschaft ein, welche der Wind brachte. Dann senkte sich die Mähne, ein Zittern durchlief den Körper des Tieres, die Ohren richteten sich steil auf. Ich erwartete, daß die Hündin nun in freudigem Ansturm auf mich zustürzen würde; dies geschah aber nicht. Ein Seelenschmerz, der so groß war, daß er die Persönlichkeit der Hündin zerbrach, der diesen bravsten aller Hunde für Monate Sitte und Gesetz völlig vergessen ließ, der zu einer regelrechten Neurose geführt hatte - ein solcher Schmerz konnte nicht im Laufe weniger Sekunden in Nichts zerrinnen. Die Hündin knickte plötzlich in den Hinterbeinen ein, der Kopf richtete sich aufwärts, die Nase ragte gegen den Himmel, es arbeitete im Halse des Tieres, und dann brach die Seelenqual aus ihm hervor, machte sich Luft in den so schaurigen und doch so ergreifend schönen Tönen des Wolfsgeheuls.

Sie heulte eine lange Zeit, dann aber war sie wie ein Gewitter über mir, ich war gewissermaßen eingehüllt in einen Wirbelsturm rasender Hundefreude. Stasi sprang an mir bis in Schulterhöhe empor und riß mir fast die Kleider vom Leibe, sie, die Zurückhaltende, Undemonstrative, deren Begrüßung gewöhnlich in wenigen Schwanzwedlern bestand und deren höchste Zärtlichkeitsäußerung es sonst war, ihren Kopf auf mein Knie zu legen, sie, die Stille, pfiff nun vor Erregung wie eine Lokomotive, schrie in den höchsten Tönen, lauter als sie vorher geheult hatte. Dann ließ sie plötzlich von mir ab, lief an die Tür des Zwingers, blieb dort stehen, sah über die Schulter weg nach mir und begehrte wedelnd Auslaß. Sie setzte als selbstverständlich voraus, daß mit meiner Rückkehr auch ihre Gefangenschaft zu Ende sei und ging daher zur Tagesordnung über...." (Lorenz 1967, S. 19 - 21)

Als dem Zivilisationsprozeß verpflichteter Pädagoge ist man geneigt, eine derart fesselnde Erzählung didaktisch als nicht allzu ergiebige Geschichte abqualifizieren zu wollen.

Im Gegensatz zu den im Schülerbuch abgedruckten Texten dürften aber die differenziert und lebendig dargestellten Beispiele von Gefühlen und dem Verhalten des Hundes eher geeignet sein, den Schüler zu motivieren, weiter über den Hund nachzudenken und in ein Gespräch über das Gehörte bzw. Gelesene einzutreten. (Womit kein Plädoyer, das Thema in bekannter schulischer Manier totzureden, abgegeben werden soll!)

Gefühle müssen aber nicht isoliert von anderen Lebensmerkmalen gesehen werden. Vielmehr ist es gerade auch seine *Intelligenz*, die den Hund zum Lebensgefährten des Menschen werden ließ. Sie wird allerdings - auch im Schülerbuch - kaum gewürdigt: Tiere sind durch Instinkt geprägt und damit zur "Dummheit" verurteilt. Der Mensch bildet aufgrund seiner hochentwickelten Intelligenz die Spitze in der Pyramide des Lebendigen, der Abstand von ihm zu den übrigen Lebewesen ist übergroß, womit auch die Herrschaft über jede Kreatur abgeleitet wird: Tiere sind "Besitz" des Menschen, den er fast willkürlich als Objekt behandeln kann. Der Pawlow'sche Versuch etwa wird im Schülerbuch der 8. Jahrgangsstufe ohne irgendwelche ethische Erläuterung abgedruckt. Daß so kaum Achtung vor dem Lebendigen vermittelt werden kann, erscheint einsichtig. Daß dies aber gerade bei "hochentwickelten" Tieren, vor allem bei solchen, die mit dem Menschen zusammenleben, in dieser Ausschließlichkeit nicht stimmt, daß sie vielmehr eine Entwicklung vom instinktgeprägten zu intelligentem Verhalten durchlaufen, zeigt Lorenz eindrucksvoll. Von den von ihm geschilderten Beispielen soll hier auch deshalb eines abgedruckt werden, weil mit ihm gleichzeitig gezeigt werden kann, wie es vor allem die Intelligenz ist, die das Tier zu einem unverwechselbaren Individuum, zu einer einmaligen "Persönlichkeit" werden läßt, die sich nicht einfach mehr durch eine - dem Instinkt angemessene - Dressur beherrschen läßt. Vielmehr ist es gerade Kennzeichen des intelligenten Verhaltens, daß das Tier durch neue Strategien der Herrschaft des Menschen entkommen kann. Daß dies auf eine so liebenswürdig-hilflose Weise geschieht, läßt den dargestellten Versuch des Hundes um so geglückter erscheinen: Schmunzelnd erkennt der Mensch das Tier als intelligenten Partner an.

"Bekanntlich sind viele Hunde nicht nur wehleidig, sondern lassen sich auch gern bemitleiden. Erzielen sie einen Vorteil, so lernen sie erstaunlich schnell, den mitleidigen Menschen in bestimmtem Sinne zu beeinflussen. Auf einer längeren Radtour in Posen hatte Stasi infolge Überanstrengung eine kleine Sehnenscheidenentzündung am linken Vorderlauf bekommen. Da sie beträchtlich hinkte, mußte ich, anstatt mit dem Rad zu fahren, einige Tage zu Fuß gehen. Auch später schonte ich sie und fuhr sofort langsam, wenn ich merkte, daß sie müde wurde oder gar zu lahmen begann. Dies hatte die schlaue Bestie bald durchschaut: schon nach kurzer Zeit begann sie zu hinken, wenn ich in eine ihr unangenehme Richtung fuhr. Radelte ich von meiner Unterkunft zum Reservelazarett, oder gar zur Ambulanz in ein anderes Krankenhaus, wo sie stundenlang an einer ihr unangenehmen Stelle mein Rad bewachen mußte, dann hinkte sie so erbärmlich, daß man mir auf offener Straße Vorwürfe machte. Fuhr ich hingegen zur Militärreitschule, wo ein Ausritt ins Grüne lockte, war das Leiden weg. Am meisten durchsichtig aber war der Schwindel an einem dienstfreien Samstag. Morgens, also zum Dienst, konnte das arme Tier selbst bei langsamstem Tempo dem Rade kaum folgen; nachmittags, wenn ich in raschem Tempo die sechzehn Kilometer zum Ketscher See fuhr, lief Stasi nicht *hinter* dem Rade her, sondern sauste in scharfem Galopp auf dem ihr wohlbekannten Wege voraus. Und am Montag hinkte sie wieder." (Lorenz 1967, S. 68 f.)

Konrad Lorenz hat in seinem Buch "So kam der Mensch auf den Hund", dem die abgedruckten Beispiele entnommen sind, die Aspekte vom Leben des Hundes, die er dem Leser mitteilen will, fast in allen Fällen mit derartigen Beispielen konkretisiert: S. 17 ist das Verhalten eines Hundes dargestellt, wie ihn Lorenz selbst nicht haben möchte, S. 18 vermittelt beispielhaft an einer Chowhündin Einsichten über die Prägezeit des Hundes an den Menschen, S. 32 bis 38 sind sechs Begegnungen zwischen einzelnen Hunden abgedruckt, usf. Während im Schülerbuch vor allem naturwissenschaftliche Daten distanziert referiert werden, ist in Lorenz' Buch auch von Zuneigung, Anhänglichkeit, Freundschaft, Treue und Liebe, von Haß und Feindschaft, von Verlobung und Ehe bei Tieren die Rede, von Freude, Zärtlichkeit, Bewunderung, Achtung vor dem Lebendigen, von Faszination, die das Lebendige vermitteln kann; werden diese Begriffe wie selbstverständlich verwendet. Tiere können lachen und weinen, sie sind freundlich, ausgelassen, bedrückt oder untröstlich.

Eine solche Beschreibung von Gefühlen und Verhalten braucht nicht - wie von manchem Lehrplan intendiert - als *Vermenschlichung* von Tieren diskrediert zu werden. Fröhlichkeit und Traurigkeit gab es bei Tieren, lange bevor der Mensch existierte. Der Mensch hat diese Ausdrucksmöglichkeiten von seinen Vorfahren ererbt (Lorenz 1964, S. 54), wobei Spontaneität und Ausdrucksstärke bei Tieren durchaus größer sein können. (Vgl. Lorenz 1964, 1967, 1978.)

Unsere Welt wird durch distanziertes analytisches Denken zerstört - Schülerbücher können dem adäquat gesehen werden -, Lorenz stellt die Einheit von naturwissenschaftlichem und wertengagiertem , emotionalem, ganzheitlichem Denken in pädagogisch vorbildlicher Weise wieder her. "So kam der Mensch auf den Hund" ist zudem ein Buch, das das Leben des Hundes so spannend vorstellt, daß man es "in einem Atemzug lesen möchte". Als Buch in der Hand des Schülers könnte es in eine Literaturgattung einführen, die das Lebendige auch lebendig vorstellt und Lesen als Freude erfahren läßt.

Selbstverständlich wäre es sinnvoll, dem Schüler auch andere Tierarten in derselben lebendigen Art vorzustellen. Lorenz selbst hat - neben dem Hund - etwa auch über verschiedene Fischarten (1964, S. 24 ff.), über Dohlen (S. 40 ff.) und die Graugans (1979) in derselben eindrucksvollen Weise geschrieben. Der Verfasser kennt Bücher mit ähnlicher Intention und Art von Jane van Lawick-Goodall über Schimpansen (1975) und von Douglas-Hamilton über Elefanten (1976). Aber auch Lebewesen "niederer" Gattung müßten in die vorgestellte Konkretheit einbezogen werden. Zu denken ist an Schmetterlinge, Käfer, Insekten u.dgl., natürlich auch an Pflanzen.

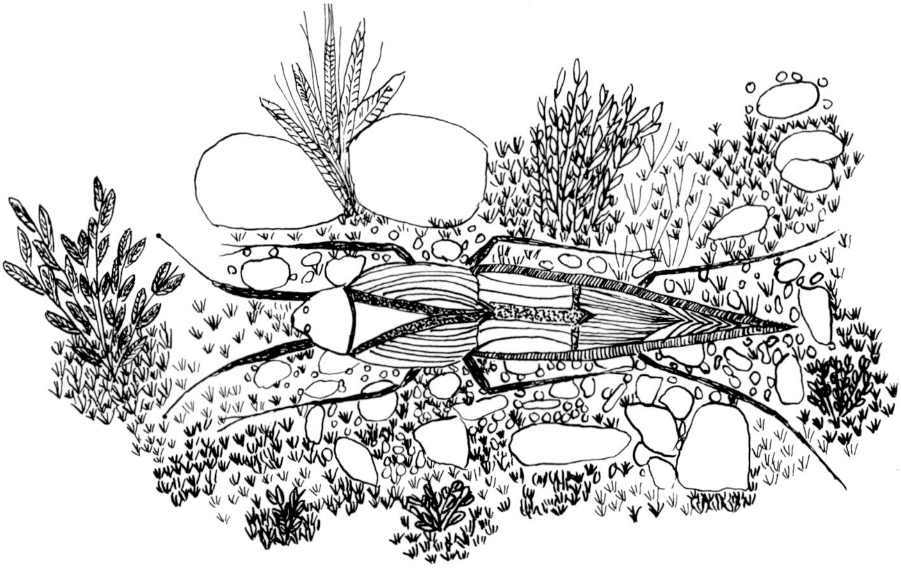

Schüler einer 9. Hauptschulklasse haben eine Käfersammlung im Lehrmittelkabinett entdeckt, das Aussehen der Käfer studiert, die kleinen Tiere in ihrer Umgebung aufgesucht, ihre Namen bestimmt und ihre Umgebung genau angesehen. Federzeichnungen bildeten den krönenden Abschluß der Beschäftigung mit diesem Detailbereich der Natur. (Hemmer 1984)

Zur Struktur von Texten

Neben den bisher aufgeführten Merkmalen zeichnen sich die vorgestellten und zitierten Texte vor allem durch folgende Kriterien aus:

- Die Autoren bieten Informationen über Tiere nicht isoliert, Wissenswertes nicht in einer abstrakten Systematik an. Vielmehr stellt sich der jeweilige *Autor* in seinem Verhältnis zu den Tieren vor. Lebewesen werden dabei nicht als auf eingeschränkte Interessen reduzierte Objekte aufgefaßt. Der Forscher zwingt die Tiere in der Regel nicht in manipulierte Versuchssituationen, er stellt sich vielmehr auf die Bedingungen ein, die Tiere in ihrer natürlichen Umgebung erfahren lassen. Er ist so primär "Partner" in der Mensch-Tier-Beziehung und bietet in seinem die Tiere - in ihrer jeweiligen besonderen Eigenart und in dem sie bestimmenden Umfeld - respektierenden Denken und Verhalten ein angemessenes *Identifikationsmodell.*

- Die Informationen des Autors über Tiere sind eingebettet in diesen *persönlichen Bezug*. Tier und Forscher bilden eine emotionale Einheit, die beiden - Forscher und Tier - Lebendigkeit verleiht, die sich in den Texten widerspiegelt.
- Die Informationen beziehen sich nicht vorschnell auf Gattungswissen. Der Autor vermittelt Erkenntnisse über *einzelne Individuen*, die sogar oft mit Namen benannt sind - Zimen (1978, S. 40) hebt dies in bezug auf Konrad Lorenz, trotz wissenschaftsmethodologischer Einwände von anderer Seite, positiv hervor -, und
- stellt deren *Lebensort* - z.T. sogar detailliert - vor. Tiere erhalten so - wie die Menschen, die von ihnen berichten - ihren unverwechselbaren Charakter und Ort zugewiesen.
- Das *Bildmaterial* zeichnet sich - wie die Texte - in der Regel durch dieselbe individuelle Konkretheit von Tier und Bezugsort aus.

Die Texte stellen so Beziehungen zu Personen her, die Neues von Tieren erfahren haben. Tiere werden als Individuen beschrieben, von denen zu lernen es interessant erscheint. Von einem solchen Lernen dürften Impulse ausgehen, die bewußtseins- und verhaltensprägende Kraft im Sinne einer naturnahen Erziehung und Bildung haben.

Die enge Bezogenheit von Forscher, Tier und Lebensort aufeinander läßt den jungen Menschen aber auch nachempfinden, wie für andere Menschen Heimat erfahrbar, ersehnt oder gestaltet wird: als ein Ort, in dem die Verbundenheit mit Tieren noch vorhanden ist bzw. wieder geschaffen wird. Lorenz' Bücher, in denen sein Haus als Heimstätte für Hunde, Dohlen, Graugänse und andere Tiere, die dort fast völlig frei leben können, beschrieben wird, wobei der Autor in seine spannenden Berichte auch die unmittelbare und weitere Umgebung seines Wohnumfeldes - etwa die naturnahen Donauauen - mit einbezieht, sind auch Bücher, die von Heimat erzählen. Unterricht, der in analoger Weise vorgeht, kann im jungen Menschen den Wunsch wachsen lassen, daß auch er in einer Welt leben möchte, in der Heimat noch durch solch enge Naturverbundenheit erfahrbar ist, er sich *seine* Heimat so vorstellt und für Erhalt und Gestaltung von Naturnähe in seiner Heimat einsetzt.

Ausgangspunkt von Unterricht braucht daher auch beim Thema "Tier" nicht notwendigerweise ein bestimmtes Tier zu sein. Konrad Lorenz ist Mittelpunkt "seiner" Tiere, Forscher wie Bernhard Grzimek und Heinz Sielmann vermögen einen Zugang zur Tierwelt weit entfernter Länder zu schaffen. Trotzdem empfinden wir die vorgestellten Tiere nicht als "Fremde", weil uns ihr Leben von vertrauten Menschen nahegebracht wird. Die Zebras des Ngorongoro-Kraters sind auch Grzimeks Zebras und werden durch ihn auch uns vertraut. Heimat kann so einen erweiterten Sinn erhalten. Sie braucht sich nicht mehr ausschließlich auf das nähere Wohnumfeld beschränken, das Heimatgefühl kann ein Stück Erde einbeziehen, das weit von der Bundesrepublik entfernt ist, für dessen naturschützerische Belange sich aber eine bekannte Persönlichkeit einsetzt, die uns an ihren Bemühungen teilnehmen läßt. Bernhard Grzimeks Film (und Buch (1963)) "Serengeti darf nicht sterben" ist ein solches Beispiel. Heimat könnte so auch in der Schule als ein Begriff vermittelt werden, der sich letztlich auf die ganze Welt beziehen sollte. In dieser Heimat ist der Mensch "Weltbürger", der - auch in ökologischer Sicht - Weltverantwortung übernimmt.

Ökologische Zusammenhänge: Nahrungskette, Nahrungspyramide - Die Falkata-Bohne

Ökologie zielt auf ganzheitliches Erfassen der Natur ab, damit auch auf ein neues Naturverständnis. Distanziertheit und Entfremdung werden manchmal aber gerade auch bei Themen deutlich, die zum Ziel haben, dem Schüler Einsichten in ökologische Zusammenhänge zu vermitteln. So soll laut Lehrplan für die 6. Jahrgangsstufe der bayerischen Hauptschule der Schüler die Begriffe *"Nahrungskette"* und *"Nahrungspyramide"* verstehen lernen.

Als Beispiel ist folgende Nahrungskette angeführt: Pflanze - Insekt (Raupe) - Singvogel (Meise) - Greifvogel (Sperber). Als Beispiel einer "vereinfachten Nahrungspyramide" sind folgende Daten angegeben: "Sperber frißt ca. 800 Singvögel im Jahr, 1 Kleinvogel ca. 100 Raupen pro Tag, eine Raupe frißt ein Vielfaches ihres Körpergewichts im Laufe ihrer Entwicklung". Als nächster Lernschritt wird die "Bereitschaft zum Tier- und Pflanzenschutz" aufgeführt (1977, S. 279).

Zum einen : Wählt man eine Nahrungskette, die als Endglied ausgerechnet den Sperber vorsieht, der im

Jahr 800 für den Menschen nützliche Singvögel frißt, dann ist für Anfänger in ökologische Einsichten - und für solche ist ja das Beispiel gewählt - der Schluß nicht gerade naheliegend, daß er diesen Sperber schützen soll.

Andererseits erscheint es zumindest nicht selbstverständlich, daß abstrakt und theoretisch vorgetragene ökologische Erkenntnisse das Naturverständnis wesentlich verbessern oder das Verhalten des Schülers beeinflussen können. Nahrungsketten, Nahrungspyramiden u.ä. zielen auf rein kognitives Wissen ab, das zum einen in seiner Einseitigkeit kaum eine neue Nähe zur Natur herstellen kann, das vor allem durch das schulische Abfrageritual in Mißkredit gekommen ist.

Bevor der Sperber als Glied einer Nahrungskette behandelt wird, müßte sich Unterricht mit dem Sperber befassen. Dies ist laut Lehrplan auch vorgesehen. Allerdings ist die Durchnahme auf einer rein kognitiven Ebene geplant. Wie für Bussard und Turmfalke sind auch für den Sperber folgende Aspekte aufgeführt: "Flug und Beutefang (Schwingen, Brustmuskulatur, Augenqualität, Fänge mit Krallen und Hornbelag, Hakenschnabel), Kröpfen, Gewölle" (Curricularer Lehrplan, S. 279). Wie soll der Schüler zudem zu einem Vogel wie dem Sperber naturnahe Beziehungen knüpfen lernen, wenn er den Sperber in der Natur kaum sehen bzw. - wenn doch - kaum als solchen erkennen kann?

Ökologie versucht zwar, einliniges und aspekthaftes Denken in den Naturwissenschaften zu überwinden. Andererseits bleibt sie in ihrem distanzierten kognitiven Interesse weithin eine Teildisziplin traditioneller Naturwissenschaft. Ganzheitliche Sicht bedeutet hier letztlich die Erfassung naturwissenschaftlicher Zusammenhänge, vor allem unter quantitativen Aspekten. Unter ökologischer Hinsicht betrachtet zielt die Auseinandersetzung mit der Lebensgemeinschaft Wald auf die Kenntnis des vielfältigen Lebens, der Verbindungen, die die verschiedenen Lebewesen untereinander eingehen u.ä.

Für ganzheitliche sinnenhafte Naturerfahrungen, deren Ermöglichung in diesem Buch gefordert wird, können ökologische Erkenntnisse zwar bedeutsame Hilfen darstellen. Mit ganzheitlicher Erfahrung darf aber die kognitive Reduktion ökologischer Erkenntnisse nicht verwechselt werden. Wenn ich mich gerne im Wald aufhalte, den Wasserspielen des Bergbaches zuschaue und zuhöre, mich an dem Lichtspiel erfreue, das das Blätterdach der Buchen bewirkt, mich auf die lauschige Atmosphäre einlasse, die ein dichter Buchenwald bewirken kann, dem Gesang des Buchfinks lausche u.ä., erfahre ich den Wald auf andere Weise ganzheitlich, wobei das ökologische Erkenntnisinteresse überhaupt nicht vorhanden sein oder gar im Vordergrund stehen muß. Ohne Rücksichtnahme auf die qualitativ andersartige Ganzheitlichkeit von sinnlichen Naturerfahrungen kann - wie obiges Beispiel zeigt - Ökologie in ihrer kognitiven Distanziertheit durchaus auch im Gegensatz zu den Prinzipien einer naturnahen Erziehung und Bildung stehen.

Daß sich beides verbinden läßt - ökologisches Wissen und ganzheitliche Naturerfahrung - zeigt das Naturverständnis naturnah lebender Völker wie der Indianer. Folgendes Beispiel entstammt dem Buch "Geliebte Erde - Naturfrömmigkeit und Naturhaß im indianischen und europäischen Nordamerika" von Werner Müller:

"Die Falkata-Bohne gehört zu den Lieblingsgenüssen der Indianer. Gekocht, gestampft und mit Fleisch verzehrt, erhebt sie jede Mahlzeit zu einem Festessen. Jede indianische Hausfrau sucht im Herbst soviel einzuernten wie möglich. Nur bleibt die Ernte, unmittelbar durch den Menschen selbst, fast unmöglich, denn das dichte, kaum zerreißbare Geranke und die Verborgenheit im Boden hindern jeden nennenswerten Erfolg.

Die Indianer nützen deshalb die Arbeit eines Tiers, dem die Erdbohne ebenso schmeckt wie dem Menschen, der Wiesen- und Bohnenmaus. Im Herbst trägt diese Maus massenweise die Falkata in ihre unterirdischen Kammern und überdauert mit diesen Vorräten den langen frostigen Präriewinter. Das Ausheben des Baus lohnt also, und deshalb suchen die Indianer eifrig die Waldränder und Flußufer ab, um an dem Fleiß der Wiesenmäuse teilzuhaben.

Der Zeitgenosse wird diese Ausplünderung als Bestätigung seiner Weltauffassung werten. Der Kampf ums Dasein, das Recht des Stärkeren, die Macht als letzte Instanz - man kennt diese Fragwürdigkeit der darwinistischen Bildung. Allein hier, bei der pennsylvanischen Wiesenmaus, kentert der zeitgenössische Realitätenwahn. Die Sache bekommt ein anderes Gesicht durch die Haltung der Indianer, die einen anderen Menschentyp mit anderen Wertungen und Auffassungen vor uns hinstellen.

Man darf, so erklären die befragten Angehörigen der Präriestämme, der Wiesenmaus nicht alle Bohnen wegnehmen: Es sei Bosheit, das schwache und wehrlose Tier seiner sämtlichen Vorräte zu berauben. Man müsse vor der Suche Herz und Gemüt vorbereiten. Niemals dürfe das Gefühl für die Rechte aller lebenden Dinge, Pflanzen und Tiere, verloren gehen. Man müsse Sinn haben für die gegenwärtige Abhängigkeit alles Lebendigen, für die Verpflichtung des Menschen gegenüber der ganzen Natur und allen geheimnisvollen Mächten. Wer auf diese Suche gehe, dürfe nur gute Gedanken haben und habe jedes boshafte und bittere Gefühl abzulegen. Und besonders soll er denken an seine Schuld gegenüber der Bohnenmaus, von der er solche Gunst erbittet.

Der Indianer nähert sich also den Vorräten des Tieres nicht als Räuber, sondern mit der Bitte, einen Teil der Vorräte abzugeben. Gilmore, dem wir diese Nachrichten verdanken, bemerkt, er habe bei sämtlichen Präriestämmen ein starkes Gefühl der Zuneigung für das kleine Tier gefunden. Immer wieder sei ihm versichert worden: 'Die Bohnenmäuse sind sehr fleißige Leute, sie helfen sogar den Menschen.' Niemals nimmt ein Indianer Früchte weg ohne Gegengabe. Er lege dann an ihrer Stelle Mais, Speck oder Fett, und so hätten die Mäuse doch auch einen Nutzen von dem verschwundenen Teil ihres Unterhalts. Die Indianer betrachten die Arbeit der Maus mit Bewunderung und Ehrfurcht. Im Herbst, wenn die Fäden des Indianersommers über das Land wehen, wandern die Leute oft allein hinaus und setzen sich bei einer solchen Vorratskammer auf ein stilles Plätzchen, dankbar nachsinnend über die Mysterien des Lebens." (Zitiert nach Lafontaine 1985, S. 36 - 38)

Übersicht: Wahrnehmen	**Empfinden** (siehe Holzkamp, Straus bzw. Rumpf 1981, S. 53 ff.)
Sachdenken	Sympathetisches Erleben
Verhältnis zu den nichtmenschlichen Lebewesen: Subjekt - Objekt	Verhältnis zu den nichtmenschlichen Lebewesen: Subjekt - Subjekt
Das Lebendige wird zum - auf Distanz gehaltenen - Objekt.	Das lebendige Gegenüber fordert zu distanzüberwindendem Handeln auf.
Distanz	Unmittelbarkeit
Objekt als nichtmenschliches Lebewesen = "Ding", "Gegenstand" = seelenlos = austauschbar, beliebig verfügbar, verwendbar	Subjekt als nichtmenschliches Lebewesen = Individuum = einmalig, unverwechselbar, kann wie der Mensch "Persönlichkeit" sein = nur bedingt verfügbar
Subjektive Empfindungen müssen unterdrückt werden.	Ganzheitliches Erleben Faszination
Allgemeine objektive Merkmale sind zu erkennen. Erkenntnisse sind einem festen System zuzuordnen.	Erkenntnis ist subjektiv und gleichzeitig - durch Überwindung des Subjekt-Objekt-Verhältnisses - systemübergreifend.
Reduktion auf gewünschte Sichtweise	Ganzheitliche Erfahrung
Der Betrachter ist gleichsam nicht er selbst, sondern Vertreter eines objektiven Geistes.	Identifikation mit dem Lebendigen
Der Geist ist vom Körper losgelöst. Körperliche Regungen sind auszuschalten.	Der Empfindende ist mitten in seiner Erscheinungswelt.
Die Gegenwart wird zugunsten zukünftiger Ziele verplant bzw. geopfert.	Erfülltsein von Gegenwart

4. Medien als Hilfe und Hindernis für ganzheitliche Naturerfahrungen

Unterricht vermittelt Kenntnisse über die Natur vor allem durch Medien, er läßt Natur zu wenig direkt erfahren.

Marie Marcks (1977, S. 82)

Schule leidet an einem Mangel an Erfahrungswissen: Wissen ist meist theoretisch, abstrakt, "tot", fern der Faszination des Lebens. Für das Fach Biologie hat dieser Mangel besonders negative Wirkungen. Bedeutet doch Biologie die "Lehre" vom *Leben*.

Selbstverständlich können Medien wie Texte und Filme viele Kenntnisse eindrucksvoll vermitteln, dem Menschen Natur näherbringen, auch Interesse für das Lebendige provozieren. Ich selbst schaue mir mit Begeisterung Fernsehfilme über Moore und Auen, über Graugans, Schleiereule und Biber, über die Tier- und Pflanzenwelt der Rocky Mountains und der Wildnis Kanadas an und versäume ungern einen Film von Bernhard Grzimek oder Heinz Sielmann.

Wer den Film "Alltag der Spatzen" von Ernst Arendt und Hans Schweiger - ausgestrahlt von der ARD am 7.6.1981 - gesehen hat, wird wohl an keinem Spatzenschwarm mehr uninteressiert vorbeigehen. Die beiden Filmemacher verstehen es vorzüglich, Nähe zur Natur zu vermitteln, weil sie Tiere weniger als Objekte, sondern eher als Partner ansprechen. Sie treten gleichsam in ein Gespräch mit ihnen ein, zeigen sie in ihren charakteristischen Eigenschaften, mit ihren Vorlieben, Launen, Stärken und in ihrer Verletzlichkeit. Ob es sich um die Grizzlybären in Alaska, den Polarfuchs der arktischen Tundra, den nordamerikanischen Biber, die Murmeltiere der Alpen oder die europäischen Spatzen handelt: all diese Filme könnten gute Beiträge für einen Unterricht darstellen, der Naturverstehen und -liebe anstrebt.

In der Schule vorgeführte Filme dürfen aber nicht isoliert gesehen werden. Notwendig erscheint doch vor allem der direkte Kontakt mit der Natur in ihrer lebendigen Vielfalt. Medien bieten dabei u.a. die Möglichkeit, die Eindrücke von dieser Vielfalt zu strukturieren und zu vertiefen, sie stellen für Naturerfahrung didaktische Hilfsmittel dar; ersetzen können sie diese jedoch nie vollständig. (Vgl. etwa die bayerischen Richtlinien von 1963.)

Das hat verschiedene Gründe: Texte und Filme vermitteln Natur meist als etwas, das irgendwo ist. Natur, mit der ich mich identifizieren kann, ist aber an ganz bestimmte Plätze gebunden, vor allem an das, was unmittelbar in meinem Lebensumfeld ist, an die Umgebung, die mir vertraut ist.

Unmittelbar erfahrbare Natur etwa könnte für die Schüler ihr Schulhof sein, der Schulgarten, der Park nebenan, das Unkenbiotop in der Nähe; für Regensburger der naturnahe Wald bei Burgweinting, die Donau mit ihrer Auenlandschaft. Da kann der Schüler das erleben, was eingangs beim Beispiel "Pfatter" skizziert wurde.

Erziehung zur Identität mit der Natur sieht Natur als etwas, das zu mir gehört, als etwas, als dessen Bewahrer ich mich fühle, sie setzt bei der erfahrbaren Umgebung ein.

Zur Funktion von Medien im Bereich "Natur" - aufgezeigt am Beispiel von Naturlandschaften und ihren Vogelindividuen

Um das eingangs erwähnte Beispiel "Pfatter" nochmals aufzugreifen: Die Vielfalt von über 200 Vogelarten in diesem Raum (vgl. Vidal 1980, S.99) ist zwar im Unterricht theoretisch vermittelbar, die Bedeutung dieses Artenreichtums dürfte dem Schüler aber erst durch intensive Beschäftigung mit einzelnen Vogelarten - möglichst konkret: mit einzelnen Vogelindividuen, beispielsweise dem Storch, dem Graureiher, der Rohrweihe, der Löffelente, der Uferschnepfe, dem Großen Brachvogel - verständlich werden. Eine solche Beschäftigung könnte sich dabei vor allem auf zwei Aspekte beziehen:

1. Beobachtung und Erkundung vor Ort,
2. die vorbereitende und vertiefende Arbeit in der Klasse.

Beispiel Storch:

Pfatter:

1. Beobachtung am Horst, an den Altwassern und den Wiesen
2. Befragung der Bevölkerung nach Verhalten und besonderen Eigenarten *ihrer* Störche

Arbeit in der Klasse (in Verbindung mit Erkundungen):

1. Nahrungsgrundlage des Storches
2. Vogelzug / Beringung
3. Gefährdung des Storches
4. Störche in der Umgebung: Die Oberpfalz als eines der letzten Refugien des Storches in der Bundesrepublik
5. Der Rhein-Main-Donau-Kanal und die Konsequenzen für die Feuchtgebiete an der Donau bzw. deren Lebensbewohner
6. Organisationen, Verbände bzw. Initiativen, die sich um Erhalt der Feuchtgebiete und ihrer Artenvielfalt bemühen:
   - Ornithologische Arbeitsgemeinschaft in Ostbayern
   - Landesbund für Vogelschutz in Bayern
   - Bund Naturschutz in Bayern

Auch hierbei könnte Schule ihre Ghettosituation sprengen, indem sie Mitglieder der betr. Organisationen einlädt und sie auffordert, von ihrer Arbeit zu sprechen, Vorträge zu halten und zu zeigen, wie der Schüler die Arbeit entsprechender Gruppen unterstützen kann.

Filme über den Storch enthalten viele Szenen, die in dieser Ausführlichkeit, Klarheit und Nähe vom Schüler in freier Natur kaum erlebt werden können. Es gibt darüberhinaus aber auch Filme, die den Storch - wie andere Zugvögel - auf ihrer Reise in den Süden begleiten bzw. in ihren Winterquartieren zeigen und so ganzheitliche Aspekte des Storchenlebens in einem ganz neuen Sinn vermitteln können.

Anfang 1985 brachte das Bayerische Fernsehen zwei Filme von Wieland Lippoldmüller über den Nordjemen.

Die Republik Jemen ist ein wegen ihrer landschaftlichen Vielgestaltigkeit beeindruckendes Land: Vom Roten Meer steigt das Gelände in nur 40 bis 80 km Entfernung bis auf eine Höhe von über 3000 m an. Extreme klimatische Unterschiede bedingen unterschiedliche Landschaftstypen: Sandwüste, Flußoasen, Schilfzonen, Urwaldreste, Felsengebirge mit malerischen Ortschaften lösen in rascher Folge einander ab.

Themenschwerpunkt der beiden Filme war - wie die Titel "Unter Gänsegeiern und Hammerköpfen" und "Unter Abdimsstörchen und Reiherläufern" bereits ankündigten - die heimische Vogelwelt. In ihren blau, rosa, lila und grün schillernden Farbtönen stellen die Nektarvögel und in ihren leuchtend gelb-schwarzen Kontrastfarben die Webervögel exotische Farbtupfer in der jemenitischen Landschaft dar. In den Wadis lebt ein Bekannter unseres Weißstorches, der Abdimsstorch, mit sehr ähnlichen Lebensgewohnheiten. Dort - wie an der Küste - trifft man auch viele unserer heimischen Brutvögel: den Grünschenkel, den Großen Brachvogel, den Regenpfeifer, Watvögel, die auf ihrer Frühjahrs- und Herbstreise hier rasten oder in dieser warmen Zone gar den Winter verbringen - "Weltbürger" im Natursinn. Die beiden Filme zeigen - nicht wie Lehrmeister, im Vordergrund stehen erlebnishafte Begegnungen mit der Landschaft und in ihr heimischen Lebewesen -, daß die Erde auch für die Tiere als Einheit erfahren wird und der Große Brachvogel sowohl das Feuchtgebiet im Nordjemen wie in Pfatter an der Donau braucht - beide sind durch die Habgier des Menschen bedroht.

Wenn in diesem Buch für heimatbezogene Naturerfahrungen geworben wird, so soll damit keinem Provinzialismus das Wort geredet werden: Die Welt in ihrer Gesamtheit ist Heimat, damit sind Erlebnisse mit Natur angesprochen, die vor allem Medien sinnvoll und lebendig vermitteln können.

Lehrpläne verweisen auch auf den Aspekt "Zusammenhang zwischen Lebewesen und Umwelt": Soll er aber nur durch naturwissenschaftlich-analytische Erklärungen verdeutlicht werden, mit kognitiv-abfragbarem Wissen als Endprodukt? Oder ist Umwelt im Sinn einer naturnahen Erziehung nicht auch emotional und ästhetisch zu vermitteln? So könnte beim Projekt Pfatter die Landschaft in ihrer Ganzheit der Erfahrung zugänglich gemacht werden: die Weite der Donauauen - sichtbar wird die Begrenzung der Donauebene nur durch die Ausläufer des Bayerischen Waldes -, die schier endlosen Flächen der Wiesen (und Äcker), die die Lebensgrundlage tausender Vogelindividuen sind, die Altwasser mit ihren undurchdringlichen Schilfgürteln, die Buschgruppen und mächtigen Baumindividuen. (Rolf Patermann empfiehlt in seinem Aufsatz "Sinnliche Naturerfahrung" (1984, S. 76), die Geräusche in der Landschaft bewußt aufzunehmen, die Vegetation nach Besonderheiten und den Boden nach Flächen abzutasten, zu denen das Auge bevorzugt wiederkehrt.)

Gerade bei dieser Zielsetzung zeigt sich die Begrenztheit schulischer Bemühungen, wenn sich Unterricht auf die Arbeit im Klassenzimmer beschränkt. Sicherlich könnte auch ein Film emotional die Landschaft um Pfatter im hier beschriebenen Sinn - wenigstens ansatzweise - erschließen helfen.

Medien wie Filme verdichten die Natur jedoch zu einem *Kompakterlebnis*, das die Natur in ihrer Verhaltenheit verfälscht. Natur ist dem Film gegenüber hoffnungslos im Nachteil, im Vergleich mit dem Film muß sie geradezu langweilig erscheinen. Pfatter als Film: ja; Naturerlebnis in Pfatter mit stundenlangem Beobachten durch den Feldstecher oder das Spektiv, meist bei Verweilen an einer Stelle: nein. Horst Sterns Film über Spinnen ist in hohem Grad spannend; einer Spinne beim Bau ihres Netzes zuzuschauen, werde ich wohl erst dann als interessant empfinden, wenn ich gelernt habe, mit langem Atem, geradezu *meditativ*, mit den Tugenden etwa eines indianischen Jägers, der Spinne zuzuschauen. In unserer schnellebigen Zeit besitzen nur noch wenige Menschen diese Fähigkeiten. Nicht jeder hat - wie der Verhaltensforscher Konrad Lorenz - sozusagen von Natur aus die Gabe, Tiere ausdauernd zu beobachten. Seine berühmten Forschungen über die Graugans sind so entstanden. Soweit ich mich erinnern kann, begründete er dies in einem Interview einmal selbstironisch folgendermaßen: Daß er den Nobelpreis verliehen bekommen habe, verdanke er auch seiner Faulheit. (Ähnlich Lorenz 1964, S.91)

Dem Schüler von heute muß erst wieder die Gelegenheit gegeben werden, zu lernen, daß sich Natur nur durch Beharrlichkeit, ja Hartnäckigkeit erschließt.

Vogelbeobachtung in Pfatter, dazu gehört auch, was der Film sicherlich nicht vermitteln kann: die Sonne, die im Frühjahr das Blau und Grün der Landschaft hell leuchtend werden läßt, ihre wärmende Wirkung, der laue Wind, der durch die Donauebene weht, der Geruch von Altwasser, der Duft von Gräsern, aber auch die Erfahrung des Steifwerdens meines Rückens beim Beobachten durchs Spektiv.

Vor allem das *Selbstentdecken* der Natur ist nur in der Natur erprobbar und erlernbar. Eine Uferschnepfe fliegt vorbei, Kiebitze streiten sich, in der Ferne ist der Balzruf des Großen Brachvogels zu hören: Eindrücke, die der Mensch heute nicht mehr selbstverständlich wahrnimmt, für die er erst wieder empfänglich werden muß, wobei Schule - um solche Eindrücke überhaupt erst wieder wahrnehmbar zu machen - Hilfestellung bieten und das hierzu notwendige Wissen vermitteln kann.

Gerade die Möglichkeit des Selbstentdeckens von Natur wird von der Schule kaum angestrebt und ermöglicht. In den Lehrplänen fehlen meist diesbezügliche Ansatzpunkte. Wissen um das Lebendige, Kenntnis der Artenvielfalt und neues Entdecken bilden aber eine Einheit.

Beispiel: Das Kamel - "Auszug einer Pilgerkarawane aus einer Karawanserei Kairos"

Nicht hier lebende Tiere können auch in einem ganz anderen Zusammenhang Neugierde wecken. In einer Hauptschulklasse ist Unterrichtsthema: die arabischen Länder am Rande des südlichen Mittelmeers; Schwerpunkt: die arabische Halbinsel und Ägypten. Der Mensch in dieser Region, seine wirtschaftlichen Möglichkeiten, seine religiösen Vorstellungen, die von ihm geprägten kulturellen Besonderheiten in Kunst, Religion und Brauchtum stellen Unterrichtsinhalte dar. Vor allem aber finden Landschaft, Tiere und Pflanzen das Interesse der Schüler: Filme über das Niltal und die Wüste, Oasen, Dattelpalmen, die Tiere und Pflanzen der Region werden mit Begeisterung angesehen. (Siehe auch die Hinweise auf Filme über den Nord-Jemen.) Aufgegriffen wird die "Kulturgeschichte des Kamels" (Heller 1984), das die Beduinen als "das größte Geschenk Allahs" bezeichnen.

Die Hirten-Kultur der Beduinen ist aus der engen Schicksalsgemeinschaft von Mensch und Tier hervorgegangen: Das Kamel war der treueste Gefährte der Wüstenbewohner, es ermöglichte alles Leben. Kein anderes Tier errang daher ehrfürchtiger den Respekt, stärker die Bewunderung, leidenschaftlicher die Zuneigung. Es begleitete das ganze Leben des Menschen - als Transport- und Kampftier, als Woll-, Leder- und Nahrungslieferant, als Tauschobjekt und Münze. Durch das

Kamel wurde die arabische Halbinsel zur Wiege einer Hochkultur, zum Ausgangspunkt der arabisch-islamischen Zivilisation.

Durch Beispiele aus Kunst, Literatur und Geschichte lernen die Schüler begreifen, wie sehr eine Kultur von einer einzigen Tiergattung bestimmt werden kann, welche Bedeutung das Kamel im alltäglichen Leben hatte und welche Verherrlichung es in der Überlieferung und im Brauchtum erfuhr. Das drückt sich schon in der Sprache aus: 160 Namen kennt das Arabische für das Kamel - je nachdem, welches Alter, welches Geschlecht und welche Eigenschaften eines Tieres hervorgehoben werden sollen (Heller, S. 13). Mit Interesse suchen die Schüler daher Kamele und andere Tiere der Region im Zoo und Zirkus auf und beobachten sie mit Hingabe. Zuletzt zeichnen sie ein Bild mit dem Titel "Auszug einer Pilgerkarawane aus einer Karawanserei Kairos". Die Bilder sind ein Beleg dafür, wie Unterricht auch von Menschen, Tieren und Pflanzen anderer Erdteile Erlebnisse vermitteln kann, wie sehr sich junge Menschen den neuen Eindrücken öffnen können und mit welcher Hingabe und Ausdruckskraft sie sie bildnerisch neu zu gestalten vermögen.

Zu der Zeichnung und ihren Ausschnitten:
Thema: Auszug einer Pilgerkarawane aus einer Karawanserei Kairos. Arbeit eines Schülers einer 8. Klasse. Federzeichnung mit Deckfarben, DIN A3. Nach dem Zeichnen mit Holzbeize malte der Schüler mit Deckfarben weiter. Bei dieser Technik zerfließt die Beize ein wenig - im Gegensatz zur Tusche ist sie wasserlöslich -, wodurch an den betreffenden Stellen die Strenge des Striches etwas abgemildert wird und der flächenhafte Schimmer eines Brauntones entsteht. Beides verbindet die dazukommenden Farben und schafft einen Übergang von der Grafik der Zeichnung zur Malerei mit Deckfarben. (Dauer der Ausführung: etwa 10 Unterrichtsstunden)

Man kann einwenden, es werde hier lediglich eine vergangene Kulturtradition nachempfunden. Motive zum bildnerischen Gestalten finden wir aber oftmals leichter in Gebräuchen und Gegenständen der Vergangenheit als in solchen der Gegenwart. Unsere heutige Kultur ist weltweit eine naturentfremdete. Sie bietet wenig Ansatzpunkte, Bindung zu Tieren und Pflanzen im Kontext der Gesellschaft zu knüpfen und zu gestalten. Dies gelang bzw. gelingt leichter bei Kulturen, die noch im engen Verhältnis mit der Natur lebten. Hier kann man besondere Tierarten direkt als Kulturbegründer bezeichnen: für Beduinen bzw. Araber war es das Kamel, für bestimmte Indianerstämme der Bison usf. Eine solche Kulturbetrachtung schließt nicht aus, ja ermöglicht es oft erst, auch den Übergang von der Vergangenheit zur Moderne anschaulich darzustellen.

Auch die von Rudolf Schmitt in seinem Aufsatz "'Dritte Welt' in der Vorschule" vorgetragenen Bedenken müssen ernst genommen werden, wenn er meint, bei der Durchnahme von Themen wie "Islam", "Gastarbeiter" u.ä. solle nicht das "Exotische", sondern das für das Kind Vertraute im Vordergrund stehen: Allzuleicht würden sonst Vorurteile eher bestärkt als abgebaut. Wählt man daher eine Komposition wie die hier abgebildete, so müssen Lebensweisen, Milieu und Gebräuche der Gegenwart mit gleicher Anschaulichkeit thematisiert werden.

Lehrplan und ganzheitlicher Unterricht

Für einen so verstandenen ganzheitlichen Unterricht bieten Lehrpläne allerdings aus folgenden Gründen zu wenig Ansatzpunkte:

1. Die Themenauswahl der Lehrpläne sieht die Behandlung von Lebewesen meist zu *isoliert*, zu *distanziert*, zu *analytisch*, in einem *abstrakten Kontext* vor.

Zum Eisbären etwa könnte Unterricht durch einen Filmausflug nach Grönland oder einen Zoobesuch einen lebendigen Bezug herstellen. Wenn aber im bayerischen Hauptschullehrplan, 5. Schuljahr, 1977, beim dritten großen Themenkomplex "Zusammenhänge zwischen Lebewesen und Umwelt" der Eisbär erwähnt wird, dann darf nicht das Tier als solches mit seiner Vielzahl interessanter Lebensäußerungen und mit seinem besonderen Lebensumfeld thematisiert werden, den Schüler hat nur sein Fell zu interessieren. Kennzeichen eines solchen analytisch-seziererischen Vorgehens ist der laufende Wechsel von Einzelaspekten und Tierbezug.

Wie die Spalte "Lerninhalte" zeigt, sollen zur "Veranschaulichung" von vier Lernzielen, die theoretische Kenntnisse anstreben, zwölf Tierarten bzw. -gattungen als Beispiele mehr oder minder zusammenhangslos herangezogen werden. Das angestrebte, aneinander addierte kognitive Häppchenwissen kann wohl kaum einen tiefergehenden Bezug zum Lebendigen aufbauen.

Lernziele	Lerninhalte
1. Überblick über Bau und Lebensweise eines Reptils	Beispiele: Eidechse oder Schildkröte Schwerpunkte: - wechselwarme Tiere, Winterstarre - Hornpanzer (evtl. Häutung) - Fortpflanzung - kriechende Fortbewegung
2. Wissen, daß es wechselwarme und gleichwarme Tiere gibt	Wechselwarme Tiere: Fische, Eidechse, Schildkröte Gleichwarme Tiere: Hund, Wal, Taube
3. Einsicht, daß gleichwarme Tiere einen Kälteschutz besitzen müssen	Haare (Eisbär und andere Säuger) Federn (Vögel) Fettschicht (Wal)
4. Einsicht, daß die niedrigen Temperaturen und der Nahrungsmagel im Winter besondere Anpassungen bei Tieren erforderlich machen	Winterstarre und Winterschlaf: Einschränkung der Bewegung, Herabsetzung der Körpertemperatur, Einschränkung des Stoffwechsels Beispiele: Schildkröte, Eidechse (Winterstarre), Igel, Murmeltier, Fledermaus (Winterschlaf)...

Nachdem der Plan dann doch noch zusätzlich zwei weitere Lernziele, die analoge Einsichten bei Pflanzen vermitteln sollen, anführt, endet der Abschnitt mit folgender Bemerkung: "Voraussichtlich benötigte Unterrichtszeit: 9 Stunden". Auch diese Angabe verweist auf die dirigistischen Absichten der Lehrpläne.

Selbstverständlich hat die durch den Lehrplan vorgeschriebene Thematik "Zusammenleben zwischen Lebewesen und Umwelt" eine große biologische Bedeutung und ist daher als zu behandelnder *Aspekt* zu Recht in den Lehrplan aufgenommen. Als solcher wird er jedoch bei jedem Ökosystem integrativ berücksichtigt und würde auch beim Projekt "Pfatter" laufend im Blick bleiben.

2. Lehrpläne orientieren sich - wie auch das obige Beispiel zeigt - oft an einer *abstrakten Systematik*, sie lassen in der Regel *keinen Bezug zu örtlichen Gegebenheiten* herstellen. Natur ist quasi ohne erfahrbare Natur zu behandeln.

3. Ziele und Inhalte werden häufig bis ins einzelne *verpflichtend vorgeschrieben* - das zitierte Beispiel besteht nur aus solchen Teilen -, so daß auch von daher die Durchnahme vor allem solcher Themen, die die *örtlich erfahrbare Natur* nahelegt, kaum möglich erscheint.

4. Einheiten wie *Lebensgemeinschaften und Biotope*, die ganzheitliches Erleben der Natur und entsprechende Einsichten und Erkenntnisse in besonders geeigneter Weise ermöglichen, sind in den Lehrplänen meist mit nur wenigen Themen vertreten.

Nach dem bayerischen curricularen Lehrplan von 1977 etwa soll lediglich das Ökosystem Wald behandelt werden, u.zw. im 7. Schuljahr. Allerdings ist das Thema "Wald" - je nach örtlichen Gegebenheiten - mit anderen Ökosystemen wie Teich, See, Moor als austauschbar vorgesehen.

Prinzipiell ist eine solche Offenheit zu begrüßen. Daß sie aber gerade bei dem einzigen ganzheitlichen Thema gewährt wird, während andere mehr analytisch orientierte Themen verpflichtend vorgeschrieben sind, erscheint unverständlich. Soll der Schüler eine Beziehung zu seiner natürlichen Umwelt aufbauen, so sind eine Vielzahl von Biotopen in den Unterricht einzubeziehen. Wald *und* Systeme, die vorzüglich durch das Element Wasser bestimmt sind - Moore, Teiche,

Seen, Flüsse mit Auwäldern und Feuchtwiesen, naturnahe Bäche - wären unverzichtbare Inhalte.

Fast alle derartigen Biotope bieten einer Fülle von Tieren und Pflanzen Lebensraum: Sie stellen den Reichtum der Natur, der mich umgibt, dar, sie sind die natürlichen Schätze meiner Heimat. Andererseits gehören sie zu den durch Eingriffe des Menschen am stärksten bedrohten Flächen. Aber erst wenn Unterricht Biotope als Erlebnisräume erfahren läßt, schafft er die Voraussetzung, daß sich der Schüler auch für die Erhaltung seiner Natur interessiert und einsetzt.

Im Vergleich zu den curricularen Lehrplänen schrieben ihre Vorläufer, die bayerischen Richtlinien von 1963, nur relativ wenige Inhalte verpflichtend vor, sahen zudem den Schwerpunkt bei übergreifenden Einheiten, vor allem bei Biotopen, und boten so für eine projektartig strukturierte Erziehung zur Naturnähe eine weit bessere Voraussetzung.

5. Projektunterricht als Hilfe für ganzheitliche Naturerfahrung

Projektunterricht wendet sich gegen ein Lernen, das sich durch Vermittlung von Häppchen-Wissen auszeichnet. Er ist ganzheitlich konzipiert, befaßt sich über längere Zeit hinweg mit einem Thema, verbindet Erfahrungen und Erlebnisse zu vertiefenden Eindrücken, vermittelt ganzheitliches Wissen und überwindet die Grenzen von Fächern und auch die des Klassenzimmers. (Vgl. etwa Frey 1982.)

Der Projekttag als Möglichkeit für die Verwirklichung ganzheitlicher Naturerfahrungen

Als organisatorische Voraussetzung für ganzheitliche Naturerfahrung böte sich der wöchentliche *Projekttag* an. An einem Tag pro Woche fände Unterricht in der Regel außerhalb der Schule statt. Für diesen Tag würden der Klasse zwei bis drei Lehrer zugeteilt, je nach Größe der Klasse. So wäre es möglich, Gruppen mit nicht mehr als acht Schülern zu bilden, mit denen der Lehrer dann Natur auch zugänglich machen könnte. Das ist bei 25 und mehr Schülern pro Lehrer kaum zu leisten.

Derartige Vorschläge werden bei der heutigen Wirtschaftslage allzuleicht als unrealistisch abgetan. Zumindest könnte aber in Modellschulen ein solcher Projekttag erprobt werden. Sinnvolles muß zudem nicht immer an fehlenden finanziellen Mitteln scheitern. So böte sich z.B. in Universitätsstädten die Möglichkeit, Lehramtsstudenten mit dem Schwerpunktfach Biologie eines ihrer Praktika durch Mitgestaltung des Projekttages ableisten zu lassen.

Im Rahmen eines schulpädagogischen Praktikums für Lehramtsanwärter konnte ich mit fünf Studenten an einem Projekt "Greifvögel" in einer 5. Klasse mitwirken. Die Schüler beschäftigten sich intensiv mit der Thematik - Grundlage war u.a. das vom Landesbund für Vogelschutz in Bayern hrsg. Heft "Greifvögel" - und sahen sich eine Reihe Filme über Bussard, Habicht, Adler und andere Greifvögel an. In Gruppen zu fünft suchten Schüler und Betreuer in der nahegelegenen Flur und im sich anschließenden Wald nach Greifvögeln. Jede Gruppe sah Turmfalken - fliegend, rüttelnd, sitzend -, Bussarde und einen Habicht. Die Schüler - vor allem die Buben - waren begeistert, fast alle fanden sich in den darauffolgenden Tagen wiederholt an dem Ansitz ein, an dem sie Bussard und Habicht beobachtet hatten, konnten dort wiederum beide Greifvogelarten sehen, fotografierten sie sogar.

Bei diesem Projekt hatte auch das Medium "Film" einen sinnvollen Einsatz gefunden: Es vermittelte Neuigkeiten, weckte Interesse und führte - und das scheint mir das Entscheidende zu sein - zum Erlebnis in der Natur hin.

Für einen Projekttag könnten auch interessierte und fachkundige Eltern gewonnen werden. Bedenkenswert erscheint auch ein Tageseinsatz pro Woche für arbeitslose Biologielehrer u.dgl.

Auch andere vergleichbare Möglichkeiten sind teilweise schon erprobt. In dem schwedischen Unterrichtsfilm "Ein Biotop im Frühling" wird gezeigt, wie Schüler höherer Jahrgangsstufen bei dem durch den Titel angesprochenen Projekt Lehrfunktionen übernehmen, indem sie Schülergruppen betreuen und den sich anschließenden Unterricht mitgestalten. In Hamburg wirken in über hundert Schulen Eltern mit dem Ziel am Unterricht mit, die Aufteilung der Klassen in Kleingruppen zu ermöglichen (Hoffer 1980). Auch andernorts müßten entsprechende Modelle durch die Schulbehörde Unterstützung finden.

Beispiel: Ein Elefant

Auch ein Elefant kann, wie oben zitiertes Beispiel zeigt, als Objekt für analytische Erkenntnisse dienen. Die Zeichnung ist dagegen das Ergebnis eines Unterrichts in einer 8. Klasse, der sich zum Ziel setzte, lebendige Beziehungen zu Tieren anzubahnen. Die Schüler besuchten Zoo und Zirkus, Filme, Dia und Lektüre bereiteten die Exkursionen vor bzw. vertieften und klärten Eindrücke und Kenntnisse. Mit der Themenstellung der Zeichnung "Ein Tier begegnet mir" sollte der junge Mensch die Möglichkeit erhalten, Eindrücke ganzheitlich gestalterisch zu verarbeiten. Einige Schüler wählten Elefanten. Die Zeichnungen - mit brauner Beize ausgeführt - sind Beispiele dafür, wie Lebendiges nicht objektiv-distanziert wahrgenommen wird, die Tiere vielmehr als Individuen gesehen werden, der Schüler andererseits seine Subjektivität einbringt, um sich in einem kreativen Prozeß das Tier "anzueignen". Indem der Schüler so die Tiere zu seiner Lebenswelt dazugehörend erfahren kann, werden diese aus ihrer Objektivität und Beziehungslosigkeit befreit und zum "Besitz" des Menschen.

Waltrauds Elefant sieht den Betrachter direkt an - eine nicht alltägliche Darstellungsart bei einer Kinderzeichnung. Allein durch den Blick wird eine Verbindung zum Zeichner und Betrachter geschaffen. Die Ohren stellen sich einer Trichterantenne ähnlich dem Betrachter entgegen, Aufmerksamkeit signalisierend. Die Schülerin zeichnete nicht nur Ohrmuscheln, das Gehör selbst ist durch den dunklen Halbkreis in der Mitte eines jeden Ohres markiert. Der lange Rüssel wird in seiner Greiffunktion abgebildet: spielerisch holt der Elefant einen Holzstab aus einem Heuhaufen. Bei so liebevoller Zuwendung kann man auch die Zehennägel nicht vergessen. Mit wieviel feinen Strichen hat die Zeichnerin die langen Einzelhaare und die Haardecke erarbeitet! (Über Zehennägel und Haut wurden im Zoo und Zirkus gleichermaßen Betrachtungen angestellt.) Nicht nur den Umriß entwarf Waltraud, der ganze Körper des Elefanten ist sorgfältig gestaltet - der Elefant ist zum Leben erwacht. Für das Kind wurde das Neugeschaffene zum Besitz, es ist nun "sein lieber Elefant".

Zu umseitigem Bild:
Der "liebe" Elefant braucht aber auch eine schöne Umgebung. Graslandschaft wechselt mit Sandflächen ab, Stauden und Blumen sind dazwischengestreut. Damit das Tier sich wohlfühlt, wurde neben dem hiesigen Baum rechts ein Baum aus seiner indischen Heimat gezeichnet.

Wie sehr sich die Kinder durch das bildnerische Gestalten ausdrücken, wie sehr ihre Person, ihr Charakter, ihr Temperament dadurch erkennbar, wie andererseits auch die Tiere, mit denen sie sich befassen, Lebewesen mit individuellen Eigenschaften werden, zeigt der Vergleich mit der Zeichnung eines Jungen derselben Klasse. Waltraud ist ein ordentliches, fleißiges, zurückhaltendes, etwas ängstliches, vielleicht auch etwas schwerfälliges Mädchen, mit einem offenen Blick - ihr Elefant scheint dieselben Eigenschaften zu haben. Siegfried dagegen ist ein liebenswürdiger, charmanter, lebendiger "Lausbub" (er ist leider auf seinem Moped tödlich verunglückt): "sein" Elefant ist ebenso das Spiegelbild seines Wesens. Mit welcher Leichtigkeit sein Elefant dahinschreitet, mit welcher Grazie er seinen Kopf schief hält, um in sein bereits geöffnetes Maul gleich ein Büschel Heu verschwinden zu lassen!

"Aneignung" geschieht also immer subjektiv-emotional, ein analytisch orientierter Unterricht vermag hierzu kaum Voraussetzungen zu schaffen.

6. Das materialistisch-naturwissenschaftliche Menschenbild der Biologiedidaktik - ein ganzheitliches Gegenbild

Das im Biologieunterricht vermittelte Menschenbild orientiert sich zu sehr an isolierten naturwissenschaftlichen Erkenntnissen und an den real vorfindbaren gesellschaftlichen Verhältnissen.

Das Fach Biologie befaßt sich schwerpunktmäßig auch mit dem *Menschen*. In der Hauptschule in Bayern etwa sind dem Thema "Mensch" sogar auf fast allen Jahrgangsstufen je eine große Unterrichtseinheit gewidmet. Das beginnt im 5. Schuljahr mit dem breit angelegten Themenkreis "Stütz-, Schutz- und Bewegungssystem beim Menschen". Erstes Teilthema: "Bauplan des menschlichen *Skeletts*".

Es ist übrigens das erste Thema des Biologieunterrichts in der Hauptschule und zeigt eindrucksvoll, wie sich Schule in Biologie geradezu pervers dem Lebendigen nähert:

Ist doch das Skelett Sinnbild des Todes, nicht des Lebens, wird in der Kunst nicht zufälligerweise der "Sensenmann" als Skelett dargestellt. Das Übrige des Menschen verwest sehr schnell, allein die Knochen sind beständiger; wie Ausgrabungen zeigen, können sie Tausende von Jahren überdauern. Da ist aber das Leben längst entwichen. Der Totenkopf: Mahnung an die Sterblichkeit des Menschen, aufbewahrt zu diesem Zweck zu Tausenden in Karnern etwa der Oberpfalz.

Nach der Skelett-Betrachtung wird die "Bereitschaft zur richtigen Körperhaltung" eingefordert. Der Knochenmann am Katheder! "Setzt euch gerade hin!" hört man den Lehrer seinen Schülern zurufen. Ein zufälliger Einstieg in das Fach Biologie? Wohl kaum! Auch hinter diesen fast karikaturhaft anmutenden Lernzielen stecken Erziehungsabsichten. Ob aber auf diese Weise der Schüler wesentlich neue Erkenntnisse über sich gewinnen kann? (Auch beim 1985 eingeführten Lehrplan ändern sich weder Inhalt noch Intention.)

Atmen, das wäre wohl ein zutreffendes Sinnbild für das Leben. Den Atem bewußt wahrnehmen, sich darauf konzentrieren, wie durch das Atmen Leben in den Körper strömt, meditatives Versenken beim Atmen: in diesem Sinn könnte man sich vielleicht dem Thema "Leben" nähern. Beim Schwimmen sich seiner Freude am eigenen Körper und an seinen Bewegungen bewußt werden und auf diese Weise zu einem neuen Selbstwertgefühl gelangen: auch dies scheint eine sinnvolle Möglichkeit, Zugang zum Thema "Leben" zu finden. (Das Schülerbuch von Barsig (1978) sieht S. 13 einen entsprechenden Einstieg durch vier Bilder von turnenden Kindern vor. Die Annäherung an das Thema kann aber kaum als geglückt gelten, weil die Bilder akrobatische Leistungen wiedergeben, die Schüler zu erbringen überfordert sind und mit denen sie sich daher nicht identifizieren können.) Gut essen und sich daran freuen: das wäre nicht nur ein theoretisches Thema. Sich seiner Gefühle, seiner Freuden, Leidenschaften, Ängste und Sorgen, seiner Liebes- und Haßgefühle bewußt werden und darüber sprechen - derartige Emotionen sind doch wohl das Wichtigste im Leben des Menschen. Ja, sie *sind* das Leben! Soll also der Mensch durch Schule bzw. Biologie sich selbst entfremdet werden? Die Überlegungen von Horst Rumpf in seinem Buch "Die übergangene Sinnlichkeit" (1981) bestätigen diese Vermutung. (Daß das Skelett Thema des Unterrichts sein kann oder gar soll, braucht hier nicht diskutiert zu werden.)

Auf der 7. bis 9. Jahrgangsstufe steht dann das Thema "Mensch" unter dem Leitgedanken "Der Mensch und seine *Gesundheit*".

Zweifelsohne müssen Gedanken zur Gesundheit zentrales Anliegen der Erziehung sein. Nur: Gesundheit kann verschieden interpretiert werden. Im Biologieunterricht bedeutet Gesundheit vor allem isoliertes Wissen des naturwissenschaftlich vom Menschen Erkennbaren. So sind im 7. Schuljahr Organe, Blut, Herz und Kreislauf, im 8. Stoffwechsel, Leber, Niere, Nerven, Gehirn und Hormone, im 9. Schuljahr Rauchen, Alkohol und Drogen Inhalte des Unterrichts.

Die genannten Inhalte vermitteln dem Schüler sicherlich wichtige Erkenntnisse über den Menschen. Die isolierte naturwissenschaftliche Betrachtungsweise wird ihm jedoch kaum zu einem Menschenbild verhelfen, das durch die beschriebene Einheit mit der Natur gekennzeichnet ist und bei dem Gesundheit eben durch diese Einheit bestimmt wird.

Eine solche Betrachtungsweise würde zur Konsequenz haben, daß man den Menschen ganzheitlich sieht. Wenn über die Hälfte unserer Krankheiten seelisch bedingt, zumindest mitbedingt sind, dann wäre beim Thema Gesundheit auch nach Zufriedenheit, Ausgeglichenheit und Glück des Schülers zu fragen. Oder wären diesbezügliche Antworten zu selbstentlarvend, weil Schule selbst in vieler Hinsicht die Ursache für Ängste, Not und seeliches Leid des jungen Menschen darstellt?

Gesundheit ist auch in enger Beziehung zur Umwelt zu sehen. Gesundheit wäre in dieser Hinsicht durch die Lebensbedingungen zu definieren, die gesellschaftlich vermittelt sind bzw. durch den Mangel, den der Mensch durch die verlorengegangene Einheit erleidet. Zwar werden an einer Stelle des Lehrplans - im 9. Schuljahr - "Gesichtspunkte für die Beurteilung einer Wohnung oder eines Arbeitsplatzes aus biologischer Sicht" angesprochen. Doch sollen diese rein technologisch abgehandelt werden. Als Lerninhalte sind nämlich vorgesehen: "gute Luft, Ruhe, gesunde Raumtemperatur und Lichtverhältnisse, genügend Bewegungsraum, keine Lärmbelästigung" (S. 50).

Für das Thema "Gesundheit" wäre ein Bild vom Menschen zu entwerfen, der im Einklang mit den Bedingungen lebt, die die Natur stellt, und entsprechend in ein naturgemäßes Verhalten einzuüben.

7. Ein Modell für den Umgang mit der Natur von Nancy Hoenisch und Elisabeth Niggemeyer: "Heute streicheln wir den Baum" und "Komm liebe Spinne"

Die hier vorgestellten Überlegungen gingen davon aus, daß bruchstückhaftes und kognitives Wissen, das heute durch das Fach Biologie vermittelt wird, kaum ein neues Verhältnis zur Natur aufbauen kann. Vielmehr wären Emotionalität, ganzheitliches Erfassen, Beschaulichkeit und Naturnähe wichtige Kriterien für eine alternative Erziehung zu einer neuen Einstellung zur Natur. Auch eine Unterrichtskonzeption, die diesbezüglich Schwerpunkte setzt, dürfte noch "mangelhaft" sein. Nötig ist auch das *Handeln mit und in der Natur*.

Ein Modell, das zeigt, wie unter den genannten Kriterien Umgang mit der Natur praktiziert werden kann, liegt mit den beiden Büchern von Nancy Hoenisch und Elisabeth Niggemeyer vor: "Heute streicheln wir den Baum" (1981) und "Komm liebe Spinne" (1982).

"Im ersten Buch geht es um vertraute Ereignisse und Dinge: um einen Baum, um Gewitter, Regenwürmer, Garten, Pflanzen, Samen, Korn und Brot, um ein Huhn, um Haustiere und ihre Geburt, Vogelnester, Fische und Ameisen." (1982, S.7)

"Wenn meine Kinder zu Beginn des Schuljahres in unseren Klassenraum kommen", so beginnt Nancy Hoenisch das erste Kapitel, "erkläre ich ihnen die verschiedenen Ecken, unsere Lernkojen, die Materialien darin und die Grundregeln, damit umzugehen. In der Bücherecke steht ein Baum, ein Hibiskusbaum.

Ich erzähle den Kindern, daß er schon seit fünf Jahren an dieser Stelle steht und viele Kinder gesehen hat, daß er von ihnen gepflegt, geliebt und gestreichelt worden ist, und daß er am besten gedeiht, wenn er leise Stimmen um sich hat. Fühlt er sich richtig wohl bei uns, dann blüht er - darauf müssen wir aufpassen. Sofort ist der Baum bei uns ein Wesen im Raum - er ist unser Wächter, und wir sind seine Wächter. Sorgfältig wischen die Kinder seinen Staub ab und reden zärtlich mit ihm." (1981, S.11)

Über die gemeinsamen Erfahrungen mit einem Baum im Schulgarten schreibt die Autorin: "Wir haben ein ganzes Jahr lang seine Veränderungen beobachtet, seine Rinde abgeformt, seine Blätter gestreichelt, ihn getröstet, als er seine Blätter verlor, versucht, uns vorzustellen, wie er sich fühlt, wenn er Winterschlaf hält, gejubelt, als er Knospen hatte und diese Knospen untersucht. Wir haben seine Größe gemessen und viele, viele Bilder von ihm gemalt... Bei unserem Baumerlebnis haben wir alle Fächer einbezogen: Kunst, Rechnen, Lesen, Schreiben, Musik - und die Konzentration haben wir auch gefördert." (Ebd.) (Sehr schön auch das Titelbild des Buches, das Kinder zeigt, die um einen Baum versammelt sind und ihn anteilnehmend berühren.)

Jeder Lehrer sollte wenigstens das Kapitel über den Baum lesen (1981, S. 11 ff.), um leichter nachempfinden zu können, daß Biologie und ihre Schulbücher dem Schüler Natur eher entfremden als ihm nahebringen.

Im zweiten Buch finden u.a. "Begegnungen mit der Natur statt, die gewöhnlich mit Angst oder Ekel verbunden sind. Da gibt's z.B. Spinnen, Kaulquappen, Frösche..." (Ebd.)

Schon das Bild auf der Umschlagseite kennzeichnet treffend Intention und Inhalt des Buches: Ein Mädchen läßt eine große Spinne auf seiner Hand sitzen und betrachtet sie teilnehmend. *

Kinder haben von ihrer Exkursion eine Fülle von Kleintieren für ihr Terrarium mitgebracht, beobachten sie genau und mit Interesse, wobei Käfer, Asseln,

---

* Hartmut Hansen und Freya Pausewang zeigen in einem einfühlsam verfaßten Beitrag (1984, S. 131 - 133), wie sich Kinder mit Spinnen im Sinn einer naturnahen Erziehung und Bildung befassen können.

Tausendfüßler und eben auch Spinnen in gleicher Weise in die Zuneigung eingeschlossen werden. Nur auf dem Hintergrund der vielfältigen lebendigen Naturerfahrungen ist auch folgender Vorgang verständlich: Ein Zoobesuch war geplant, aber Jenny fand einen Käfer auf dem Weg und der weckt größeres Interesse als Affen, Tiger und Giraffen.

Nancy Hoenisch meint zu diesem Umgang mit Kleinlebewesen: "Viele von uns haben ihre Urängste einfach zugeschüttet, und unsere Kinder übernehmen unbewußt Ängste und Ekel. Ich möchte aber, daß die Kinder liebevoll mit Würmern, Spinnen, Schlangen, Gewitter, Blut und Schleimhäuten umgehen können. So werden sie alles, was natürlich ist, auch ihren eigenen Körper voll annehmen.

Eine solche Atmosphäre in der Vorschule soll den Kindern helfen, ihre Gefühlskräfte voll zu entfalten. Denn nur das phantasievolle, gefühlsstarke Kind ist kreativ, und nur der gefühlsstarke, schöpferische Mensch wird imstande sein, unsere Welt gut zu beeinflussen und unsere hochtechnisierte Gesellschaft mit ihrem Leistungsstreben und ihren Vereinsamungstendenzen zu verändern." (S. 5)

Die Bücher berichten von einer Vielzahl von Naturerfahrungen im Kleinen: Eine Raupe wird gefunden, ihr in einem Terrarium Futter gegeben, ihre Verpuppung beobachtet, zuletzt wird das Schlüpfen des Tagpfauenauges aus seinem Kokon und das Entfalten der bunten Schmetterlingsflügel zu einem großen Erlebnis für die Kinder.

Konrad Lorenz weist in einem Interview mit Franz Kreuzer - vom Bayerischen Rundfunk ausgestrahlt am 7.11.83 anläßlich des achtzigsten Geburtstags des Forschers - darauf hin, daß Menschen, die während ihres ganzen Lebens den Umgang mit Tieren nicht mehr aufgeben wollen, in ihrer Kindheit oft nicht zuerst Hund oder Katze besaßen, sondern die Möglichkeit hatten, mit Kleinlebewesen Kontakte zu knüpfen. Auch von daher haben die Naturerfahrungen, die Nancy Hoenisch ihren Kindern in einer Berliner Vorschulklasse ermöglicht, Vorbildcharakter.

Selbstverständlich werden auch Pflanzen in diesen kreativen Umgang mit dem Lebendigen einbezogen. Salat wird nicht nur angebaut und sein Wachsen pflegerisch begleitet, die Ernte ist vielmehr Anlaß zu einem eigenen "Salatfest". "Wie machen denn die Blumen ihre Babys?" will Angelika wissen. Die Lehrerin erklärt den Vorgang und bringt Feuerlilien mit in die Schule.

Die Kinder sind Bienen und Schmetterlinge und tragen mit ihren Nasen Blütenstaub von Blume zu Blume, damit die Blumen "Babys" bekommen. Jedes möchte Blütenstaub auf seiner Nase haben.

Nancy Hoenisch berichtet: "Im Herbst hat Mark sich im Garten auf die Erde gelegt, und wir haben genau seinem Körperumriß entlang Narzissenzwiebeln gepflanzt. Jetzt blüht unser Narzissenmann, und alle wollen sich einmal hineinlegen. Aber am besten paßt Mark!"

Nicht nur das Lebendige um die Kinder herum wird mit wachem Interesse wahrgenommen und liebevoll behandelt, der eigene Körper ist in diese Zuwendung mit eingeschlossen. "Wir haben unseren Körper lieb" ist der Titel des letzten Kapitels. Diese Liebe gilt dann in gleicher Weise auch den anderen: "Wir wollen auf uns aufpassen und füreinander sorgen. Wir wollen uns nicht nur mit den Händen anfassen, auch mit einem Lächeln, mit Worten, mit Taten. Etwas empfangen ist schön, aber auch geben und teilen. Wir wollen zusammen lachen, uns streicheln, uns schaukeln lassen, wenn wir traurig sind. Wir wollen viel wagen, uns viel zutrauen, den anderen auch viel zutrauen. Wir wollen den Ängstlichen Mut machen, wir wollen sie loben für das, was sie können. Wir wollen uns gegenseitig vertrauen und uns lieben." (1981, S. 9)

Die Fotografin Elisabeth Niggemeyer versteht es, mit der gleichen Sensibilität die Erfahrungen der Kinder ins Bild zu setzen, wie Nancy Hoenisch sie hervorzurufen imstande ist.

Dabei wird Natur so wahrgenommen, wie sie vorgefunden wird. Wenn Fünfjährige einen toten Fisch aufschneiden und sich die Eingeweide ansehen, entspricht das zunächst einmal nicht der Vorstellung, wie Kinder mit Tieren umgehen. Aber diese Kinder werden sicher - so meint Imme de Haen in ihrer Rezension (1983) - niemals einen lebenden Frosch aufblasen, bis er platzt. Natur ist nicht nur die blühende Blume und der bunte Schmetterling, sondern auch die "eklige" Spinne, der tote Fisch und der Klumpen Schweineleber, der von Hand zu Hand wandert. Und beim Umgang mit diesen "Dingen" der Natur wachsen Neugier, Verständnis und Liebe zur Natur.

Helmut Becker weist in seinem Vorwort zu den beiden Büchern darauf hin, daß "diese pädagogischen Modelle aus der Vorschule versuchen, das in unserer Welt Getrennte wieder zu verbinden", indem sie "die Versöhnung zwischen Mensch und Natur ... anstreben": Die beiden Bücher zeigen uns, "wie das kleine Kind, das seine unmittelbare Beziehung zur Natur in unserer Zivilisationswelt nicht mehr besitzt, diese frühzeitig wiedergewinnen kann; dabei wird es im einzelnen sensibilisiert, so daß Fühlen, Schmecken, Sehen und Riechen in ihm so entwickelt werden, daß das, was einmal natürliches Verhältnis zur Realität der Natur war, in ihm durch kindliche Erfahrung wiederhergestellt wird: ... Was dem Kind hier in seinen Begegnungen mit der Natur geschieht, wirkt sich dann in seinem ganzen Leben auf seine Beziehungen zu allen Arten körperlicher Realität, insbesondere zu seinen Mitmenschen aus." (S. 3)

Als Ziel der ganzheitlichen Zuwendung zur Natur kann man so mit Imme de Haen (1983) eine "neue" Art der Erziehung zur Liebesfähigkeit sehen: "In dieser Vorschulgruppe ist alle Lernerfahrung letztlich Liebeserfahrung und wie wichtig das ist, wissen wir ja aus der Erkenntnis der Psychoanalyse, daß alle Defizite der Menschen letztlich Liebesdefizite sind." (S.54) *

Der Einwand ist naheliegend, daß ein Modell, das für die Vorschule geeignet erscheint, für die weiterführenden Schulen nicht angemessen zu sein braucht. Die bisherigen Ausführungen geben jedoch zu folgender Frage Anlaß: Sollen Erziehung und Bildung, um das Leben tiefergehender zu erfassen - denn nur das kann doch Ziel weiterführender Bemühungen sein - vor allem mit rationaler und abstrakter Reduktion gleichzusetzen sein? Wie soll weniger mehr sein? Naturnahe Erziehung und Bildung für Kinder der allgemeinbildenden Schulen können doch nur eine *intensivere* Begegnung mit Tieren und Pflanzen und mit dem Menschen anstreben.

---

* Ein ähnlich anregendes Buch hat Joseph B. Cornell geschrieben: Mit Kindern die Natur erleben (1979).

Zusammenfassung, formuliert als Forderungen I für eine naturnahe Erziehung und Bildung

1. Naturnahe Erziehung und Bildung erschließen dem jungen Menschen die *Natur* als etwas *Faszinierendes und Schönes*.
2. Sie vermitteln Kindern und Jugendlichen die Erfahrung, daß dieser Bereich der Wirklichkeit *zu ihrer täglichen Lebenswelt gehört*, in der sie stets *Neues beobachten und erleben*, in der sie sich wohl, ja *glücklich fühlen*.
3. Sie streben nach *emotional-ganzheitlicher Naturbegegnung*. Sie ermöglichen sinnenhafte, ganzheiliche Naturerfahrungen, damit sich der junge Mensch auch als Naturwesen begreifen und der Natur zugehörig verstehen lernt.
4. *Unterricht* findet daher möglichst oft *in der Natur selbst* statt.
5. *Schule ermöglicht fächerübergreifendes und projektorientiertes Erleben der Natur und Lernen mit der Natur*.
6. Unterricht vermittelt die *Artenvielfalt* der Natur so, daß sie der junge Mensch als *beglückende Bereicherung* erfährt.
7. Schule gewährt für eine naturnahe Erziehung und Bildung *ausreichend Zeit*. Für das Fach Biologie etwa bedeutet dies ein Mindestmaß von zwei Wochenstunden pro Schuljahr.

III
Unterricht im Freiland bzw. außerhalb des Klassenzimmers

Einführung: Der Mensch zwischen Haß auf die Natur und Sehnsucht nach der Natur - pädagogische Konsequenzen

Es ist ein Kahlschlag auch der Seele. Der Haß auf Bäume und der Haß auf Laub. Tödliches Gift zu spritzen, wenn sich Moos auf Plattenfugen zeigt. Daß eine Dachsteinfirma einen Giftzug einsetzt, der erboste Kunden wieder von den Flechten befreien muß, die sich da endlich auf dem Dach angesiedelt hatten. Daß jemand in Nachbars Garten einsteigt, um einen Hollerbusch auszurotten, weil die Vögel rote Flecken auf das Kunststeinpflaster kleckern. Daß Nachbarn wegen Bäumen prozessieren. - Das alles sind schon mehr als Dürrezeichen.

Die meisten scheinen Natur für eine ausgesprochene Schlamperei zu halten. Die Unduldsamkeit gegenüber dem letzten Grün, das man noch nicht ganz im Griff hat, nicht durchgestaltet, geordnet, begradigt und bereinigt hat, das ist eines der bizarrsten Phänomene jeder Verschönerungsaktion. "Schön" ist, was mit Akribie getrimmt wird, das "Gepflegte", Geschorene, Geschnipselte, Getüftelte, Gepusselte. Ein unduldsames Ausradieren. Ohne Liebe, ohne Phantasie und ohne Wissen. Und ohne jedes räumliche Vorstellungsvermögen.

Maschinengrün, Konservengrün, Straßenbegleitgrün, Abstandsgrün und Grünversorgung. Tankstellengrün. Und Wegwerfgrün. Die öffentliche Pflanze, pflegeleicht und abgashart und säurefest, als billiger rot-weißbemalter Parkplatzwächter, als Stopschild und als Halteverbot, degradiert zum Zähnefletschen. Noch nie hat eine Zeit die Pflanze so vergewaltigt und entwertet.

Dieter Wieland, in: "Grün kaputt", S. 108.

Die Seele des Menschen ist gespalten: Nicht nur die Gesellschaft als ganze zeigt naturzerstörerische Züge, der einzelne ist - wie das Zitat von Dieter Wieland zeigt - oft von Haß auf die Natur geprägt; zumindest ist auch für ihn umfassende Naturentfremdung kennzeichnend.

Bedingt durch die stets weiter fortschreitende Zerstörung unserer natürlichen Umwelt verspüren andererseits viele Menschen eine leidenschaftliche Sehnsucht nach heiler Natur. Sie wollen diese ihre Sehnsüchte nicht im Bereich der Träume belassen und engagieren sich daher in Bürgerinitiativen bzw. der Politik allgemein. Vor allem aber möchten sie in ihren unmittelbaren Erfahrungsbereich des Wohn- und Lebensumfeldes Natur wieder verstärkt einbeziehen bzw. zurückholen.

Der Naturgarten als Rückzugsgebiet für bedrohte Pflanzen und Tiere, in dem sich etwa Wildkräuter wieder ansiedeln dürfen und in dem Tümpel für bedrohte Amphibien angelegt werden, wird als eine solche Möglichkeit gesehen. (Vgl. etwa Bund Naturschutz in Bayern 1981; Schwarz 1980.) Nutzgärten werden heute teilweise wieder ohne chemische Gifte bewirtschaftet. (Vgl. ebd.) Produkte des biologischen Garten- und Landbaus finden eine immer größer werdende Käuferschaft. Vor allem in den Städten wird der Ruf nach Rückgewinnung der Natur bzw. deren Einbeziehung in das unmittelbare Lebensumfeld laut, wobei man u.a. die Begrünung von Innenhöfen und den Pflanzenwuchs an Fassaden als Möglichkeiten sieht und propagiert. (Vgl. beispielsweise Bayer. Staatsministerium f. Landesentwicklung u. Umweltfragen 1983; Senator f. Stadtentwicklung u. Umweltschutz in Berlin 1983.) Der Wintergarten, der Pflanzen einen größeren Wohnbereich bietet, findet wieder das Interesse von Architekten und Bauherren.

Erlebnisse und Erfahrungen, Arbeiten und Lernen im Freiland stellen unverzichtbare Möglichkeiten dar, um der Natur näher zu kommen. Zwar steht dabei im folgenden das schulische Interesse im Vordergrund, die aufgezeigten Aspekte und Beispiele können aber ebenso als Anregungen für Aktivitäten im familiären Bereich oder für interessierte Gruppen dienen.

Was dabei den Schulgarten angeht, so beschränken sich die Ausführungen auf wenige prinzipielle Überlegungen und Beispiele zur Veranschaulichung: Mittlerweile liegt eine Fülle von sachdienlicher Literatur vor. (Vgl. das Literaturverzeichnis.)

1. Das grüne Schulgelände

Strebt man naturnahe Erziehung und Bildung an, so haben auch in den Klassenzimmern wie in den Fluren des Schulgebäudes Pflanzen ein Lebensrecht, wird vor allem der Pausenhof zu einem Ort, in dem Blumenstauden, Büsche und Bäume eine erholsame Stimmung vermitteln, so daß Lehrer und Schüler sich dort gerne aufhalten. Neben Sitzgelegenheiten für kleinere Gruppen sollten auch solche für ganze Klassen geschaffen werden. Ein solcher Freiluftunterrichtsraum wäre vor allem als integrativer Teil eines Schulgartens einzuplanen. (Vorschläge für seine Gestaltung siehe bei Kilger 1982, S. 32 f.)

In der Literatur finden sich heute bereits viele Beispiele, die zeigen, wie Lehrer und Schüler ihren Pausenhof und ihr Schulgelände als Erlebnis- und Erholungsraum für den Menschen und als Lebensraum für Tiere und Pflanzen in ökologischer Absicht verstehen, planen und umgestalten und dabei integrativ in das Schulgelände eine Vielzahl besonderer Biotope eingliedern. (Vgl. "Der Spiegel" 31/1983, Kaufmann 1983, Der niedersächsische Kultusminister 1982; Kraft 1977, Kraft 1980, Rauch 1981.)

Dabei müßte auch der Schulbau in die Überlegungen miteinbezogen werden. Natur und Architektur als gelungene Einheit zu erfahren, wäre - ähnlich wie es die Waldorfschule vorsieht - auch als Erziehungsauftrag der staatlichen Regelschule zu fordern. (Vorschläge hierzu siehe etwa bei Doernach und Heid 1982.)

Auch wenn heute nicht jeder Laubbaum auf dem Schulgelände deshalb gleich weichen muß, weil er "Schmutz" verursacht, so lassen doch auch neu angelegte Schulhöfe diese Einheit oft vermissen. Noch prägen allzu oft "Teerseen" das Bild vieler Schulen. Stellplätze für Autos hält man für wichtiger als eine freundliche, die Natur einbeziehende, dem Schüler dienende Schulhofgestaltung. Zudem muß anscheinend jedes Schulgelände ein möglichst großes Repertoire an *Sportgeländearten* enthalten. In Regensburg wurde erst Mitte der achtziger Jahre ein Schulhof fertiggestellt, in den ein mit einer roten Kunststoffmasse beschichtetes Spielfeld, eine ebenso rote 100-m-Bahn und ein Platz zum Kugelstoßen einbezogen sind. Selbstverständlich wurde auch eine Turnhalle gebaut. Rechnet man den rechteckigen, kaum gestalteten Pausenhof dazu, so ist das Schulgelände mit denaturierten, künstlichen, versiegelten Flächen vollgestopft, die zum einen eine organische Gestaltung des Geländes verhindern, zum anderen Grün nur in Restflächen erlauben. Bäume sind nur ganz am Rande zugelassen, denn die Blätter würden - wie früher die geteerten Pausenhöfe - die glatten und kunststoffbeschichteten Funktionsflächen "verunreinigen". Obwohl das Schulgelände groß ist, dürfen die Schüler während der Pause ihren rechteckigen, phantasielosen Pausenhof nicht verlassen. Wohin sollen sie auch gehen? Alles ist in "saubere" Sperrbezirke eingeteilt.

Der heute praktizierte Sport mit seinem Wettkampfcharakter und seinen die Auslesefunktion der Schule begleitenden Formen übt an den staatlichen Schulen eine gewichtige gesellschaftliche Funktion aus. Ihr gleichrangig ist die einer Freizeitgesellschaft zukommende ökonomische Funktion des Sports zu sehen. Von beiden Aspekten her ist es verständlich, daß der Schulsport finanziell und administrativ breit gefördert wird. Gegen entsprechende Lobby und politisches Interesse kann sich das grüne Schulgelände nur schwer behaupten.

Ganz anders ist dies etwa an Waldorfschulen, die es nicht zulassen, daß staatliche und wirtschaftliche Interessen gleichsam ungefiltert in die Schulen eindringen. Auf der Basis ihrer humanen Pädagogik ordnen sie der sportlichen Betätigung eine ganz andere Aufgabe zu und räumen bei der von ihnen entwickelten Form der naturnahen Erziehung der organischen Einheit von Natur und Gebäuden den ihr zukommenden Vorrang ein.

Zu folgender Seite:
Umwandlung des Schulgeländes einer amerikanischen Schule (Aus: Bengtsson 1978, S. 28 f.)
Fotos: Robin Moore

Derselbe Schulhof - vorher

und nachher

Beispiel: Linden

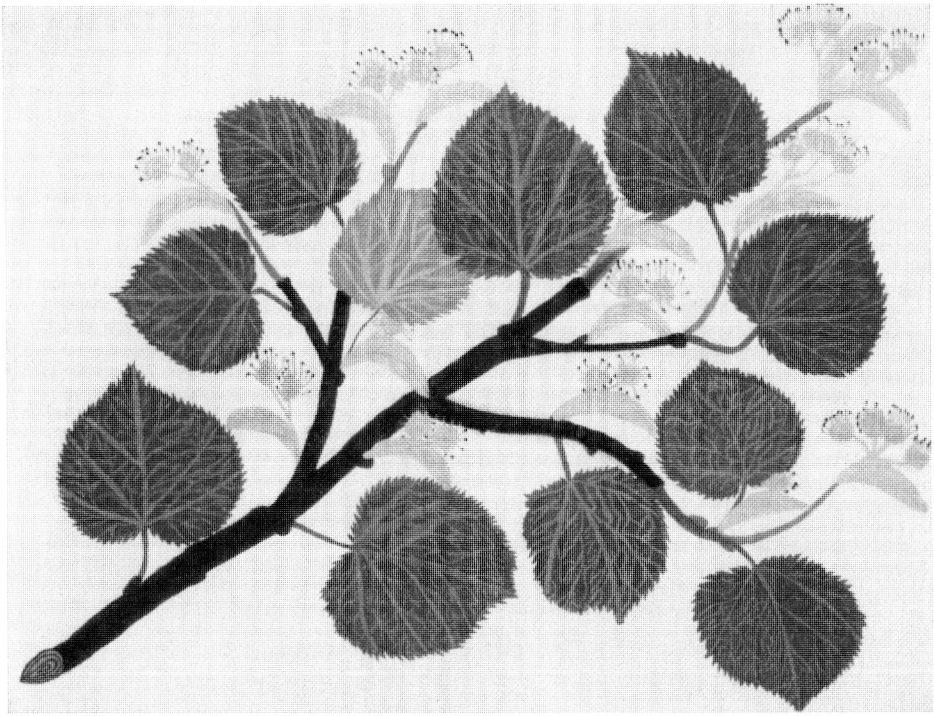

Zeichnung eines dreizehnjährigen Schülers.
Aus: Herrmann/Meiss 1963, Tafel III.

Die Seele wird vom Pflastertreten krumm.
Mit Bäumen kann man wie mit Brüdern reden
und tauscht mit ihnen seine Seele um.
Die Wälder schweigen. Doch sie sind nicht stumm.
Und wer auch kommen mag, sie trösten jeden.
Erich Kästner
(Aus: Robert Matzek: Goldene Worte über Bäume, 1983)

In Regensburg gibt es eine Grundschule, da wachsen im Schulhof noch Weiden, Buchen und Linden. Doch welcher Lehrer betrachtet mit seinen Kindern diese Bäume, ja schenkt ihnen überhaupt irgendwelche Beachtung? Wer sensibilisiert die jungen Menschen dafür, daß unsere Umwelt vielgestaltige Natur zeigt, die wir - bevor wir sie schätzen und lieben können - erst einmal bewußt wahrnehmen müssen? Wer verfolgt das Wachsen der Bäume, wer ihr Leben im Jahresablauf?

Welcher Lehrer betrachtet mit seinen Schülern die Blüten der Bäume, die Blätter, die Früchte? Welcher Lehrer läßt die Lindenblätter beschreiben: Samtenweich sind sie, mit einem leuchtend kräftigen Grün, herzförmig nennt man sie, ein Begriff, der ja nicht nur abstrakt naturwissenschaftlich verstanden zu werden braucht? Wer läßt die Blüten zeichnen? Wer pflückt und trocknet sie, um etwa Tee daraus zu bereiten (was auch wieder zu einer Feierstunde Anlaß geben könnte)? Wer befühlt die Rinde eines Baumes, um etwas über deren Struktur zu erfahren? (Vgl. etwa Hoenisch u. Niggemeyer: Heute streicheln wir den Baum, 1981; den Naturführer von Hugues Vaucher: Baum. An den Rinden erkennen und bestimmen, 1980.) Wer umfaßt den Stamm, um etwas von der Größe und Kraft des Baumes auch körperlich nachempfinden zu können? Welcher Lehrer läßt Vergleiche anstellen zwischen dem eigenen Körpermaß und dem des Baumes oder zwischen dem eigenen Lebensalter und dem des Baumes? Wer verfolgt das Leben der Tiere, die die Linde als ihren Wohnsitz gewählt haben, wer hört auf den Gesang der in ihr wohnenden Vögel wie Buchfink und Star? Welcher Lehrer fragt danach, wer diese jetzt mächtigen Linden einst pflanzte, aus welchem Anlaß, aus welcher Motivation heraus? Welcher Lehrer erzählt seinen Schülern etwas von der Linde, die einst oft den Mittelpunkt des dörflichen Lebens bildete? Wer vollzieht dies nach, indem er sich mit seinen Kindern unter eine Linde setzt, um sich dort mit ihnen zu unterhalten, zu singen oder zu spielen? Wer vermittelt etwas vom Zauber der Bäume, indem er unter ihrem Blätterdach seinen Zuhörern Geschichten von Bäumen erzählt und vorliest oder Gedichte von ihnen vorträgt? (Siehe Matzek, mit weiterführenden Literaturangaben; Hesse 1984 u.a.)

Zu folgender Seite:
Kinder einer 4. Klasse haben nach Fertigstellung einer Broschüre über ihre Schule Altenbuch im Spessart ihre Mitwirkung durch ihre Unterschrift angezeigt. Gleichsam als persönliches Siegel hat dazu jedes der Kinder das Blütenblatt mit Fruchtbündel einer Linde gezeichnet. Mit der individuellen und differenzierten Gestaltung wird hier gleichsam symbolhaft die Linde in die persönliche Identität einbezogen, zumal die Zeichnung jeweils mit der persönlichen Namensnennung verbunden ist. (Herausgeber der Schrift siehe I.13.)

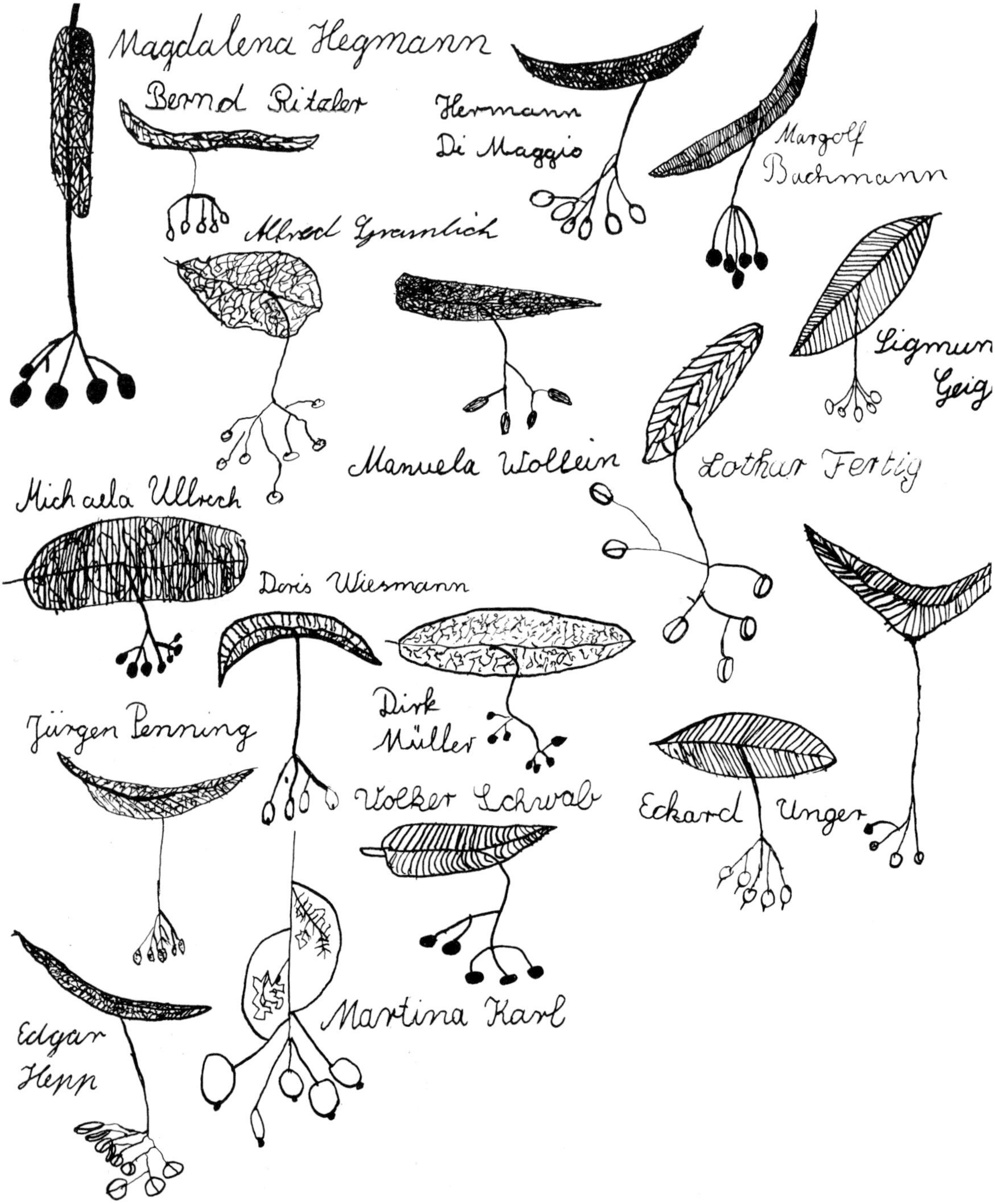
Magdalena Hegmann
Bernd Ritaler
Hermann
Di Maggio
Margolf
Bachmann
Sigmun
Geig
Manuela Wollein
Lothar Fertig
Michaela Ullrich
Doris Wiesmann
Dirk
Müller
Jürgen Penning
Volker Schwab
Eckard Unger
Martina Karl
Edgar
Hepp

Wirklichkeit in einer Waldorfschule: Jeder Schüler wird dazu angehalten, sich einen Baum im Schulbereich auszusuchen, den er zwei Jahre lang beobachten möchte, wobei er alle beobachteten Vorgänge und Veränderungen in einem Tagebuch festhält. Das Leben der Rotbuche im Schulhof soll quasi sein Leben begleiten. Der Schüler erfährt nicht nur etwas über Bucheckern, sondern er erlebt, wie sich im Frühjahr die Knospen der Blätter dieses Baumes öffnen, er lernt seine Blüten kennen, er verfolgt das Heranreifen der Früchte. Diese Buche wird seine Wahrnehmungsfähigkeit für Vorgänge in der Natur schärfen, seine Erfahrungsmöglichkeiten mit dem Lebendigen erweitern und sein Bewußtsein prägen.

Eine Klasse kann sich auch außerhalb des Schulgeländes einen besonderen Baum als "ihren" Baum erwählen, den sie durch das ganze Jahr hindurch beobachtet, dessen Gestalt und Wachsen immer wieder zum Staunen Anlaß sein mögen, für dessen Wohl sie eintritt und der für die Schüler zu einem besonderen Treffpunkt werden kann. Als Beispiel wird hier eine mächtige Winterlinde, die bei Heiligenstadt im Bodensee-Hinterland steht, vorgestellt (aus Hockenjos 1979, S. 75). Selbstverständlich muß ein solcher Klasse(n)baum nicht immer eine so markante Gestalt aufweisen. Aber wie es dem Leser und Betrachter wohl auch gehen mag: allein das Foto wird Faszination bewirken! So wird auch den jungen Menschen die einzigartige Gestalt des Baumes beeindrucken. (Der Betrachter sei auch auf den informativen Text hingewiesen, den Hockenjos zu dem abgebildeten Baum verfaßt hat.)

2. Der Schulgarten

Zur Einführung

Etwa seit Beginn der achtziger Jahre erhält die Schulgartenidee wieder verstärkt Befürworter. Pädagogen bzw. Initiativen (z.B. Münchner Forum 1985) und Naturschutzverbände wie der Bund Naturschutz in Bayern (vgl. Maier 1983) und der Deutsche Bund für Vogelschutz (vgl. Kaufmann 1983) setzen sich für die Schaffung neuer Schulgärten ein. Pädagogische Zeitschriften stellen Modelle vor. (Siehe beispielsweise Briel u. Späth 1981.) Selbst fachunspezifische Medien wie die Süddeutsche Zeitung (Graupner 1982) und "Der Spiegel" (31/1983) greifen das Thema auf und berichten von gelungenen Beispielen.

Wichtiger noch erscheint, daß sich auch die Hauptverantwortlichen "grünen Ideen" öffnen. Der niedersächsische Kultusminister etwa zeichnet als Herausgeber einer Schrift mit dem Titel "150 Stunden" (1982), in der - wie der Untertitel "Ideen und Anregungen zur Gestaltung von Schulhöfen in Selbsthilfe" andeutet - entsprechende Vorschläge vorgestellt werden. (Zur Erklärung des Titels: 150 Stunden hält sich der Schüler durchschnittlich im Jahr im Pausenhof auf.) Neben Vorschlägen fürs Verweilen und Spielen werden auch solche für "Flächen für Land- und Gartenbau (Schulgärten)" (S. 106 ff.) einbezogen. Die vom Bayerischen Staatsministerium für Unterricht und Kultus für Eltern herausgegebene Zeitschrift "schule und wir" brachte in ihrer zweiten Ausgabe 1983 einen für die Idee des Schulgartens werbenden Artikel. (Weitere diesbezügl. Beispiele führt "Der Spiegel" 31/1983 an. Zur Geschichte und Typologie von Schulgärten siehe z.B. Kilger 1982 und Winkel 1985.)

Schulgarten und Nahrung

In den Berichten über Gartenarbeit wird immer wieder hervorgehoben, daß das Hauptaugenmerk der Schüler auf das Ernten und Verzehren der Früchte gerichtet ist. "Der größte Renner sind Radieschen" ist ein Artikel überschrieben ("schule und wir" 2/1983). Die anscheinend vordergründige Motivation schafft Zugang zu einer Problematik, die unsere Entfremdung von der Natur besonders eindrucksvoll zeigt: der Herstellung unserer Nahrung.

Unsere *Nahrungsmittelproduktion* ist so stark industrialisiert, daß der junge Mensch heute kaum mehr eine naturnahe Beziehung zu Nutzpflanzen herstellen kann. Wenn etwa im Garten der Waldorfschule Gemüse und Salat angebaut werden, die dann in der Schulkantine auch als Nahrungsmittel Verwendung finden, dann lernt der Schüler im Handeln ein neues Verhältnis zu einer Natur herzustellen, die ihn ernährt; Naturnähe bedeutet dabei aber auch und vor allem Beziehungen zu einer Nahrung gewinnen, die mir nicht schadet und für deren Güte ich eintrete.

Völker, die naturnah lebten, kannten vor allem Pflanzen deshalb, weil sie ihre Existenzgrundlage bildeten. Bei den Indianern Nordamerikas beispielsweise waren zur Zeit der Entdeckung durch die Europäer mehr als 2000 Arten pflanzlicher Nahrung bekannt. Eine unglaubliche Fülle, wenn man bedenkt, daß unser Warenangebot - obwohl es von exotischen Neuigkeiten gespickt ist - nur einen winzigen Bruchteil dessen ausmacht. Stämme im Gebiet der Großen Seen etwa "verwendeten ... 275 Pflanzensorten als Heilmittel, 130 als Nahrung, 31 als magische Zaubermittel, 27 zum Rauchen, 25 zum Färben, 18 als Getränke und Geschmackszusätze und weitere 52 für verschiedene andere Zwecke" (Farb 1976, S. 210).

Natur ist unsere Lebensgrundlage. Dazu gehört vor allem die Nahrung. Dies wieder erfahrbar zu machen, wäre ein wichtiger Bestandteil einer Erziehung zur Naturnähe.

Das Kalenderjahr als "Lebensjahr" erfahren

Mit Pflanzen wird das Jahr nicht nur in seinem Wechsel von kalt zu warm und wieder zu kalt erlebt, durch den Umgang mit Pflanzen des Freilands wird es als *Jahr des Lebens* erfaßt, als ein Jahr mit Abschnitten des Ruhens, Keimens, Wachsens und Reifens, wobei das "richtige" Curriculum von keiner Behörde und auch nicht vom Lehrer vorgeschrieben werden kann. Die Natur selbst bestimmt den Lebensrhythmus - mit all den "Zufällen", die das Leben mit der Natur mit sich bringt: Bei Dauerregen ist trotz des Vermerks "Gartenbau" im Stundenplan die Arbeit draußen meist wenig sinnvoll. Die Vermittlung von zweierlei Einsichten kann damit verbunden werden: Der Mensch ist nicht nur Herrscher über die Natur, er muß sich gleichermaßen den Gesetzen der Natur unterordnen; Zeiträume werden neu erfahrbar, in Tugenden wie Geduld und Beharrlichkeit, deren Bedeutung für eine naturnahe Erziehung und Bildung bereits beim Beispiel Vogelbeobachtung in Pfatter angesprochen wurde, kann auch der Umgang mit Pflanzen einüben.

Die Eindrücke des Wachsens und Reifens werden für den jungen Menschen noch dadurch variiert, daß jede Pflanzenart durch ihr eigenes "Lebensjahr" geprägt ist: Schneeglöckchen, Leberblümchen und Küchenschelle gehören zu den Frühblühern, Glockenblume, Margerite und Skabiose zieren die Sommerwiese, Astern und Dahlien sind Anzeichen des beginnenden Herbstes. Kirsche, Birne und Apfel lösen einander in der Blüte ab. Das Reifen von Pflanzen und Früchten zeigt eine ähnliche Variationsbreite: Salate und Radieschen kann man früher ernten als Kartoffeln. Leben mit Pflanzen vermittelt daher auch ein bewußteres Leben im Jahresablauf und ein Verbundensein mit natürlichen Zeitabläufen.

Der unterschiedliche Lebensrhythmus der Pflanzen im Ablauf des Jahres läßt das Miterleben im Vegetationsjahr abwechslungsreich gestalten, ermöglicht einerseits laufend andere Beobachtungen, fordert andererseits immer wieder zu neuem, andersartigen Handeln auf. Es sei hier auf einen Vorschlag für ein Schulgarten-Curriculum von Dax (1983, S. 9 ff.) hingewiesen, weil es einen Eindruck von der Vielfalt der durch den Schulgarten vermittelbaren Eindrücke und Erfahrungen geben kann. Vor allem die Monate Januar bis April sind erwähnenswert, weil mit den vielfältigen Inhalten, die hier aufgeführt werden, der Meinung entgegengewirkt werden kann, Schulgartenarbeit müsse sich auf die "schöne" Jahreszeit beschränken.

Zu seinem Vorschlag gibt auch der Verfasser zu bedenken: "Die Natur läßt sich ... nicht in ein zeitliches Schema pressen, so sind die Übergänge fließend, und die Arbeiten müssen an die jeweiligen Standort- und Witterungsverhältnisse angepaßt werden."

Einen anderen Jahresplan zur Behandlung des Rahmenthemas "Unser Garten im Jahreslauf" mit theoretischen Themen für einzelne Unterrichtseinheiten und Themen für die praktische Arbeit im Garten hat Reichelt (1975) erarbeitet (veröffentlicht auch bei Kilger 1982, S. 208).

Es gibt heute eine Fülle von Literatur, die zum Miterleben der Natur im Jahresablauf anregt. Im folgenden seien einige Beispiele genannt, die (nicht nur) für Kinder eine faszinierende Vermittlerrolle übernehmen können.

Eine Reihe des Ellermann-Verlags, München, bemüht sich besonders um anschauliche und ansprechende Anregungen zum Miterleben des natürlichen Jahresablaufs:

D. Blech/C. Spangenberg:	Die Garten-Uhr
Una Jacobs:	Die Sonnen-Uhr
Irmgard Lucht:	Die Baum-Uhr Das Jahr der Bäume; Die Wiesen-Uhr Das Jahr der Wiese; Die Vogel-Uhr Das Jahr der Vögel;
I. Lucht/C. Spangenberg:	Die grüne Uhr Das Jahr der Blumen, Sträucher und Bäume

Zu Beginn unseres Jahrhunderts hat die Engländerin Edith Holden ein Natur-Tagebuch verfaßt und gestaltet, das in deutscher Übersetzung mit dem Titel "Vom Glück mit der Natur zu leben" im Deutschen Taschenbuch Verlag erschienen ist (München 1977. Untertitel: "Naturbeobachtungen aus dem Jahre 1906"; Titel der Originalausgabe: "The country Diary of an Edwardian Lady").

In Wort und Bild beschreibt Edith Holden Flora und Fauna ihrer englischen Heimat im Wandel der Jahreszeiten. Alles, was sie auf ihren Spaziergängen und Wanderungen beobachten konnte, hat sie sorgfältig niedergeschrieben, ihre Lieblingsgedichte und -sprüche zur Jahreszeit hinzugefügt, die Monatsnamen erläutert, die Feiertage gekennzeichnet, vor allem aber ihre Eintragungen mit eigenen Aquarellen von Pflanzen und Tieren illustriert: Vögel, Schmetterlinge, Bienen, Blumen und Kräuter sind auch in den Abbildungen lebendig, die Bilder vom Verlag sorgfältig farbig wiedergegeben. Seite für Seite dieses Tagebuches zeugen von Edith Holdens Liebe zur Natur und ihrem Vermögen, das Erlebte empfindungsreich zu vermitteln. Das Buch ist ein lebendiges Dokument der Naturnähe und kann für Kinder, Jugendliche und Erwachsene auch zur Gestaltung eines eigenen Natur-Tagebuchs vielfältige Anregungen bieten. (Die weiter unten erwähnte Schulgartenchronik weist eine ähnliche Konzeption auf.)

Weitere Bücher, die das Jahr als Natur- und Lebensjahr miterleben lassen:

Geraldine L. Flanagan u. Sean Morris: Nest am Fenster (1977).

Konrad Lorenz: Das Jahr der Graugans (1979).

Roger Lovegrove u. Peter Barrett: "Folg ich der Vögel wundervollen Flügen..." Vogelbetrachtungen im Jahresverlauf (1986).

Der Natur-, Biotop- und Wildgarten
Das grüne Schulgelände kann bzw. sollte einen möglichst naturnah belassenen Raum darstellen. Hier werden Biotope wie Magerwiese, Wald, Schlag, Hecke und Tümpel einbezogen oder neu geschaffen, Lebensräume, die ein Beobachten der sich entwickelnden Pflanzen- und Tiergesellschaften und ein Miterleben der Natur das ganze Jahr über ermöglichen. Oft genügt es schon, bereits bestehende Biotope als solche zu erkennen und einer anderen Pflege zuzuführen. Manches Fleckchen Magerwiese, auf dem "nur" "Unkräuter" wie Klatschmohn, Vergißmeinnicht, Gundermann u.ä. wachsen und das deshalb durch dauernde Eingriffe zu einem Rasen hochgetrimmt wird, könnte bei weniger Pflege seine Blumen- bzw. Artenvielfalt behalten und leichter entfalten. Als ich Kollegen auf eine solche Möglichkeit auf ihrem Schulgelände hinwies, setzten sie sich sogleich für die Sicherstellung des betr. Biotops ein. Dazu reichte jeweils ein Gespräch mit dem Schulleiter, dem Hausmeister und dem Stadtgartenamt. Ein Schild mit der Aufschrift "Naturwiese, bitte nicht pflegen!" weist Kollegen, Schüler und Pflegetrupps des Gartenamts auf die "Nutzungsänderung" hin. Ein ähnliches Schild wurde auch auf einer kleinen Rasenfläche angebracht, deren "Löwenzähne" bisher mit viel Kraftaufwand verfolgt wurden und deren Renaturierung die Schüler nun beobachten wollen. Zweimaliges Mähen pro Jahr sichern den Erhalt der genannten Biotope.

An einer anderen Schule verzichtet das Stadtgartenamt auf das Jäten unter einer Hainbuchenhecke. Hier wachsen Klatschmohn, Hirtentäschel, Ackersenf, Kamille, Erdrauch, Ackerstiefmütterchen, Frauenspiegel u. a.: Die Vielfalt heimischer Wildkräuter stellte sich bereits nach zwei Jahren ein. Die Schüler lernen hier viele der unbeachteten oder gar verachteten "Unkräuter" kennen, die auf der Flur durch den Einsatz von Herbiziden u.ä. teilweise bereits ausgerottet sind, und - was noch wichtiger erscheint - sie lernen die bunte Vielgestaltigkeit wildwachsender, teilweise kleiner Blütenpflanzen schätzen. Etwas, was nicht auf Anhieb gelingen kann, da - wegen der auffälligen Pracht von Kulturpflanzen - bereits Kinder die in der heimatlichen Natur vorkommenden Pflanzen "übersehen".

Als integrativer Bestandteil eines solchen Gartens bietet sich ein Tümpel für Amphibien an. Feuchtgebiete bilden die bedrohtesten Naturflächen in unserem

Land, und mit dem Bau und der Instandhaltung eines solchen Tümpels könnte ein wichtiger Beitrag für das Verständnis von Feuchtgebieten mit ihren besonders bedrohten Tier- und Pflanzenarten geleistet werden. Zudem stellt ein solches Biotop *den* Anziehungspunkt für junge Menschen aller Altersstufen dar.

3. Ein Wildgarten an der Pestalozzi-Grundschule in Regensburg

Schulgelände und -gebäude

Die Pestalozzi-Grundschule am Ostpark in Regensburg ist ein langgezogener eingeschoßiger Flachbau mit acht Klassenzimmern und einer Turnhalle. Im Norden schließt sich eine Rasenfläche in der Größe von 30 mal 55 Metern an. Der Rasen wird in der Wachstumsperiode mehrmals im Monat gemäht und in Abständen gedüngt. Daneben ist ein weiterer Sportplatz angelegt, ein Volleyball-Spielfeld mit rotem Kunststoffbelag. Den dritten Schwerpunkt bildet ein großer Parkplatz, dessen Boden fugenlos mit Kunststeinen versiegelt ist.

In den Zwischenräumen von Schulhaus, Parkplatz und Sportflächen ist Natur vorgesehen, pflegeleicht allerdings. Bodenbedecker bestimmen das Bild. Siedelt sich einmal ein Ahorn oder ein Hollunder an, so wird er von den Arbeitstrupps des Stadtgartenamtes entfernt. Im Sommer 1984 hatte sich sogar das auf der Roten Liste stehende Ackerwildkraut "Frauenspiegel" in eines der Kotoneaster-Beete verirrt. Die Stadtgärtner beseitigten es rasch.

Das dürfte das Bild sein, daß sich dem Betrachter in den meisten Schulen bietet. Und soweit ich Einblick habe, trifft das hier Gesagte nicht nur für Regensburg zu. Die Sport- und Autolobby hat sich des Schulgeländes bemächtigt. "Geordnete" Natur verkommt zur Garnierung von denaturierten und versiegelten Flächen.

Aber selbst in den Restspalten wird in der Regel keine ursprüngliche Natur geduldet. Allzu schnell setzen wir Rasen und Rosen, Koniferen und Kotoneaster mit Natur gleich.

Auf einem anderen Schulgelände entdeckte ich am Rande eines Wegs eine Königskerze. Ich habe dort lange gesucht: Es war die einzige Wildblume, die in der Nähe der Schule ihr Leben fristen durfte.

Da fordern heute Politiker, Pädagogen und Naturschutzverbände, dem jungen Menschen Natur wieder näherzubringen. Doch viele Lehrer leben in Distanz zur Natur, kennen sie nicht und nehmen sie nicht wahr. Naturfeindlich eingestellte Behörden vertreiben sie zudem aus der Umgebung des Schülers.

Zwar steht auf dem Schulgelände der Pestalozzi-Grundschule auch noch eine Reihe von achtzigjährigen Linden. Bei der letzten Vergrößerung des Parkplatzes wurden jedoch ihre Wurzeln gekappt, so daß sie heute dahinsiechen und die neunziger Jahre kaum erleben werden.

Das Gelände wird von einem öffentlichen Park und dem eines Krankenhauses hufeisenförmig umsäumt. Die Bäume auf diesen Grundstücken vermitteln auch für das Schulgelände einen grünen Eindruck. Doch der Schein trügt. Jeder Busch- oder Baumsprößling, der sich durch den Zaun hindurchzuzwängen wagt, wird abgeschnitten. Ein solcher Zaun scheint wertvoller zu sein als Hollunder, Eiche und Ahorn, Königskerze und Taubnessel, deren "Angriff" auf das Schulgelände stets schnell und erfolgreich abgewehrt wird.

Ein Wildgarten entsteht

Trotz dieser widrigen Bedingungen legten im Frühjahr 1984 Kollegen/innen, Schüler/innen, Studenten/innen mit mir auf dem Gelände einen kleinen Schulgarten an. Einerseits sollte der Garten einen Nutzungsteil - Beete, Obstbäume - beinhalten, andererseits einige Biotope. Zur Verfügung stand ein Rasenstreifen entlang des Schulgebäudes.

Im Nutzungsteil des Gartens dominieren Beete. Mit Hingabe bröselten die Kinder Erde auseinander. Regenwürmer wurden sorgsam wieder ins Beet zurückgelegt. (Siehe Fotos.) Im Wildgartenbereich wurden zwei kleine Höhlen ausgehoben, Bretter darübergelegt, Lehm aufgeschüttet, Steine zu Haufen aufgetürmt, eine Wagenladung mit Aushuberde zu langen Hügelreihen geformt. Schon im darauffolgenden Jahr konnten wir über fünfzig Pflanzenarten finden. Lediglich bei einigen wenigen Arten wurde dabei nachgeholfen: Von Spaziergängen brachten Kinder und Lehrerin Samen von Rainfarn, Groß- und Kleinblütiger Königskerze, Indischem Springkraut und Wilder Malve mit.

Ein kleines Biotop bei der Anlage 1984. Kleine und große Bruchsteine, Lehm, magere Erde und Rasenstücke werden auf eine Höhle, auf die man zuerst Bretter gelegt hatte, aufgeschüttet. Die Höhle nahm zwei Jahre später ein Igel als Unterschlupf an.

Das Gelände des zukünftigen Schulgartens. Wenn sich Studenten/innen und Kollegen/innen nachmittags trafen, kamen auch immer Schüler/innen, um mitzuarbeiten. Zum Foto: Kinder entladen einen Schubkarren und legen mit den Grasnarben den Untergrund für einen Komposthaufen.

Andächtig lauschen die Kinder einem Lehrer, der ihnen erklärt, wie man die Erde durch Auseinanderbröseln auflockert, und machen es ihm gleich nach.

Wachsen und Blühen im Wildgarten

Die den Schulgarten betreuende Lehrerin verfolgt mit ihren Kindern vom ersten Schultag an das Wachsen und Sichverändern im Garten.

Im zweiten Jahr des Bestehens des Schulgartens, 1985 - die Kinder besuchten jetzt etwa ein halbes Jahr die Schule -, war es eine *Kratzdistel,* die schnell über die Köpfe der Kinder hinauswuchs und sich bald zu einem kleinen abwehrbereiten Busch entfaltete. Dutzende von Insekten waren dort fast zu jeder Tageszeit zu beobachten: Bienen, Hummeln, Schwebfliegen, Schmetterlinge u.a.

Das *Indische Springkraut* mit seinen attraktiven glockenförmigen rosa Blüten schauten sich die Kinder immer wieder an.

Das Springkraut ist nicht nur vom Aussehen her eine attraktive Pflanze, es hat auch eine interessante Fortpflanzungsweise entwickelt. So gelingt es ihm, einen Tag lang männlich, den darauffolgenden Tag weiblich zu sein.

Zuerst reifen die Staubgefäße heran, die die männlichen Fortpflanzungszellen, die Pollenkörner, enthalten. Sie sind wie die Borsten einer Bürste angeordnet. Mit rhythmischen Bewegungen wird der Pollen hervorgeschoben.

Durch den Nektar in der Blüte herbeigelockte Hummeln streifen mit dem Rücken an den Staubgefäßen entlang. Damit dies gelingt, öffnet sich die Blüte dem Umfang der Hummel und ihres Haarpelzes entsprechend auf den Viertelmillimeter genau. Während dieser männlichen Phase kann die Hummel nur Pollen sammeln, den sie dann zu einer anderen Blüte trägt, dort abstreift und dadurch diese Blüte befruchtet.

Am folgenden Tag ist die Blüte weiblich. Sie braucht ihre Staubgefäße nicht mehr und will sie los werden. Der unter den Staubgefäßen befindliche Griffel und der Fruchtknoten schieben die männlichen Blütenteile mit rüttelnden Bewegungen heraus und werfen sie ab.

Die Hummel kann jetzt die Pollen einer anderen Blüte an der Narbe abstreifen. Auf diese Weise verhindert die Blüte ihre Selbstbefruchtung.

Fast täglich entdecken die Kinder eine neue blühende Pflanze.

Frühblüher wie Veilchen und Schlüsselblume zeigen den Frühling an, Hundszunge und Rote Lichtnelke folgen bald, Malve und Glockenblume blühen ab Mitte Juni, die Blüten von Königskerze, Rainfarn und Karde sind gleichsam Anzeiger des Hochsommers.

Kleinlebewesen wie Tausendfüßler, Ameisen, Schnekken, Würmer, Asseln und Käfer, die sich vor allem unter Steinen und in Rinden alter Baumstämme ansiedeln, werden neugierig betrachtet. Über den wärmeausstrahlenden Steinhaufen lassen sich oft viele Insekten wie Mücken, Schwebfliegen und Falter beobachten. Alte Baumstrünke vermitteln beim Verfaulen ein farbenprächtiges Schauspiel und bieten einer Vielzahl von Insekten Heimat.

Als die Lehrerin Markus, Schüler der 1. Klasse, daraufhin ansprach, die Blüte des Indischen Springkrauts ließe sich vielleicht von der Seite leichter zeichnen, erwiderte er, er möchte die Pflanze so zeichnen, wie sie die Hummel beim Anflug auf die Blüte sieht.

Sandra beugt sich zur Blüte eines Indischen Springkrauts hinunter. Daneben blühen Malven und Schafgarben. Vor die blühenden Pflanzen haben die Kinder selbstbeschriftete Namensschildchen in den Boden gesteckt. Die großen Blätter sind die von Königskerzen. Dazwischen wächst der Rainfarn. Direkt vor Sandra sind blühende Gräser und Braunellen zu sehen.

Zu Beginn des zweiten Schuljahres malte jedes Kind mit Deckfarben ein etwa lebensgroßes Portrait von sich und schnitt es aus. Die Kinder fügten dann ihre Einzelbilder zu diesem Klassenbild zusammen - auch die Lehrerin durfte nicht fehlen - und hängten es an die Vorderwand des Klassenzimmers.

Im dritten Jahr, 1986, wachsen Karde, Königskerze und Beifuß innerhalb weniger Monate sogar über die Köpfe der Erwachsenen - 2,10 Meter messen die Pflanzen Ende Juli. Rainfarn und Wegwarte sind immerhin noch größer als die Kinder - 1,50 Meter. Schafgarbe, Malve, Kamille, Graukresse und Rote Lichtnelke erheben sich noch zu der beachtlichen Höhe von 1 Meter. Nirgendwo können Kinder das eindrucksvolle Wachsen der Natur so hervorragend beobachten wie in einer solchen Wildstaudenflur.

Im zweiten Jahr war der beherrschende Eindruck das leuchtende Rot des Mohns, 1986 zeigte das Biotop ein völlig anderes Bild: Nur zwei Mohnblumen sind noch auffindbar, jetzt dominiert das Gelb von Königskerze und Rainfarn, der allerdings erst ab Mitte Juli voll zur Blüte gelangt.

Bianca hat die Schönheit der Großblütigen Königskerze gleichsam expressionistisch eingefangen. Auf dieser Altersstufe - Bianca besucht die zweite Klasse - wäre es allerdings verfehlt, wollte man die Kinder beim bildnerischen Gestalten darauf hinweisen, daß die Blüte der Königskerze nur fünf Blütenblätter hat und ebenso viele Staubgefäße. (Letztere sind bei der kleinblütigen Art, die ebenfalls im Wildgarten wächst, interessanterweise verschieden gestaltet: die drei oberen sind weißwollig, die beiden unteren dagegen kahl.)

Mitte Juli blühen Königskerze, Malve und Indisches Springkraut. Der Rainfarn läßt die ersten Blüten sehen. Die Königskerzen sind schon so hoch gewachsen, daß die Kinder bei den abgebildeten Exemplaren zu den Blüten weit hinaufschauen müssen. Die Königskerze links auf dem Foto fängt gerade an, Seitenarme für Blüten auszutreiben. Die Blüten dort werden die Kinder noch sehen können, wenn sie im September aus den Sommerferien in die Schule zurückkommen.

Gleich im Herbst des ersten Jahres, 1984, hatten die Kinder Eicheln, Bucheckern und Kastanien in die Erde eines der Beete gesteckt. Im Sommer 1985 wollten die meisten von ihnen ihren kleinen Baum mit nach Hause nehmen. Frank beließ den seinen im Schulgarten. Mit großem Interesse verfolgt er das Wachsen seiner Kastanie, gießt den Baum, wann immer er die Möglichkeit hat, berichtet gerne über ihn und zählt die Einzelblätter stets aufs neue. (Bei der letzten Zählung waren es 76.)

Vom Ostpark gelangen Baumsamen und -früchte in den Wildgarten. Neben Buchen und Eichen wachsen dort dicht beieinander vier Ahornarten: Spitz-, Berg-, Feld- und Feuerahorn. Die Kinder entdecken die kleinen Bäume sehr schnell und erkennen eine Baumart schon an den ersten Blättern.

In der zweiten Klasse pflanzten die Kinder mit ihrer Lehrerin einen Walnußbaum. Er soll sie während ihrer Grundschulschulzeit begleiten und ein Partner ihrer Erlebnisse sein.

Die Mädchen und Buben besuchen ihren Baum sehr gerne. Oft fragen sie, wenn sie im Schulgarten bei den Beeten oder im Wildgartenbereich waren, die Lehrerin: "Dürfen wir noch einmal zu unserem Baum?" Sie drängen sich dann alle um ihn. Jeder will ihn berühren. Manche streicheln seine Rinde und reden mit ihm. Vor den Sommerferien 1985 verabschiedeten sie sich von ihm, wünschten ihm gute Ferien, sagten, er solle wachsen und gut auf sich aufpassen. Nach den Sommerferien begrüßten sie ihn erfreut und fragten - wie man einen alten Bekannten fragt -: "Hast du etwas Schönes erlebt?" "Geht es dir gut?" "Hast du uns vermißt?"

Die kleinen Pflanzen zu beschützen, fällt nicht immer leicht. Natürlich wachsen "Unkräuter" und Radieschen durcheinander. Wenn gejätet werden soll, entstehen bei den Zweitkläßlern lange Diskussionen, ob man ein Pflänzchen herausreißen soll. "Das Ackergauchheil lassen wir aber im Beet", heißt es dann regelmäßig. Und die Weiße Lichtnelke ist eine so schöne Pflanze, daß sie ebenfalls ihren Platz dort behalten darf. Wenn dann ein Feldahorn entdeckt wird, so wird ihm durch eine Umpflanzaktion ein Platz außerhalb der Beete zugewiesen.

Im Juli 1986 soll ein Schulfest stattfinden. Die Kinder schlagen vor, daß sie selbst ihren Eltern den Schulgarten zeigen. Aber sie haben Bedenken, daß Eltern, die nicht von ihren Kindern geführt werden, vielleicht Pflanzen zertreten könnten. So schreiben sie ein Schild mit der Aufschrift: "Bitte auf die kleinen Pflanzen aufpassen!"

Wildnis

Ein Biotopgarten ähnelt einer kleinen Wildnis. Heutige Gärten zeigen dagegen oft ein völlig entgegengesetztes Bild. Hat sie doch der menschliche Drang nach Ordnung und Sauberkeit zu weithin naturentleerten Objekten werden lassen: Kurzgeschnittene Rasenflächen, exotische Koniferen ohne "schmutzmachendes" Laub, baumlose Wohnumgebung sind in ihrer Leere auch ein Spiegelbild menschlichen Gefühlslebens. Der Drang nach Beherrschung der Natur läßt einen höheren Baum als Gefahr erscheinen, dichtes Unterholz und Brennesselfelder werden als Niederlage des Menschen der Natur gegenüber erlebt. In den meisten Menschen steckt anscheinend noch der Pionier, der zum Zweck des Überlebens die Natur total unterwerfen und damit auf eine Minimalexistenz zurückdrängen will.

Wildnis: Das ist etwas Bedrohliches und muß "geordnet" werden. Völker, die Natur nicht als ihre Gegnerin ansahen, vielmehr in Einheit mit ihr lebten, interpretierten diese daher nicht als "Wildnis" . Für sie war es unverständlich, wie man Natur, die die Lebensgrundlage auch des Menschen bildet, gleichsam als feindliches Objekt betrachten kann. So äußerte sich etwa Standing Bear, Häuptling der Dakota, in einer Rede zum Begriff "Wildnis" wie folgt:

"Für uns waren die großen weiten Prärien, die sanft gewellten Hügel und die sich schlängelnden Flüsse mit ihren Uferdickichten nicht wild. Nur für den Weißen Mann war die Natur eine Wildnis. Er fürchtete sich vor den wilden Tieren und verachtete den wilden Menschen.

Uns war das Land vertraut wie ein Freund. Die Erde war freigiebig. Und wir lebten ohne Sorge von den Segnungen des Großen Geheimnisses.

Erst als der behaarte Mann aus dem Osten kam, lernten wir, was Rohheit und Wildheit bedeutete. Erst durch ihn erfuhren unsere Familien, die wir liebten, Ungerechtigkeit und Gewalt. Als sogar die Tiere des Waldes bei seinem Namen flohen, da erst begann für uns der Wilde Westen."

Wenn Bekannte, Kollegen/innen und Vertreter von Behörden Schulgelände und -gebäude aufsuchen, schütteln sie in der Regel über so viel "Unordnung" den Kopf oder weigern sich gar, den Garten ein zweites

Mal zu betreten. Kollegen, die mein Engagement in Sachen Schulgarten kennen, fragen vorsichtiger nach der "pädagogischen Funktion eines solchen Gartens". Sie stehen einer Natur verständnislos gegenüber, deren Einzelteile ihnen weitgehend unbekannt sind.

Als ich durch die Lehrerin, die den Schulgarten betreut, anfragte, ob die Kolleginnen Interesse an einer Führung durch das Gelände hätten, erhielt ich eine negative Antwort.

Für Schüler ist eine derartige Wildnis vor allem etwas Faszinierendes und gleichsam etwas Vertrautes. Wie selbstverständlich bewegen sie sich in ihrem kleinen "Urwald" - so titulierte ein Mädchen den Wildgarten, wohl insofern zu Recht, als die Stauden vielfach die kleinen Menschen überragen.

Schulgartenchronik, Bestimmungsbücher und andere Literatur

Zu Schuljahrsbeginn 1985/86 besprach die Lehrerin mit den Kindern ihrer 2. Klasse, wie sie die gemeinsamen Eindrücke, Erlebnisse und Erfahrungen im Schulgarten festhalten könnten, damit sie nicht so schnell in Vergessenheit gerieten. Als Lösung wurde ein Ordner als Schulgartenchronik akzeptiert, in den alle - Kinder und Lehrerin - je nach Interesse, Lust und Materialvorgaben Beiträge einfügen können. Schon nach fünf Wochen enthielt die Chronik mehr als fünfzig Beiträge der Kinder:

- alle malten oder zeichneten Pflanzen oder Tiere,
- manche schrieben zu ihren Bildern einen oder mehrere Sätze, um die auf ihren Bildern dargestellten Erlebnisse, Eindrücke und neuen Kenntnisse den Mitschülern und der Lehrerin genauer zu erklären,
- ein Kind preßte Blätter und schrieb die Namen der Pflanzenarten auf,
- ein Kind schrieb ein Gedicht aus einem Buch ab,
- manche Kinder dachten sich selbst Geschichten aus und schrieben sie auf (siehe die Geschichte über das Ackergauchheil),
- einige Kinder setzten das Märchen vom "Rübenziehen" in Bilder um.

Die Lehrerin schrieb stets die Namen der Pflanzen an die Tafel, die die Kinder im Schulgarten neu entdeckten oder über die Neues berichtet wurde. Sie blieben dort einige Tage oder gar Wochen stehen, damit sie die Kinder bei Bedarf verwenden konnten.

Juni: Die Rote Lichtnelke blüht. Daneben strebt der Rainfarn in die Höhe. Unten im Bild ist das Blatt einer einjährigen Eiche zu sehen. Von links schiebt eine Schafgarbe eines ihrer Blätter ins Bild.

Gabor hat nicht nur sehr schön einige Wildkräuter und -stauden gezeichnet, er hat auch zutreffend die Atmosphäre des Gartens eingefangen: Die Karden sind im Juli fast doppelt so groß wie der Zeichner, sie wachsen in der Nähe eines Steinbiotops, aus dem ein Polster von gelbem Mauerpfeffer hervorragt, das die Kinder zur Kenntlichmachung mit einem Namensschildchen versehen haben. Die Kleinbiotope mit den verschiedenen Wildpflanzen sind zum Teil - wie auf der Zeichnung - mit einem Steinkranz umsäumt.

Außerdem besitzt die Klasse einige Pflanzenbücher. Die meisten z.Zt. käuflichen Pflanzenbestimmungsbücher sind für Kinder wenig geeignet. Besonders günstig erscheinen Bücher, die Pflanzen zeichnerisch klar und relativ groß darstellen - Blatt, Stiel, Blüte, Frucht und Wurzel oft auch im Detail und unter verschiedenen Blickwinkeln. Der Text sollte einfach und anschaulich sein und auch emotionale Aspekte enthalten.

Solchen Kategorien genügen in etwa:

E. Tomanová, E. Demartini, V. Ničová: Das große Buch der Pflanzen in Feld und Wald. Gütersloh (Prisma) 1985 (Prag (Artia) 1981)

V. Větvička, D. Toušová: Pflanzen in Wald und Flur. Hanau (Dausien) ^{2}1984 (Prag (Artia) 1980)

Den gemütlichsten Platz im Zimmer bildet eine Ecke mit Polstern, auf denen man es sich zum Lesen oder Ausruhen bequem machen kann. Auch hier ist Natur ein ins Auge fallendes Thema. Da gibt es Zimmerpflanzen, drei mit Blättern nachgestaltete Bäume - Spitzahorn, Linde und Rotbuche - und zwei von Kindern mitgebrachte Tierposter. Den Kindern steht hier auch eine Wand zur Verfügung, an die sie alle ihre Zeichnungen, die außerhalb des gemeinsamen Unterrichts entstehen, anheften können.

Allerdings soll hier keiner Verkindlichung von Pflanzenbestimmungsbüchern das Wort geredet werden. Je besser der interessierte Laie mit einem Buch zurechtkommt, desto leichter trifft dies in der Regel auch für ein Kind zu. Vor allem soll das Buch eine Vielzahl von Pflanzen enthalten, damit das Kind nicht immer wieder die frustrierende Erfahrung machen muß: auch diese Pflanze, die ich suche, ist wieder nicht enthalten.

Wenn die Kinder eine Blume zeichnen, benützen sie gerne eines der Pflanzenbücher, um sich Aussehen und Details in Erinnerung zu bringen.

Im Juli 1986 erhielten die Schüler einen Abzug, auf dem die Namen aller Pflanzen notiert waren, die sie in den zwei Schuljahren beobachten konnten. Die Kinder monierten sofort, daß die Lehrerin auf der Liste einige Pflanzen vergessen hatte: Sauerampfer, Fingerhut und Indisches Springkraut.

Der/die Lehrer/in selbst sollte ein gutes Bestimmungsbuch besitzen, das auch den Schülern zugänglich ist, etwa den Großen BLV-Pflanzenführer von Thomas Schauer und Claus Caspari (München 1984). Empfehlenswert sind zudem Bücher, die zu einem meditativen Betrachten von Blüten und Pflanzen anregen. (Vgl. etwa die anthroposophisch orientierten "Übungen im Naturbetrachten" von Schad und Schweppenhäuser 1986.)

Wenn heute die Lehrerin mit ihrer Klasse einen Ausflug macht, dann hat sich das Verhalten der Kinder sehr verändert. Stürmten sie früher durch die Gegend, so bleiben sie heute andauernd stehen, betrachten Blüten und Blätter, Bäume und Sträucher, Käfer und Raupen und bedrängen die Lehrerin mit Fragen. Aus dem Durcheilen der Natur ist ein Verweilen in der Natur geworden.

Blumen und Wildkräuter im Schulgarten an der Pestalozzi-Grundschule in den Jahren 1985 und 1986

weiß(lich):
- Mittlerer Wegerich
- Breitwegerich
- Schafgarbe
- Hirtentäschel
- Beifuß
- Weißer Klee
- Acker-Hellerkraut
- Zaunwinde
- Weißer Gänsefuß
- Graukresse
- Acker-Hornkraut
- Weiße Lichtnelke
- Vogelmiere
- Weißer Mauerpfeffer
- Melde
- Brennessel (am nährstoffreichen Komposthaufen)

gelb:
- Ackerstiefmütterchen
- Gänseblümchen
- Gänsedistel
- Großblütige Königskerze
- Kleinblütige Königskerze
- Rainfarn
- Hahnenfuß
- Löwenzahn
- Nelkenwurz
- Johanniskraut
- Echter Steinklee
- Kleinblütiges Knopfkraut(=Franzosenkraut)
- Geruchlose Kamille
- Ackersenf
- Schwarzer Nachtschatten
- Felsen-Mauerpfeffer
- Nachtkerze

rot:
- Ackergauchheil
- Klatsch-Mohn
- Vogel-Knöterich

rosa/violett:
- Ackerwinde
- Moschus-Malve
- Schwarznessel
- Brunelle
- Gewöhnliche Kratzdistel
- Acker-Kratzdistel
- Pfefferminze
- Hundszunge
- Erdrauch
- Rote Lichtnelke
- Roter Klee
- Karde
- Thymian
- Schmetterlingsstrauch
- Kleinblütiges Weidenröschen

blau:
- Gamander-Ehrenpreis
- Vergißmeinnicht
- Acker-Glockenblume
- Veilchen
- Wegwarte
- Natternkopf
- Ochsenzunge
- Günsel
- Vogel-Wicke

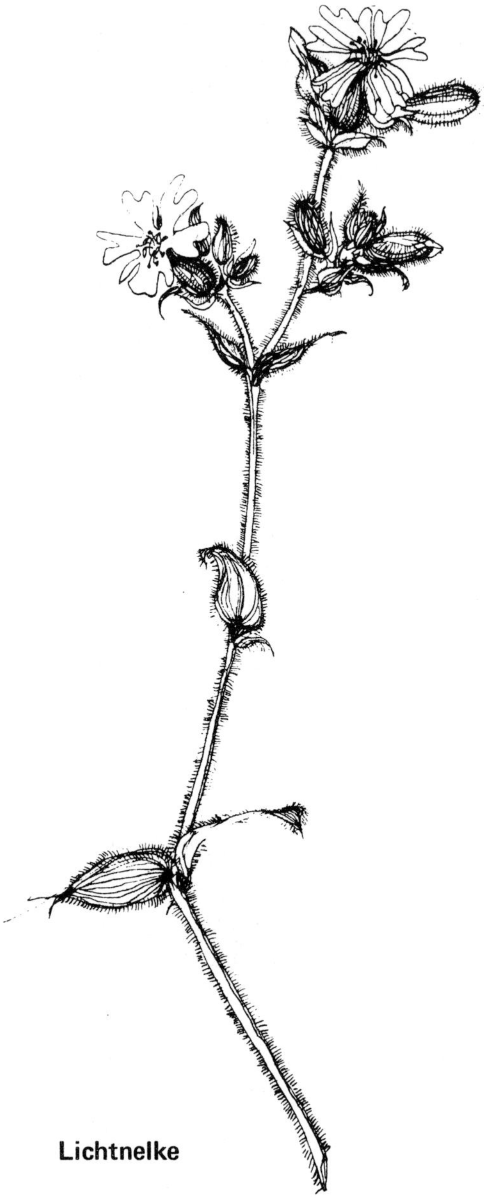

Lichtnelke

Schafgarbe

Die Zeichnungen zeigen einige im Schulgarten wachsende Wildkräuter. Gezeichnet hat sie Christine Harisch, Künstlerin und Lehrerin in Würzburg. Der klare und feine Strich, den die Feder ermöglicht, vermag in vorzüglicher Weise die Besonderheiten der einzelnen Pflanzenteile darzustellen, wodurch auch die Schönheit der Pflanze insgesamt anschaulich zur Geltung kommt.

Auf dem Foto sind die Blüten von Karde, Königskerze, Wilder Möhre, Schmetterlingsstrauch, Rainfarn, Wilder Kamille und Schafgarbe zu sehen. Im Vordergrund kann man das teilweise zugewachsene Stein- und Erdbiotop erkennen. Karden haben es zum Siedlungsplatz gewählt. Diese Pflanzen bilden am Stengel kleine Schalen, die sich bei Regen mit Wasser füllen, mit dem Insekten gerne ihren Durst stillen. Die Kinder füllen diese Schalen immer wieder mit Wasser auf, damit Pflanzen und Tiere einen reichlichen Wasservorrat haben.

Zusammenfassende Bemerkungen: Natur als Erlebnisraum

1. Was wir nicht wollten: Natur einteilen, ordnen, lerngerecht herrichten, als Lernstoff zubereiten. (Die Botanischen Gärten, auch der hier an der Universität, sind oft so angelegt.) Natur soll einen Erlebnisraum darstellen, in dem man die Sinne öffnen muß, um Neues zu erfahren.
2. Unterricht will Natur als dynamischen, abwechslungsreichen und faszinierenden Erlebnisraum vermitteln. Das eindrucksvolle Wachsen der Pflanzen, Schönheit und Vielgestaltigkeit der Blüten, das wechselnde Bild im Jahresablauf und in der Abfolge der Jahre sind hierbei Schwerpunkte.
3. Natur soll kein neuer Lernstoff sein, der durch Abfragen zur Selektion benutzt wird. In den beiden Jahren, in denen Lehrerin und Schüler Wachsen und Vergehen im Schulgarten anteilnehmend begleiteten, wurde kein einziger Lerninhalt verpflichtend gemacht. Vielmehr gab die Lehrerin immer wieder Anregungen zum Beobachten und Erleben und zum vertiefenden Verarbeiten durch schriftliches und bildnerisches Gestalten.

Die verantwortlichen Behörden

Verantwortlich für das Gelände ist der Schuldezernent der Stadt Regensburg, der gleichzeitig die Abteilung Sport betreut. Wie aber kann jemand Anwalt zweier sich völlig widersprechender Interessen sein? Auf der Strecke bleibt, wie wohl überall in solchen Konfliktsituationen, die Natur.

Die Schulgartenidee wird von den zuständigen Stellen eher behördenmäßig verwaltet. Kollegiale Mithilfe und angemessene Unterstützung fehlen weithin. Einige Beispiele mögen dies veranschaulichen.

Als die Lehrerin einen "Klassenbaum", eine Linde oder Kastanie, zwischen den drei vorhandenen Sportflächen pflanzen wollte - einen Baum, der einmal allen Kindern und Erwachsenen in der Pause hätte Schatten spenden können -, fanden sich auf ihre Bitte um Genehmigung hin der Dezernent mit zwei Mitarbeitern und dem Leiter des Stadtgartenamtes ein. Unmöglich, war der Kommentar, eine Sportfläche dürfe durch Pflanzungen, auch am Rande, nicht verändert werden.

1986 bot sich ein Kollege eines Gymnasiums an, mit einer Arbeitsgruppe im Schulgarten eine Laube zu bauen, die sich mit Kletterpflanzen beranken sollte. Die beiden Lehrkräfte von Grundschule und Gymnasium hatten sich bei einer Ausstellung "Grüne Nachbarschaft für Kinder" kennengelernt, bei der auch Fotos einer solchen Laube zu sehen waren. Die Kollegin stellte beim Dezernenten einen Antrag mit ausführlicher Begründung und Vorschlägen für die Verwirklichung. Der schmale Schlauch des Schulgartengeländes biete keinen ausreichenden Platz; ein neuer Vorstoß auf den schönen Rasen wurde deshalb gewagt. Wieder kam der Dezernent mit zwei Mitarbeitern und dem Direktor des Stadtgartenamts. Man habe nur wenig Zeit, die Kollegin möge sich kurz fassen, war die einleitende Bemerkung. Die vierköpfige Männergesellschaft wußte die "verehrte" Kollegin sehr wortreich zum Schweigen zu bringen. Fazit: keine Genehmigung.

Die Kinder hatten mit ihrer Lehrerin eine Ausstellung "Grüne Nachbarschaft für Kinder" angesehen. Dabei begeisterten sie sich für eine Laube, deren Konstruktion und Rankengewächse in Fotos vorgestellt wurden. Die Klasse beteiligte sich dann an dem mit der Ausstellung gekoppelten Malwettbewerb "Wie könnte unser Schulhof schöner werden?", wobei auf den Kinderzeichnungen immer wieder die Laube abgebildet wurde. Groß war die Freude, als die Klasse einen Preis erhielt - die Laube allerdings blieb Illusion.

Laube in einem Privatgarten

Als die Lehrerin um eine Sense nachsuchte, erhielt sie vom Dezernenten den Bescheid, daß "wir Ihnen keine Sense anschaffen (können). Gründe der Sicherheit und Fragen der Versicherung sprechen hier mit".

Solange die zuständigen Behördenleiter Kolleginnen und Kollegen, die einen Schulgarten anlegen und betreuen wollen, mehr oder weniger als lästige Bittsteller und unmündige Untergebene abfertigen, wird die Schulgartenbewegung vor allem auf dem Papier stattfinden. Ergebnis in Regensburg: Da gibt es an Grund- und Hauptschulen neben dem hier beschriebenen Schulgarten nur noch einen einzigen weiteren, der ähnlich zwischen Sportflächen und Schulhaus eingeklemmt ist. Wildgärten für diese Schularten sind mir in Bayern nur aus dem Raum Nürnberg bekannt.

Was wir brauchen: Zunächt einmal Behörden, die verständnisvoll, wohlwollend und mit Sachverstand Projekte des Lehrers begleiten. Nötig wäre hierbei: 1. ein Beauftragter für Natur- und Umwelterziehung, der kollegial, nicht aus der Pose der übergeordneten Behörde Anregungen vermittelt und die Arbeit des Lehrers unterstützt. Ein Biologiestudium wäre eine geeignete Voraussetzung für diesen Beruf. Ein solcher Berater könnte mithelfen, Natur in die Nähe der Schulen zurückzuholen und eine neue Einheit für Natur und Architektur zu finden. Er wäre für Öffentlichkeitsarbeit zuständig, damit das Anliegen einer "grünen Schule" vor allem Behörden, Politikern und Eltern einsichtig wird. 2. Von Nutzen wäre darüber hinaus die Errichtung eines Schulbiologiezentrums, das modellhaft einen Schulgarten anlegt, in dem u.a. Lehrer mit ihren Schülern arbeiten und beobachten können, damit beide erst einmal auf den Geschmack kommen. Die Verbindung von gärtnerischer und schulischer Praxis wäre für die Mitarbeiter am Zentrum die beste Voraussetzung für die Verbreitung der Idee einer "grünen Schule". 3. Nötig wäre zudem die Entlastung der Lehrer, die Schulgartenarbeit leisten, durch Reduzierung ihres Stundendeputats. Ansonsten bleiben Schulgärten isolierte Inseln in der Schulwirklichkeit.

4. Schulbezogene Biotope

Manche Schulen haben nicht nur ein grünes bzw. naturnah belassenes Schulgelände, in ihrer unmittelbaren Umgebung befinden sich darüber hinaus ein Park, eine Magerwiese, ein naturnah belassener Wald, ein Trockenhang, ein Steinbruch, ein Weiher, ein Unkenbiotop, ein Altwasser u.ä. Übernimmt eine Schule die *Patenschaft* über ein solches Biotop, dann kann sie damit eine Vielzahl von Aufgaben einer naturnahen Erziehung und Bildung angehen. Lehrer und Schüler könnten sich in bevorzugter Weise mit dem von ihnen selbst gewählten Fleckchen naturnah belassener Erde identifizieren, sie könnten Interesse für dort lebende Tier- und Pflanzenarten entwickeln, ebenso ein Gefühl dafür, wie Natur gestaltet sein muß, wenn sie einer Vielzahl von Tier- und Pflanzenarten Lebensraum bietet.

Lehrer und Schüler könnten darüber hinaus dafür eintreten und selbst dafür arbeiten, daß die Lebensbedingungen für die vorgefundenen Tier- und Pflanzenarten erhalten oder gar verbessert werden. Sie vermögen so ein Bewußtsein dafür zu entwickeln, daß Natur heute nur durch den Schutz des Menschen bestehen bleiben kann und - in der Konsequenz dieser Einsicht - auch sich bereit finden, Verantwortung für die Natur zu tragen, indem sie für ein selbstgewähltes Biotop eine Art Naturschutzdienst übernehmen. Ein solcher Dienst gehört sicher auch zum großen Aufgabenfeld "politisches Lernen in der Schule". Schüler wären so in der Lage, im überschaubaren Bereich zu erfahren, daß Natur angewiesen ist auf Menschen, die sich für ihren Erhalt im ganz konkreten Fall engagieren. Wichtig erscheint dabei, daß nicht nur die Schule als Institution eine Patenschaft übernimmt, sondern daß dies die Menschen dieser Schule tun.

In vielen Gegenden gibt es *wirtschaftlich ungenutzte Flächen,* die - wegen ihrer Wildkräutervielfalt oft auch als "Schandfleck" der Gemeinde angesehen - als Biotope direkt nach einer Patenschaft verlangen. Solche Biotope könnten schon bei geringer Pflege, die eine Schule leicht zu übernehmen oder zumindest zu organisieren in der Lage ist, erhalten und durch Bestandsaufnahme durch die Schule und entsprechende Öffentlichkeitsarbeit wie Veröffentlichungen, Vorträge und Führungen einem breiteren Publikum in ihrem Wert nahegebracht werden.

Viele Schulen gehen heute aber über diese Möglichkeit der Biotopbetreuung noch hinaus, indem sie sich um noch nicht fest fixierte Biotope sorgen, *neue Biotope anlegen* bzw. erwerben oder *bei der Neugestaltung von Biotopen mitwirken.*

Der Bund für Umwelt und Naturschutz Deutschland (BUND) hat eine Kampagne gestartet unter dem Motto *"Mehr Natur in Dorf und Stadt"*. "Unsere Städte und Dörfer müssen wieder Lebensräume für Menschen, Pflanzen und Tiere werden." "Wir wollen bundesweit Zehntausende von Winkeln, Plätzen, Hinterhöfen, öffentlichen Flächen, Sportanlagen, Spielplätzen, Tor- und Brückenbereichen, Terrassen, Dämmen, Gräben, Teichen und Uferbereichen, Gärten und Gärtchen im Stadt- und Dorfbereich wieder zu artenreichen Kleinbiotopen gestalten." (Aus der Aktionsmappe des BUND, Bezugsanschriften siehe im Anhang des zu dieser Aktion hrsg. Buches von Klemp (1984), mit demselben Titel.)

Unter dem Motto *"Schafft tausend neue Dorfteiche"* will der Deutsche Naturschutzring zusammen mit dem Deutschen Städte- und Gemeindebund in der ganzen Bundesrepublik neue Gewässer schaffen. (Wir und die Vögel 3/1984, S. 5)

5. Klassen- und Schulprojekte

In diesem Abschnitt wird über einige Projekte im Naturbereich berichtet, die stellvertretend für eine Vielzahl ähnlicher Unternehmungen stehen und die Anregungen für eigene Vorhaben bieten können.

1. Ausgehend von der Idee, daß Natur- und Umweltschutz nicht nur Gegenstand theoretischer Überlegungen in einer Schule sein sollten, beschloß eine Gruppe von 14- bis 17jährigen Schülern am Eduard-Spranger-Gymnasium in Landau/Pf. konkrete Erfahrungen beim Aufbau einer Naturlandschaft zu sammeln. Allgemeines Ziel war es, ein Gelände so zu gestalten, daß es einerseits als naturnaher Lebensraum in einer städtischen Umwelt, andererseits als praktischer Arbeits- und Beobachtungsraum für schulische Zwecke dienen könnte.

Da die Möglichkeit, direkt auf dem Schulgelände im gärtnerisch gestalteten Gebiet Änderungen vorzunehmen, beschränkt war, fiel die Wahl auf ein ungenutztes Gelände in der Nachbarschaft der Schule, ein bei der Anlage des Schulparkplatzes übriggebliebenes Reststück von ca. 1000 Quadratmetern, das sich im Besitz der Stadt befand. Das Projekt wurde der Schulleitung vorgetragen, diese setzte sich mit der Stadtverwaltung in Verbindung, die grundsätzlich zustimmte, aber von der Gruppe konkrete Pläne verlangte. Planskizzen, Projektbeschreibung und Anträge wurden eingereicht.

Nach Genehmigung begannen die Schüler und Lehrer zunächst mit der Anlage eines zwei bis drei Meter breiten *Heckengürtels*, der das Gelände umschließen soll. Insgesamt wurden 350 bis 400 Sträucher und Bäume in dichtem Abstand bei zunächst relativ geringer Pflanzengröße gesetzt. Anschließend begannen die Schüler mit der Anlage eines etwa 45 qm großen *Teichs*. Eine *Trockenmauer* wurde gebaut, eine *Magerwiese* angelegt.

Lehrer Bechtold, der das Projekt in die Wege leitete: "... am Wochenende (kommen) eine Menge Leute hierher. Manche von ihnen erleben das erste Mal in der Natur, was ein Teich ist, der weder durch Abwässer noch durch Baumaßnahmen beeinflußt ist." (Schwarz 1984)

Ähnliches wird übrigens auch von anderen derartigen Projekten berichtet. Vor allem Eltern und Nachbarn interessieren sich für die neuen Anlagen und werden motiviert, in ihren Gärten und Vorgärten selbst solche Teiche, Hecken, Trockenbiotope usw. anzulegen. "Damit aber hat die Schule die großartige Chance, nicht immer nur Spiegelbild der Gesellschaft zu sein, sondern auch einmal motivierende Vorbildfunktion zu übernehmen." (Institut für Praxis und Theorie der Schule... 1984, S. 6)

2. Schüler und Lehrer der Gesamtschule "Busecker Tal" legten auf einer 3500 qm großen Fläche einen *Schulgarten* an: mit Vogelschutzgehölz, Tümpel, Blumenwiese, Nutzgarten und Gewächshaus. Die Projektleiter verfaßten hierzu einen Werkstattbericht:

Manfred Gaul und Klaus Steup:
Ein Schulgarten entsteht an der Gesamtschule Busecker Tal. Konkretisierung eines Projekts. Buseck 1984.

Der 82seitige Erfahrungsbericht stellt eine vorzügliche Planungshilfe dar; man kann ihn anfordern durch das Einzahlen einer Schulgartenspende von DM 15,-- auf das Konto von Klaus Steup, Grünberger Weg 17, 6305 Buseck (Bezirkskasse Gießen, Kontonummer 46-038019).

In gekürzter Fassung, mit einer vorzüglichen Übersichtsskizze versehen, wurde der Garten in "natur" 4/1984 vorgestellt. (Siehe Lieckfeld, Meiners u.a. S. 45 ff.)

3. Eine 7. Klasse und eine Tagesgruppe der Heimschule "Diasporahaus Bietenhausen" bei Tübingen pachteten einen *Acker* und nutzen ihn *als Schulgarten*. (Briel u. Späth 1981)

"Gemeinsam wurde er von Schülern, Lehrern und Erziehern umgegraben, bepflanzt, ein ganzes Vegetationsjahr über bestellt und abgeerntet. Und das gab's auf dem Acker: Himbeeren, Erdbeeren, Stachelbeeren, alle in unseren Breitengraden üblichen Gemüsesorten, angefangen von Bohnen, Erbsen, Tomaten, Gurken, Karotten, Radieschen, Rettichen, Weiß- und Rotkohl, Salat, Kräuter wie Dill, Bohnenkraut, größere Mengen Zwiebeln und Kartoffeln. Ebenfalls nicht vergessen werden Blumen, angefangen von im Frühjahr blühenden Tulpen, Narzissen, Schnittblumen über den ganzen Sommer und eine große Zahl von Sonnenblumen." (S. 51)

4. Nach Plänen einer Projektgruppe des Max-Slevogt-Gymnasiums in Landau wurde im Februar 1984 ein 11000 qm großes Feuchtgebiet ausgebaggert, eine Arbeitsgemeinschaft der Adenauer-Realschule derselben Stadt legte den Plan für ein neues *Feuchtgebiet* auf einer 28000 qm großen Fläche vor. Beide Flächen wurden den Schulen vom Deutschen Bund für Vogelschutz (DBV)

angeboten, dem sie die Stadt Landau überlassen hatte. Die 13- bis 16jährigen Schüler beobachteten den Grundwasserstand, erhoben und kartierten das Gefälle, den Baum- und Strauchbestand und planten schließlich nach Kriterien, die vom DBV vorgegeben worden waren, das Feuchtgebiet fachgerecht. (Siehe Brecht 1984.) Nach der Anlage werden die Schüler die Patenschaft über die Biotope übernehmen.

5. Eine 8. Schulklasse der Berliner Bülow-Schule nahm an dem öden und verwahrlosten Zustand einer 50 x 100 m-Baulücke - Ergebnis einer Weltkrieg-II-Luftmine - im Bezirk Steglitz Anstoß, entwickelte Gestaltungsvorschläge, gründete eine Schüler-Bürgerinitiative und machte Öffentlichkeitsarbeit. Nach ihren Anregungen wurde der *Platz* bepflanzt und zu einem sehenswerten *Naherholungsraum* umgestaltet. (Schmidt-Walther 1983)

6. Daß naturgestalterische und -schützerische Arbeit auch ohne direkten Bezug zu einem eigenen Biotop geleistet werden kann, bewies ein Team von Schülern einer 11. Klasse eines Gymnasiums. Es *erkundete* im überschaubaren Bereich seiner Heimatstadt den *Zustand des Baumbestandes und der Grünflächen*. Über ihre Arbeit und ihre Erfahrungen (mit sich selbst, den Gruppenmitgliedern und den Mitbürgern) berichteten die Schüler in einem von ihnen selbst verfaßten Buch: Karl Heinz Frey, Tillmann Stottele, Christian Weichert (1976): Bäume sterben leise. Schüler kämpfen gegen den Baumtod.

6. Natur- und Umweltzentren im Erziehungs- und Bildungsbereich - Bedeutung, Aufgaben, Arten, Beispiele

Natur- und Umweltzentren im Erziehungsbereich, mancherorts auch Schulbiologiezentren genannt, sind Kristallisationspunkte für die Verwirklichung einer "grünen Schule". Als Stichpunkte seien genannt: Schulgarten, grünes Schulgelände, Einheit von Architektur und Natur, naturnahe Erziehung und Bildung, Freilandbiologie. Diese Zentren entwickeln Aspekte einer "grünen Schule", bringen sie in die öffentliche Diskussion ein, machen sie publik, verfolgen sie politisch weiter und unterstützen entsprechende Aktivitäten vor allem der Schulen vor Ort oder überregional. Sie sind so kompetente und politisch wirksame Wegbereiter, ohne deren Hilfe vieles Neue im oben aufgezeigten Sinn kaum zu verwirklichen ist. Insbesondere vermitteln sie zwischen Schulen einerseits und Behörden, Verwaltungen und politischen Gremien andererseits. Sie bilden Foren, wo der einzelne seine "grünen Ideen" einbringen kann, wo er sich in einem solidarischen Kreis Gleichgesinnter aufgehoben fühlt und wo seine Aktivitäten Unterstützung finden.

Auf der Tagung der Deutschen Gartenbau-Gesellschaft im Oktober 1986 in Frankfurt formulierte die Präsidentin, Gräfin Frau Bernadotte, daß, was derartige Zentren betrifft, gleichsam ein Äquator quer durch die Bundesrepublik gehe, der geographisch etwa der Mainlinie gleichzusetzen sei. Während in Norddeutschland vielerorts Schulbiologiezentren u.ä. eingerichtet wurden, gibt es bisher in Bayern etwa, meiner Information nach, nur zwei Initiativen zur Errichtung solcher Zentren, deren Planung in einem fortgeschrittenen Stadium ist und auch die ersten politischen Hindernisse genommen hat, nämlich in Nürnberg und Ansbach. Die entsprechenden Anträge liegen der Regierung von Mittelfranken in Ansbach vor.

Dort, wo derartige Einrichtungen bestehen, ist die Idee einer "grünen Schule" in der Regel weit verbreitet und in der Realität auch vielfach verwirklicht. Umgekehrt: In Bundesländern ohne Schulbiologiezentren - Bayern ist ein Beispiel - findet man nur isoliert einzelne Projekte.

Neben den aus der oben aufgezeigten grundsätzlichen Bedeutung entstehenden Aufgaben bieten die Natur- und Umweltzentren vor allem folgende Dienste an:

- Informationen für Lehrer und Schüler durch Lehrgänge, Kurse, Tagungen u.ä.,
- Vermittlung von Naturerfahrungen und -erlebnissen,
- Ermöglichung von Handeln bzw. Arbeiten in der Natur,
- Ausleihdienste von Tieren, Pflanzen und Geräten,
- Erarbeitung und Weitergabe von Unterrichtshilfen.

Mit welchen Themen sich die Zentren dabei befassen, kann beispielsweise eine Auswahl der Angebote der Ökologiestation Bremen zeigen:

Naturgarten, biologischer Gartenbau, gesunde Ernährung, Einrichtung von Schulgärten, Untersuchung von Gewässern, Bodenbiologie, Bäume an verschiedenen Standorten, Vogelkunde, Schmetterlinge. (Eulefeld/ Winkel 1986, S. 220)

Der Sammelband von Eulefeld und Winkel über "Umweltzentren" (1986) enthält eine "Liste mit Umweltzentren" (S. 210 ff.) und eine "Kurzdarstellung der Umweltzentren" (S. 216 ff.), wobei bei letzterer folgende Angaben berücksichtigt sind: Adresse, Ziele/Aufgaben, Zielgruppe, Träger/Organisation/Finanzierung, Mitarbeiter, Beschreibung, Methoden, Themenangebot (Beispiele). Die beiden Dokumentationen bieten wichtige Informationen für alle, die sich mit dem Thema "Umwelt- und Naturzentren" befassen.

Zu den Zentren mit dem Schwerpunkt im Erziehungsbereich sind nach Eulefeld und Winkel die Einrichtungen zu rechnen, die primär im Dienste der Schule stehen und solche, die allen interessierten Gruppen offenstehen.

Zu den wichtigsten zählen:

- Ökologiestation Bremen, Am Gütpohl 9, 2820 Bremen 70
- Schulbiologisches Zentrum Dortmund, Am Rombergpark 49 b, 4600 Dortmund 50
- Schulbiologiezentrum Hannover, Vinnhorster Weg 2, 3000 Hannover 21
- Biologie-Zentrum Bustedt, Gutsweg 35, 4901 Hiddenhausen
- Naturschutzzentrum Hessen e.V., Friedenstr. 38, 6330 Wetzlar (S. 211)

Daneben führt die "Kurzdarstellung" Zentren nach folgenden Kategorien auf:

"2. *Umweltzentren mit Schwerpunkt im Informationsbereich*
Einrichtungen, die Seminare, Symposien, Kolloquien zu Umweltthemen abhalten und Einzelvorträge anbieten, Lehrgänge, Praktika und Exkursionen durchführen und z.T. wissenschaftiche Untersuchungen zu Umwelt-/Naturschutzproblemen machen. Sie dokumentieren Daten und Materialien, führen berufliche Fortbildung im Bereich Natur- und Umweltschutz durch und beraten die Öffentlichkeit in Umweltfragen." (S. 235)
Hier sind u.a. Einrichtungen von Naturschutzverbänden zu nennen.

"3. *Ökozentren / Alternatives Leben*
Einrichtungen, die Seminare und Einzelveranstaltungen mit praktischen Übungen über Ökologie und Ökonomie, Naturgärten, gesunde Ernährung, ökologisches Bauen, ökologisches Lernen, sanfte Techniken, alternative Energiequellen etc. anbie-

ten." (S. 254)

"4. *Naturparkzentren*
Einrichtungen zur Information der Besucher von Naturschutzgebieten und Naturparks (bzw. Nationalparks) durch Führungen, Audiovisuelle Medien, Vorträge, Kurse." (S. 259)

"5. *Waldheime*
Einrichtungen zu Unterricht und Pflegearbeiten in Forsten für Schulklassen mit Lehrern. Ein- bis zweiwöchige Kurse über Wald und Wild." (S. 267)

Auch in "natur" 4/1984 wurde eine Übersicht über wichtige "Ökostationen" in der Bundesrepublik veröffentlicht. (Siehe Lieckfeld, Meiners u.a. S. 60 f.)

Neben diesen Zentren und Stationen gibt es Stiftungen und Institutionen, die sich in ähnlicher Weise für die Entwicklung und Verwirklichung einer naturnahen Erziehung und Bildung verdient machen, bei denen jedoch oftmals nicht die (schulische) Praxis einbezogen ist. Es sind dies u.a. behördliche Institute oder Einrichtungen von Naturschutzverbänden u.ä. Als Beispiel sei hier die "Stiftung Naturschutz Berlin" genannt, ein Zusammenschluß von Naturschutzverbänden und anderen engagierten Organisationen, deren Aktion "Grün macht Schule" viele Projekte im Bereich der Schule bewirkt hat und die - sowohl was Motto wie Einzelaktivitäten betrifft - mittlerweilen von Organisationen anderer Bundesländer übernommen wurde. Unter dem Motto "Aktion: Grün macht Schule" hat sie eine Broschüre mit "Hundert grüne(n) Lernorte(n)" herausgegeben, in der u.a. alle Berliner "Schulgärten, Freilandlabors und Gartenarbeitsschulen" aufgeführt sind.

Die von der Stiftung herausgegebene Zeitschrift "Grünstift" dokumentiert Planung und Verwirklichung der Projekte und hat damit für Berliner Schulen großen Aufforderungscharakter. (Der "Grünstift" kann über die Geschäftsstelle der Stiftung bezogen werden: Klaus-Dieter Heise, Wilmersdorfer Str. 95, 1000 Berlin 12.)

Die genannten Einrichtungen können nur dann ihre Wirkung voll entfalten, wenn sie untereinander ihre Ideen und Konzepte vermitteln und eine Ebene vorhanden ist, auf der man Erfahrungen austauschen kann. Ein solches Forum bietet z.B. die Deutsche Gartenbau-Gesellschaft. Seit 1984 hält sie jährlich eine Tagung ab unter dem Thema "Wege zur Naturerziehung - Grün macht Schule". (Siehe diess. 1986.) Auf der letzten, im Oktober 1986, diskutierten die Teilnehmer vor allem auch Chancen und Möglichkeiten der Gründung neuer Zentren. Auch auf der Tagung des nächsten Jahres will man diesen Aspekt weiterverfolgen. (Anschrift: Deutsche Gartenbau-Gesellschaft e.V., Ubierstraße 30, 5300 Bonn)

Das Schulbiologiezentrum Hannover als älteste und größte Einrichtung dieser Art

Das hier bereits des öfteren erwähnte Schulbiologiezentrum Hannover war nach dem Krieg in vieler Hinsicht Vorreiter für Schulgartenarbeit und naturnahe Erziehung und Bildung. Heute ist es in der Bundesrepublik eine vorbildliche Ausbildungsstätte und bietet vielseitige Anregungen und Möglichkeiten für einen Unterricht im Freiland.

Das Zentrum besteht aus drei verschiedenen Einrichtungen:

- dem *botanischen Schulgarten "Burg"* (7,5 ha, 1000 qm Gewächshäuser und etwa 700 qm Schul- und Verwaltungsräume),
- dem *botanischen Schulgarten "Linden"* (1,5 ha, 90 qm Gewächshäuser und etwa 250 qm Schul- und Verwaltungsräume) und
- der *Zooschule.*

Insgesamt sind in den Einrichtungen tätig:

1 Leiter
4 Lehrer
1 Zoolehrer
2 Gartenmeister
20 Gärtner
1 1/2 Sekretariatskräfte
8 Auszubildende und Praktikanten
Hinzu kommen Mitarbeiter zur Reinigung der Räume, 1 Fahrer und Beifahrer.

Der finanzielle Träger der Einrichtungen ist die Stadt Hannover.

Im Botanischen Schulgarten "Burg" befinden sich eine Reihe von Sonderanlagen:

- Tiergehege mit Vögeln, Säugetieren, Fischen und Insekten,
- ein Bienenstand,
- eine große pflanzensoziologische Abteilung mit Wiesen, Weihern und Wäldern,
- ein großangelegter Besiedlungsversuch,
- eine Abteilung für Heil- und Küchenkräuter,

- ein Garten zum Blumenschneiden,
- ein Unterrichtsgewächshaus mit Pflanzen der tropischen Regenwälder,
- viele Kleinanlagen zur Vererbungs- und Züchtungslehre.

Die Veranstaltungen wenden sich vor allem an drei Gruppen: Lehrer, Schüler und Interessierte allgemein.

a) Schülerkurse

In den beiden *Schulgärten* werden durchgeführt

- Gartenpraktika von zwei Wochenstunden Dauer (1979: 7),
- zweistündige Führungen (1979: 18),
- zweitägige Kurse (1979: 97).

In der *Zooschule* fanden 1979 insgesamt 336 zweistündige Führungen statt.

b) Aus- und Fortbildung für Lehrer

Folgende Veranstaltungen werden angeboten:

- Studienseminare für junge Lehrer,
- einwöchige Fortbildungskurse,
- Einführungstage für Gruppen, die die Arbeitsweise des Seminars kennenlernen wollen,
- zweitägige Blockseminare für alle Lehrer aus dem Regierungsbezirk Hannover, die sich noch in der Ausbildung befinden.

c) Sonntagsprogramm

Da das Schulbiologiezentrum mit seinen relativ bescheidenen Mitteln kein vollständiges Öffentlichkeitsprogramm anbieten kann, wird lediglich ein bestimmtes Vorhaben verwirklicht, und zwar unter dem Motto "Eltern gehen gemeinsam mit ihren Kindern in die Natur".

Zwischen 100 bis 300 Besucher nehmen das sonntägliche Angebot wahr. Da dies mit eigenen Kräften nicht mehr zu bewerkstelligen war, mußten Hilfen gesucht werden. Heute beteiligen sich rund 40 Lehrer ehrenamtlich mit eigenen Themen an diesen Führungen.

Das Schulbiologiezentrum bietet den Lehrern daneben viele Arbeitshilfen, Materialien und Pflanzen an. (Angaben nach Kilger 1982, S. 66, 103-110, 221-235; Landeshauptstadt Hannover 1980)

Das Bayerische Fernsehen stellte das Schulbiologiezentrum Hannover in der Sendung "Unser Land" vom 22. Febr. 1985 in eindrucksvoller Weise vor. Da wurden die Außenanlagen mit ihren vielfältigen Erlebnis- und Erfahrungsmöglichkeiten gezeigt: Obstbäume, Gemüse- und Blumenbeete, Gruppen mit Stauden, Büsche, Bauminseln, Wiesenpartien, Weiher mit Schilfrändern; Schüler, die Haustiere streicheln, Frösche beobachten und im Garten mit Arbeiten beschäftigt sind. In den Innenräumen lassen Lehrer weiße Mäuse über ihren Arm laufen, nehmen junge Mäuse in die Hand, während ein Leiter zu ihren Beobachtungen Erklärungen gibt. Holzklötze mit Bohrlöchern locken Solitärbienen an; in einem besonderen Beobachtungskasten kann man in die Brutkammern der Tiere hineinsehen. Bienenversuchskästen umstehen staunende Schülergruppen. Im Zoo weiß beim Anschauen der Elefanten, Tiger und Affen ein Pädagoge Interessantes zu den Tieren zu erzählen.

Beispiele aus Hessen und Bremen

Hessen

Unter dem Titel "Jugendeinsatz für die bedrohte Natur" leitet das *Naturschutzzentrum Hessen* in *Wetzlar* zu naturschützerischem Handeln an. Eine Woche lang beschäftigen sich hier Jugendliche mit praktischen Arbeiten, legen Amphibientümpel an, pflegen Naturschutzgebiete oder pflanzen Hecken. In der restlichen Zeit steht die Wissensvermittlung in Form von Referaten, Filmen, Exkursionen, Diskussionen sowie eigenen Untersuchungen im Vordergrund. Themen sind dabei in Ergänzung der praktischen Arbeiten Amphibienschutz, Gewässerbiologie, Grundlagen der Ökologie, Probleme der Forstwirtschaft u.ä. Vogelstimmenwanderungen und Bestimmungsübungen von Pflanzen und Tieren stellen weitere Angebote dar. Oft entsteht aus solchen Jugendeinsätzen ein dauerhaftes Engagement der Jugendlichen im Natur- und Umweltschutz. (Jedicke 1983, S. 31) (Erfahrungsberichte und Anleitungen zu solchen Jugendeinsätzen können beim Naturschutzzentrum Hessen, Friedenstraße 28, 6330 Wetzlar, angefordert werden. Ebenso ist dort eine Broschüre zu Organisation und Aufgabenstellung des Zentrums erhältlich.)

In den letzten Jahren wurden nach schweizerischem Vorbild mancherorts sog. Freilandlabors geschaffen. Sie sind "in der Regel nach didaktischen Grundsätzen gestaltete Lebensräume mit einer artenreichen Pflanzen- und Tierwelt" (Jedicke 1983, S. 30). Ein solches Freilandlabor "sollte Teiche und Tümpel, Moorbeet, Wiese, Hecke mit einheimischen Pflanzen, Moderholz, Steinhaufen, Trockenmauer, Komposthaufen und Arbeitsbeete für biologische Versuche enthalten" (ebd.).

Unter der Bezeichnung "Freilandlabor Natur" wurden 1980 und 1981 in Nordhessen zunächst modellhaft zwei solcher "Biotopensembles" angelegt: in *Nesselbach* bei Grebenstein und auf der *"Dönche"* in *Kassel*. Bei beiden Einrichtungen steht den Klassen je eine Blockhütte für die Zwecke ihrer Unterrichtsprojekte zur Verfügung. Im Freilandlabor *Altenstadt* in Südhessen, das direkt auf dem Gelände der dortigen Haupt- und Realschule entstand, können hierfür die Schulräume mitbenutzt werden. (Ebd.)

Auch der Begriff Naturlehrgebiet stammt aus der Schweiz, wo in Ettiswil im Kanton Luzern ein solches Gebiet innerhalb einer Kiesgrube entstand. Dazu gehören neben vielen unterschiedlichen Kleinbiotopen allein 25 Teiche und Tümpel, von denen ein großer Teil mit Hilfe von Folien künstlich angelegt wurde.

Eine ähnliche Anlage ist mitten im Ballungsraum Frankfurt/Wiesbaden, in der Gemeinde Flörsheim, geplant: das Naturlehrgebiet *Froschpfuhl* in den Weilbacher Kiesgruben. Im umgekehrten Zooprinzip - der Mensch auf vorgegebenen Pfaden, die Tiere in freier Umgebung - und durch getarnte Beobachtungsstände soll den Besuchern die Möglichkeit des direkten Naturerlebnisses gegeben werden. Unabdingbar sind hier aber hauptamtliche Mitarbeiter, die entsprechend der umfangreichen Konzeption ein hohes Maß an Wissensvermittlung garantieren und gemeinsam mit Lehrern und Schülern der umliegenden Schulen das Gebiet betreuen. (Jedicke 1983, S. 31)

Bremen

An der *Ökologiestation Bremen* erarbeitet ein Team, dem Pädagogen bzw. Lehrer, Landespfleger, Gärtner, eine Laborantin und eine Schreibkraft angehören, ein Konzept zur Umwelterziehung.

Die Entstehung der Station ist den Aktivitäten des Vereins Ökologiestation und des Senators für Gesundheit und Umweltschutz, Herbert Brückner, und seinen Mitarbeitern zu verdanken. Ein Gelände von ca. 15 ha, mit einem naturnahen Waldbestand, Fett- und Feuchtwiesen, einem 1 Hektar großen Garten und mit einer von einer Bremer Kaufmannsfamilie Anfang dieses Jahrhunderts errichteten Villa (die Arbeits-, Vortrags- und Verwaltungsräume enthält) wurde von der Hansestadt Bremen zum Zwecke der Umwelterziehung angekauft. Der WWF (World Wildlife Fund) rundete dieses Areal durch den Ankauf einer Wiese ab.

Schwerpunkt der Arbeit ist die Entwicklung und die Erprobung von Unterrichtsprogrammen für alle Schulstufen, ein Programm für Erwachsenenbildung, allgemeine Information zu Themen des Natur- und Umweltschutzes und - in Zusammenarbeit mit dem BUND (Bund für Umwelt- und Naturschutz) und dem DBV (Deutscher Bund für Vogelschutz) - die Entwicklung eines bundesweiten Lehrerservice.

Ziel ist es, dem einzelnen Mut zu machen, durch gezielte Information Zusammenhänge verstehen zu lernen, Machbares vorzustellen und sich für den Erhalt der natürlichen Umwelt einzusetzen. (Stuik 1983)

Exkurs: Zum Begriff "Freilandlabor"

Zum Begriff "Freilandlabor", der immer breitere Anwendung findet, sei noch eine Anmerkung angefügt, da sein Gebrauch im Zusammenhang einer naturnahen Erziehung und Bildung nicht ganz unproblematisch erscheint. Ist doch der Begriff durch seine Herkunft aus den Naturwissenschaften belastet, bezeichnet "Labor" hier doch den Ort, an dem mehr oder minder willkürlich, auf manipulative Art, mit Natur umgegangen wird. In Labors werden Pflanzen und Tiere Experimenten ausgesetzt, mit der Konsequenz der Qualen und des Todes hunderter Millionen von Tieren. Labor ist ein Kunstort, genau das Gegenteil von Natur.

Im Dienst einer naturnahen Erziehung und Bildung finden "Labor" und "Experiment" kaum einen passenden Verwendungszweck. Hat doch naturnahe Erziehung zum Ziel: beobachten lernen, sich an Naturbedingungen anpassen lernen, sensibel werden für Lebensbedingungen von Tieren und Pflanzen, sich in bezug auf andere Lebewesen rücksichtsvoll verhalten lernen - primär sich selbst, nicht die Natur verändern, diese nur mit der Absicht, einer breiten Artenvielfalt die notwendigen Lebensbedingungen zu erhalten bzw. neu zu schaffen.

Anlage und Pflege von Biotopen ermöglichen dabei vielfältiges Handeln. Handeln schließt dabei immer den Irrtum mit ein. So sind im "alltäglichen" Handeln selbst Versuch und Irrtum mit eingeschlossen.

Die Fragwürdigkeit von Experimenten im Unterricht hat vor allem zwei Wurzeln: Sie ist begründet in der Biologie als Naturwissenschaft. Im herkömmlichen Biologieunterricht haben zudem Versuche fast notwendigerweise einen künstlichen didaktischen Ort, weil hier handlungsorientiertes Lernen meist ausgeschlossen ist, und das Experiment den zweifelhaften Versuch darstellt, dem Schüler Handeln künstlich zu ermöglichen.

Wenn Kinder und Jugendliche Schulgartenarbeit leisten, wenn sie säen, pflanzen, umgraben, jäten, mähen, ernten usw., haben sie ausreichend Möglichkeiten, Natur im oben aufgezeigten Sinn handelnd zu begreifen. Wenn Salatpflanzen nicht gedeihen, dann läuft sozusagen der Versuch "Wachsen" in der Natur falsch ab. Hier können sich Schüler dann in den Wachstumsprozeß der Pflanze eindenken und Neues ausprobieren. Selbstverständlich können Schüler dergestalt Versuche durchführen, daß sie ausprobieren, an welchem Standort und in welcher Erde Radieschen besser gedeihen. Aber die Achtung vor dem Lebendigen - wozu naturnahe Erziehung sensibilisieren möchte - macht im allgemeinen die Versuche fragwürdig, deren Ergebnis wir bereits kennen. (Das ist ja auch bei vielen Tierexperimenten zu beanstanden.) Es scheint wohl kaum sinnvoll, Blätter deshalb mit Niveacreme zu bestreichen, um dann festzustellen, daß sie mangels Atmungsmöglichkeit absterben. Oder wie sollte man vergleichsweise folgenden Menschenversuch beurteilen: Die Schüler sollen einen Arm abschnüren, um sein Absterben zu verfolgen?

Zur Notwendigkeit von regionalen "Wegweisern"

Dokumentationen wie die von Eulefeld und Winkel und die von Lieckfeld, Meiners u.a. stellen für den Gedankenaustausch auf überregionaler Ebene eine wichtige Hilfe dar. Auch für den Praktiker im einzelnen Bundesland sind die Angaben nützlich, sie bedürfen jedoch der Erweiterung. So ist es für einen Lehrer in Bayern sicherlich wichtig zu erfahren, daß es hier zwei zentrale Einrichtungen gibt: das Bildungswerk des Bundes Naturschutz in Bayern auf Schloß Wiesenfelden und den Nationalpark Bayerischer Wald. Das Bildungswerk dient der Lehrerfortbildung, das Schloß beherbergt aber auch ein vorzüglich eingerichtetes Naturkundemuseum, das von vielen Schulklassen besucht wird. Der Nationalpark bietet verschiedene Einrichtungen für Naturbeobachtungen und -erfahrungen: Gehege mit Tieren des Bayerischen Waldes, einen Botanischen Garten mit einheimischen Pflanzen und das Nationalparkhaus mit einem Erlebnis- und Arbeitsraum, mit Ausstellungen und Filmvorführungen.

Ergänzend zu einer solchen Adressenübersicht müßten aber Pläne mit Angaben zu Natur-Lernorten im näheren Umfeld von Schulen einer Kommune, eines Landkreises u.ä. erstellt werden. Für Regensburger Klassen etwa sind die genannten Einrichtungen zwar relativ leicht erreichbar. Es gibt aber in dieser Stadt selbst ein gut ausgestattetes Naturkundemuseum, einen Botanischen Garten an der Universität. Zudem sind die einzigartigen Naturlandschaften in der Nähe Regensburgs vorzügliche Orte für Naturerlebnisse und -erfahrungen: die Trockenrasen der Jurahänge an der Donau, im Naab- und Laabertal mit "ihrer Artenvielfalt, den von Woche zu Woche wechselnden Blühaspekten und dem hohen Anteil seltener, prächtig-auffälliger Blütenpflanzen" (Zielonkowski 1986, S. 28), die Altwaser der Donau - als herausragendes Gebiet wurden die Pfatterer Auen bereits erwähnt -, der Bayerische Wald. Ein entsprechender Führer müßte die Orte genau beschreiben, ebenso Anregungen zur didaktischen Vermittlung geben und Fachliteratur, sonstige Materialien und Führungsmöglichkeiten aufzeigen.

Neben dem Bildungswerk des Bund Naturschutz und dem Bayerischen Nationalpark wären zudem andere Einrichtungen wie die Zooschule in Straubing in einen Übersichtsplan aufzunehmen.

Vorbildlicher "Biologischer Wegweiser für Hamburg und Umgebung"

Das "Amt für Schule" der Freien und Hansestadt Hamburg, "Behörde für Schule und Berufsbildung", hat 1986 einen vorzüglichen "Biologischen Wegweiser für Hamburg und Umgebung" herausgegeben. Untertitel: "Einrichtungen und Exkursionsziele zur Nutzung für Schulbiologie und Umwelterziehung". Nach Typen geordnet sind in elf Kapiteln die Einrichtungen wie folgt aufgeführt:

1. Biologische Sammlungen
2. Wildparks und Tiergärten
3. Informationszentren von Vereinen
4. Biologische Forschungszentren
5. Ver- und Entsorgungsbetriebe
6. Waldgebiete und Waldlehrpfade
7. Naturschutzgebiete in Hamburg
8. Exkursionsziele innerhalb der Stadtbezirke
9. Abhol- und Lieferprogramme für Schulen
10. Schulen mit Modellschulgärten
11. Geeignete Schullandheime für Biologieprojekte

Jedes Kapitel enthält im Durchschnitt sieben Beispiele. Unter "3. Informationszentren von Vereinen" etwa sind folgende Einrichtungen aufgeführt:

Deutscher Bund für Vogelschutz: Informationseinrichtungen
Verein Jordsand: Haus der Natur in Wulfsdorf
Hamburger Tierschutzverein: Tierheim Süderstraße
Förderverein Schulbiologiezentrum Hamburg (FSH)
Landesjagdverband Hamburg: Lehr- und Informationszentren
Bauernverband Hamburg: Besichtigung landwirtschaftl. Betriebe
Bienenlehr- und Schaugarten Ahrensburg
Weitere Verbände für Natur- und Umweltschutz

Die Einrichtungen werden dabei unter folgenden Gesichtspunkten vorgestellt:
1. Charakterisierung
2. Angebot/Beschreibung
3. Nutzungsmöglichkeiten
4. Praktische Hinweise
   - Anschrift
   - Ansprechpartner
   - Lage und Verkehrsverbindung
   - Öffnungszeiten, Eintrittspreise, Führungen
   - Schriftliche Materialien
   - Benachbarte Exkursionsziele.

Lageskizzen erleichtern die Orientierung.

Die Texte sind kurz, sie enthalten die notwendigen Angaben zur Orientierung. Als Beispiel wird 3.1 vorgestellt: "Deutscher Bund für Vogelschutz". Der Kürze wegen werden nur die "Charakterisierung" und die erste Hälfte der Informationen über "Das Angebot" wiedergeben:

1. Charakterisierung
Der DBV ist die älteste und größte Naturschutzorganisation in Deutschland. Er beschränkt sich nicht nur auf den Vogelschutz, sondern setzt sich für umfassenden Umwelt- und Naturschutz ein. Er bemüht sich um Einrichtung und Unterhaltung von Schutzgebieten, um Erhaltung und Renaturierung geeigneter Lebensräume, um den Schutz seltener Arten und um die Verbreitung des Naturschutzgedankens in der Öffentlichkeit.

2. Das Angebot
a) Öffentliche Führungen
Für Schülergruppen sind vor allem die zahlreichen

Führungen zum Kennenlernen der heimischen Vogelwelt interessant, die in allen Stadtteilen Hamburgs und seiner näheren Umgebung in den Monaten April und Mai kostenlos veranstaltet werden (siehe beigefügtes Programm von 1986).

b) Naturschutz-Informationshaus
Das neue Info-Zentrum liegt im NSG Duvenstedter Brook. Es wurde vom DBV gemeinsam mit dem Naturschutzamt errichtet. Die Besucher werden in Ausstellungen, einem großen Diorama und anhand zahlreicher Fotos und Präparate über die Besonderheiten des Duvenstedter Brooks und über die Naturschutzarbeit in Hamburg unterrichtet. Nähere Einzelheiten siehe unter → Naturschutzgebiet Duvenstedter Brook.

c) Beobachtungsstationen
In geeigneten Schutzgebieten wurden wetterfeste Hütten eingerichtet, aus denen man durch Sehschlitze oder Sichtfenster die Vogelwelt beobachten kann, ohne sie zu stören... (S. 45).

Der Hamburger Wegweiser wurde hier so ausführlich vorgestellt, weil er Vorbild für derartige Orientierungshilfen in anderen Bundesländern sein könnte. Es wäre zu wünschen, daß jedem Lehrer ein solcher "Wegweiser" für einen Unterricht "draußen" in seiner Region zur Verfügung steht. Ja, eine solche Hilfe kann weithin als Voraussetzung dafür angesehen werden, daß ein Unterricht in der Natur größere Verbreitung findet.

Dabei dürfte es nicht genügen, wenn jedes Bundesland nur *einen* "Führer" erstellt. Hamburg ist ein relativ kleines Bundesland. Seine Größenverhältnisse auf andere Bundesländer übertragen, würde bedeuten, daß die Flächenstaaten für ihre Teilregionen verschiedene Orientierungshilfen ausarbeiteten. Eine solche Hilfe kann sich auf eine Regierungsebene beziehen oder gar auf Landkreise und einzelne Städte. Möglich wäre es auch, wenn eine Broschüre, die die bedeutendsten und überregionalen Zentren wie Zoos, Nationalparks und Bildungseinrichtungen von Naturschutzverbänden darstellt, ergänzt wird durch Wegweiser über speziell örtliche Einrichtungen.

Mit seinen 150 Seiten bietet der Wegweiser so viele Anregungen, daß der Lehrer seine ganze Unterrichtszeit als Freiland-Biologie sinnvoll planen könnte, selbst dann, wenn ihm dazu ein ganzer Unterrichtsvormittag wöchentlich zur Verfügung stünde. Man fragt sich daher, wozu dann noch ein Biologielehrplan dienen soll, zumal wenn er, wie der Hamburger Lehrplan, auf die Angebote des Wegweisers nicht eingeht, vielmehr die Biologie in traditioneller Systematik abstrakt und naturfern auflistet. Da bleibt ein biologischer Wegweiser - mag er noch so attraktiv sein - ein den Unterricht nur wenig beeinflussender "Ausflugsführer". (Vgl. hierzu auch Kap. IV.)

Sinnvoll wäre es, wenn der "Wegweiser" den Lehrplan ablösen bzw. er die erste Stelle vor dem Lehrplan einnehmen würde.

Wenn schon Schulbehörden meinen, eine Schule dürfe ohne Lehrpläne nicht auskommen, dann sollte ein Biologielehrplan das attraktive Angebot des "Wegweisers" als Leitfaden für die eigenen Vorstellungen aufgreifen. Vielleicht kann Hamburg auch hier eine Vorreiterrolle übernehmen.

Die beiden Übersichten, die für Schleswig-Holstein und Berlin erstellt wurden, könnte man als Kurzfassungen oder Vorarbeiten von Wegweisern der Hamburger Art bezeichnen:

M. Lettau u. H. Weber: Biologische Exkursionsstätten in Schleswig-Holstein. Hrsg.: Landesinstitut Schleswig-Holstein für Praxis und Theorie der Schule (IPTS). Lütjensee 1980. (Schreberweg 5, 2300 Kiel-Kronshagen).

Stiftung Naturschutz Berlin (Hrsg.): Aktion "Grün macht Schule". Hundert grüne Lernorte. Schulgärten, Freilandlabore, Gartenarbeitsschulen. Berlin 1985 (Geschäftsstelle: Klaus-Dieter Heise, Wilmersdorfer Str. 95, 1000 Berlin 12).

Die Einrichtungen im regionalen Verbundsystem - Zur zentralen Funktion von Schulbiologiezentren hierbei

Biotope unterschiedlichster Art, Schulgärten und Botanische Gärten, Wildparks und Zoos vermitteln eine Fülle von Naturerfahrungen. Museen und naturkundliche Sammlungen haben eine ähnliche Funktion. All die genannten Einrichtungen sind daher geeignete Lern- und Erfahrungsorte für eine naturnahe Erziehung und Bildung.

Das abgebildete Schema zeigt, wie vielfältig die Möglichkeiten der Zusammenarbeit im Netz einer gezielten koordinierten Natur- und Umwelterziehung sind. Manche dieser Einrichtungen wirken in der Praxis bereits zusammen. So unterhält z.B. eine Universität einen Botanischen Garten, zahlreiche Tierparks haben ihre "Zoo-Schule", einige Museen betreiben

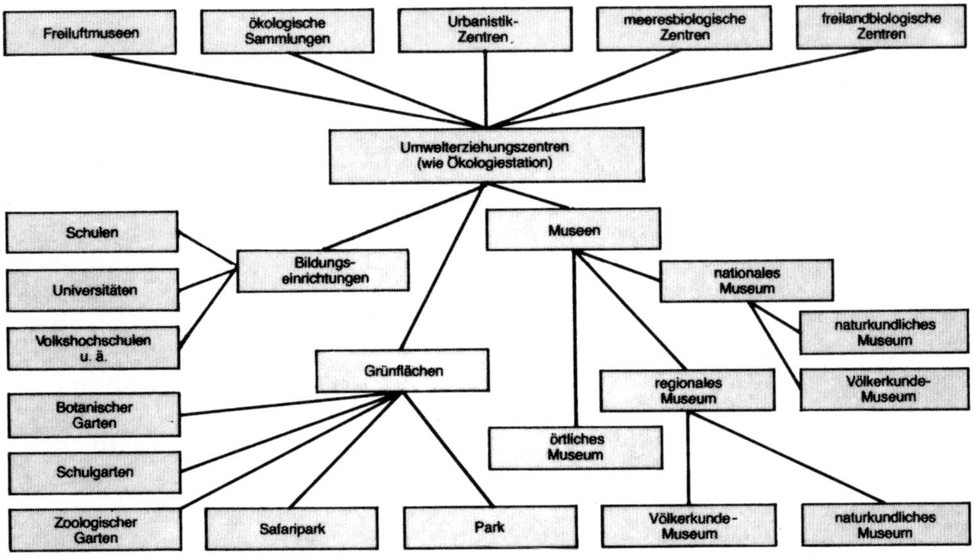

(Aus Stuik 1983, S. 6)

"museumspädagogische Zentren", und Natur- und Völkerkunde sind in manchen Museen unter einem Dach zusammengefaßt. (Stuik 1983, S. 6)

Die Skizze bestätigt die eingangs beschriebene Mittelpunktstellung von Schulbiologiezentren, die hier Umwelterziehungszentren genannt werden. Dort, wo es keine solchen Einrichtungen gibt, fehlen damit auch die Organisationsmittelpunkte, die das Netz von Lern-, Erlebnis- und Erfahrungsmöglichkeiten im Sinne einer naturnahen Erziehung und Bildung erst knüpfen, die die Vielzahl dieser Naturorte ins Bewußtsein der Öffentlichkeit bringen und für pädagogische Belange erschließen.

7. Thematisierung der Schulgartenarbeit in den Lehrplänen und Einrichtung des Faches "Gartenbau"

"Ein Aufblühen des Schulgartens ist nicht zu erwarten, solange es nur dem einzelnen Lehrer überlassen bleibt, ob er auf eigene Initiative und in seiner Freizeit die Arbeit im Schulgarten plant, organisiert, sich selbst weiterbildet und die Betreuung übernimmt." (Kilger 1982, S. 113)

Zu fordern wäre die Einbeziehung der Schulgartenarbeit in die Fächer, die sich mit Natur befassen. Dies betrifft vor allem den Gesamtunterricht, die Heimat- und Sachkunde u.ä. der Grundschule und das Fach Biologie der weiterführenden Schulen.

Für eine derartige Schulgartenarbeit bieten allerdings die einzelnen Schularten unterschiedliche Voraussetzungen. Bedingt durch das Klassenlehrerprinzip, das vorsieht, daß der Lehrer möglichst viele Stunden in seiner eigenen Klasse hält, kann in der *Grundschule* auch dann schon relativ leicht Gartenarbeit betrieben werden, solange noch kein eigenes Fach "Gartenbau" eingerichtet ist. Wesentlich schwieriger wird dies - wegen des Fachlehrerprinzips - in den *weiterführenden Schulen*, wobei vom Schwierigkeitsgrad her eine Stufung von der Hauptschule, in der der Lehrer in der Regel noch mehrere Fächer in seiner Klasse vertritt, zur Realschule und zum Gymnasium festzustellen ist. Unmöglich erscheint Gartenbau hier vor allem dann, wenn das Fach Biologie nur mit einer einzigen Wochenstunde im Stundenplan vertreten ist. Die alleinige Thematisierung der Schulgartenarbeit in den Lehrplänen kann jedoch nicht als ausreichende Maßnahme für die Verwirklichung der Schulgartenidee angesehen werden. Hinzukommen müßten Maßnahmen organisatorischer Art, vor allem die Einführung des *Faches Gartenbau*.

Anscheinend hat bisher kein Bundesland für seine Schulen Gartenbau als reguläres *Pflichtfach* eingeführt.

Günstiger ist die Situation teilweise in Privatschulen: Die *Waldorfschulen* etwa stellen einen Schultyp dar, bei dem das Verhältnis zum Schulgarten sogar als ideal angesehen werden kann. Aufgrund der besonderen Erziehungsziele dieser Schulen gehört die Arbeit im Schulgarten mit zur allgemeinen Ausbildung und ist ein wesentlicher Bestandteil des Lehrplans.

Jede Waldorfschule bemüht sich daher, ein geeignetes Grundstück für einen Schulgarten zu erwerben. Nach Kilger (1982, S. 91 f.) haben von 63 Waldorfschulen in Deutschland ca. 35 einen fertig eingerichteten, d.h. funktionsfähigen Schulgarten. Bei 16 relativ neuen Schulen sind die Anlagen noch im Aufbau; einige Großstadtschulen haben dabei nicht geringe Schwierigkeiten, ein passendes Gelände zu erwerben. Die Waldorfschule in München z.B. befindet sich mitten in der Stadt - in Schwabing - und hat ihren 800 qm großen Schulgarten in Englschalking, einem

Vorort von München. Die Größen der Schulgärten reichen bis zu 20 000 qm.

Nachdem in den Klassen 3 und 4 im Rahmen des Themas "Was tut der Bauer?" die Getreidearten angebaut und geerntet wurden und Brot im selbst hergestellten Backofen gebacken wurde, beginnt meist in der 5. Klasse der eigentliche Gartenbau. Für die Hiberniaschule in Herne etwa ist folgende Regelung getroffen: "In der 5. und 6. Klasse haben sie (die Schüler) wöchentlich zwei Fachstunden und erleben so das Naturgeschehen im Jahreslauf gewissermaßen von Tätigkeit zu Tätigkeit. Von der 7. (bis 9.) Klasse an haben sie jeweils eine Epoche von 3 Wochen, in der sie bereits größere Aufgabenstellungen bewältigen müssen." (Krause 1977, S. 104; für die 7. Jahrgangsstufe sind sogar zwei Epochen vorgesehen, eine im Herbst und eine im Frühling; vgl. Rist u. Schneider 1977, S. 114 f. und 154 f.)

Jede Klasse bekommt ihr eigenes Klassenbeet. Die Schulgärten werden nach ökologischen, biologischen und naturschützenden Gesichtspunkten angelegt und sollen möglichst ein Gewächshaus und einige Frühbeete haben. Sie müssen sich finanziell weitgehend selbst tragen. Was man erntet, wird in der Schulküche verwendet, als Kostproben verteilt oder gemeinsam mit den Schülern weiterverarbeitet. So werden z.B. Obstsäfte, Brot, Sauerkraut, Drogen hergestellt, Blumengebinde zusammengestellt, Kränze geflochten, Advents- und Weihnachtsschmuck gebastelt.

Bei Elternversammlungen oder Schülerfesten werden Erzeugnisse aus dem eigenen Schulgarten zu Gerichten verarbeitet und gemeinsam gegessen.

In größeren Schulgärten findet man auch Haustiere; Bienen, Schafe oder sogar Rinder werden gehalten, so etwa im Schulgarten am Engelberg in der Nähe von Stuttgart.

Als Leiter des Schulgartens ist in der Regel ein Gartenbaulehrer oder Gärtnermeister beschäftigt, der auch einen großen Teil des Biologieunterrichts erteilt. Alle Schulgartenleiter treffen sich in regelmäßigen Abständen zur Weiterbildung. (Kilger 1982, S. 92 f.)

In der *DDR* ist Schulgartenunterricht als eigenes Fach für die Klassen 1 bis 4 der zehnklassigen allgemeinbildenden polytechnischen Oberschule ausgewiesen. (Vgl. Böhme 1974. Im Literaturverzeichnis sind die wohl seit 1983 gültigen Lehrpläne unter "Ministerrat der Deutschen Demokratischen Republik" aufgeführt.)

Auf der Grundlage der Lehrpläne werden von den Schulen Jahresarbeitspläne erstellt. Sie umfassen die Arbeitsorganisation (z.B. Bestimmung, welche Beete die einzelnen Klassen erhalten, und was sie zu tun haben) und den Anbauplan, dem eine feste Fruchtfolge zugrundeliegen sollte.

Es wird empfohlen, pro Schüler etwa 2,5 bis 3 qm Übungsfläche zur Verfügung zu stellen, das wäre für 4 Klassen mit jeweils 25 Schülern eine Fläche von ca. 300 qm.

1955 wurden alle Schulen, die noch keinen Schulgarten besaßen, verpflichtet, eine solche Anlage zu schaffen; die Gemeinden mußten den Schulen dafür geeignetes Land überlassen. (Ludwig 1956, hier nach Kilger 1982)

Für die Schüler wurden Kulturanleitungen entwikkelt, mit denen sie während des gesamten Kulturablaufs - also vom Anbau bis zur Ernte - arbeiten. (Unterlagen siehe bei Kilger 1982, S. 187 ff.)

Für die Klassen 7 bis 10 ist die Arbeit in der Landwirtschaft integrativer Bestandteil des polytechnischen Unterrichts. (Angaben des diesbezüglichen Lehrplans siehe bei den Quellennachweisen.)

In der niederländischen Stadt *Den Haag* besteht schon seit 1919 ein Schulgartendienst. Nach Harry Wals, Leiter der entsprechenden Einrichtungen, besuchen jährlich etwa 10 000 Kinder die Gärten. Die Gartenarbeit ist dabei fester Bestandteil des Lehrplans und verbindet alle Fächer des Lehrprogramms. Ebenso gibt es in Den Haag zwölf Bauernhöfe, die auch dem Besuch von Kindern offenstehen und so verteilt sind, daß alle Kinder und Erwachsene in der Nähe ihres Wohnsitzes einen Hof vorfinden. Auch von Schulklassen werden diese Höfe regelmäßig besucht. Die Kinder können dort nicht nur Kontakte zu Tieren aufnehmen, sondern u.a. die Herstellung von Butter und Käse und die Gewinnung von Wolle mitverfolgen. (Kilger 1982, S.89; Wals 1979 u.1986)

Erst die ausreichende Berücksichtigung der Schulgartenarbeit in den Lehrplänen und die Einführung des Faches Gartenbau mit eigener Stundenausweisung dürften die Voraussetzung schaffen, daß Schulgartenarbeit organisatorisch, personell und finanziell die Ausstattung erhält, wie sie in den nachfolgenden Forderungen zum Ausdruck kommt.

In bayerischen Sonderschulen ist das *Wahlfach* Schulgarten ab dem 5. Jahrgang eingerichtet. Selbstverständlich kann man es nur begrüßen, wenn die organisatorischen Voraussetzungen geschaffen werden, daß sich an Schulen freiwillige Arbeitsgemeinschaften bilden können. Sieht man jedoch das Wahlfach als Endzustand, so sind erhebliche Bedenken vorzubringen. Denn ein solches Angebot würde wahrscheinlich vor allem die Schüler ansprechen, die bereits für ökologische Fragen aufgeschlossen sind. Naturnahe Erziehung und Bildung haben heute aber eine so fundamentale Bedeutung für den einzelnen Menschen und die Gesellschaft ingesamt, daß eine Unterrichtung weniger Kinder und Jugendlicher im Fach Gartenbau pädagogisch nicht als angemessene Lösung angesehen werden kann.

8. Forderungen (II) betr. Einrichtung von Schulgärten in allen Schulen, des Faches Gartenbau bzw. Ermöglichung gärtnerischer Tätigkeiten - Konsequenzen

Der Schulgarten wird heute von vielen Stellen gefordert, zu wenig jedoch gefördert. Es ist daher kaum verwunderlich, wenn die Schulgartenidee eher dahinvegetiert. Die Verwirklichung der folgenden Forderungen wird als Voraussetzung gesehen, daß sich die Schulgartenidee in allen Schulen durchsetzen kann.

1. **Einbeziehung der Schulgartenarbeit in die Lehrpläne des Gesamtunterrichts, der Heimat- und Sachkunde u.ä. der Grundschule und der Biologie der weiterführenden Schulen**
   In ihrer Wissenschaftsorientierung sind vor allem Biologielehrpläne oft nur noch wenig von der Zielvorstellung, Naturnähe zu vermitteln, geprägt. Die Biologielehrpläne sind daher so zu gestalten, daß sie für jedes Schuljahr Anregungen für originale Naturbegegnungen, speziell für die Schulgartenarbeit, geben. Auch die ansonsten aufgeführten Ziele und Inhalte sind - soweit möglich - in Beziehung zu Tätigkeiten im Schulgarten, in der Natur allgemein, zu setzen.

2. **Einführung des Faches Gartenbau**
   Um weder die Schulverwaltungen noch die Schulen selbst zu überfordern, könnte die *Einführung des Faches "Gartenbau" in staatlichen Regelschulen* - mit gesonderter Stundenzuweisung und eigenem Lehrplan - so vonstatten gehen, daß zunächst vor allem in *Modellschulen* Gartenbau betrieben wird, und auch hier zuerst nur mit einigen Klassen. Zu

denken ist dabei vor allem an Schulen in Orten, in denen eine enge Zusammenarbeit mit Lehrerbildungseinrichtungen und anderen Institutionen (s.u.) möglich ist und an Schulen, in denen heute noch bzw. schon wieder Schulgärten existieren und in denen Lehrer mit ihren Schülern gärtnerisch tätig sind. Unter den z.Zt. gegebenen Bedingungen bedarf eine solche Arbeit eines besonderen Idealismus' und eines großen zusätzlichen Einsatzes von seiten der Lehrkräfte, weshalb sie sich auch in Zukunft auf wenige Beispiele beschränken wird und nicht als Regelfall angesehen werden darf.

Anknüpfen kann man hierbei auch an Erfahrungen einzelner Städte bzw. Bundesländer. Als positive Beispiele nennt Kilger (1982, S. 83 f., 89) Situation und Organisation von Schulgartenarbeit in Berlin und Hannover. Eine ähnliche Entwicklung wie in Hannover streben Hamburg und Dortmund an.

Als ein erster Schritt bietet sich an, daß jeweils für *ein* Schuljahr der Grundschulen und/oder der weiterführenden Schulen das Fach Gartenbau eingerichtet wird.

Ein eigener Lehrplan für das Fach sollte *Möglichkeiten* für die Schulgartenarbeit aufzeigen. Um neuen Zwängen vorzubeugen, dürfen vor allem die Themen keinen verpflichtenden Charakter haben. (Vgl. etwa die Richtlinien der bayerischen Volksschuloberstufe von 1963.)

3. **Einheit von Biologie- und Schulgartenunterricht**
Die beiden Fächer bilden eine pädagogische Einheit, ihre Lehrpläne sind dementsprechend aufeinander abzustimmen. Das bedeutet vor allem:

4. **Orientierung der Lehrpläne beider Fächer an Kriterien einer naturnahen Erziehung und Bildung.**

5. **Größere Stundenzuweisung für die Fächereinheit "Biologie und Gartenbau"**
Der großen Bedeutung einer naturnahen Erziehung und Bildung entsprechend ist die Stundenzahl für diese Fächereinheit kräftig anzuheben. Für beide Fächer zusammen sollte ein Deputat von drei Wochenstunden im Schuljahr nicht unterschritten werden. In den Jahrgängen, in denen Gartenbau nicht als *Fach* eingeführt ist, müßte man Biologie mit mindestens zwei Wochenstunden ausweisen:

Eine einzige Wochenstunde erlaubt in ihrer Isolation kein dem Fach Biologie integrativ zugeordnetes Handeln im Schulgarten und in der Natur allgemein.

6. **Anrechnung der gärtnerischen Tätigkeit auf das Stundendeputat des einzelnen Lehrers**
Anlage und Betreuung eines Schulgartens sind arbeitsintensiv. Eine Stunde pro Tag ist bei manchen Schulgärten ein angemessener, wenn nicht sogar notwendiger Zeitaufwand. Wenigstens ein Teil der investierten Zeit müßte dem Lehrer auf sein Stundendeputat angerechnet werden.

7. **Ausweisung einer Funktionsstelle an jeder Schule für die Leitung des Schulgartens**
An jeder Schule wird ein Lehrer mit der Leitung des Schulgartens beauftragt. Seine Aufgabe besteht vor allem darin, die Schulgartenarbeit mit den Kollegen zu koordinieren, außerdem vor-, nachbereitende und andere organisatorische Aufgaben zu übernehmen. Ihm ist eine dieser Arbeit entsprechende Stundenermäßigung zu gewähren.

8. **Ermöglichung der Arbeit schulfremder Fachkräfte**
Falls sich an einer Schule kein Lehrer zur Übernahme dieser Stelle bereitfindet, könnten - wie etwa an der Waldorfschule - schulfremde Fachkräfte, z.B. Gärtnermeister, mit der Leitung von Schulgärten betreut werden.

9. **Berücksichtigung der Schulgartenarbeit im Lehrstellendeputat der einzelnen Schulen**
Ein Schulleiter wird in der Regel nur dann gerne bereit sein, den Kollegen Anrechnungen für schulgärtnerische Tätigkeiten auf das Stundendeputat zu gewähren, wenn der Schule dadurch keine Stunden "verlorengehen"; d.h. die Schulgartenarbeit müßte Auswirkungen auf das Stellendeputat der Schulen insgesamt haben.

10. **Bevorzugung von geeigneten Lehrern**
Bei der Einstellung von Lehrern sind diejenigen zu bevorzugen, die fähig und bereit sind, Schulgartenarbeit zu leisten.

11. **Erweiterung des Aufgabenbereichs des Hausmeisters**
Das Amt des Hausmeisters erhält eine den Schul-

garten betr. zusätzliche Funktion. So könnte etwa das Hausmeisterehepaar gegen Entgelt oder Überlassung eines Gartenanteils zur eigenen Nutzung die notwendigen Pflegearbeiten während der Ferien ausführen. Auch wenn sich diesbezügliche Arbeiten als nicht notwendig erweisen sollten, wäre es angebracht, dem Hausmeister einen Gartenteil zur eigenen Nutzung anzubieten. Schon bei der Einstellung sollte man daran denken, daß nur solche Personen mit dem Amt eines Hausmeisters betraut werden, die Freude am gärtnerischen Tun haben und die auch zur Übernahme der Pflegearbeiten während der Ferien bereit sind.

12. **Bereitstellung der notwendigen finanziellen Mittel für Anlage und Unterhalt von Schulgärten**

13. **Bereitstellung von Schulgartengelände durch die Gemeinde**
Jeder Gemeinde sollte die Anlage und Unterhaltung von Schulgärten zur Pflicht gemacht werden. Zumindest müßte sie den Schulen dafür geeignetes Gelände zur Verfügung stellen.

14. **Förderung der Schulgartenarbeit durch die Schulbehörde**
Voraussetzung für Verbreitung und Verwirklichung der Schulgartenidee wäre, daß die Schulbehörde den Schulgarten zu ihrem eigenen Anliegen machte. Der Lehrer müßte für seine schulgärtnerischen Anliegen ein offenes Ohr finden und entsprechende Anregungen und Hilfen erhalten.

15. **Bestellung eines hauptamtlichen Beauftragten für Natur- und Umwelterziehung**
Eine solche Stelle sollte möglichst mit einem Biologielehrer besetzt werden. Der Beauftragte nimmt vor allem beratende, organisatorische, koordinierende und überwachende Funktionen wahr. Im Hinblick auf die Schulgartenarbeit sieht Kilger (1982, S. 112) seine Aufgaben wie folgt umschrieben. Er ist es,
"der
- die Schulen besucht,
- den Lehrern, die Schulgartenarbeit leisten, mit Rat und Tat zur Seite steht,
- Informationsmaterial ausarbeitet und an die Schulen verschickt,

- Besprechungen der Schulgartenleiter veranstaltet, um auch Anregungen oder Anträge zur Verbesserung der Schulgartenarbeit zu initiieren, die Lehreraus- und Weiterbildung veranlaßt usw."

Daneben obliegen ihm Aufgaben einer "grünen Schule" im weiteren Sinn, der Vermittlung von Biotoppatenschaften, der Freilandbiologie allgemein.

16. **Errichtung von Schulbiologiezentren**

Ihre Aufgaben:
- Sie führen vorbildliche Anlagen vor; das betrifft die gärtnerischen Anlagen ebenso wie die Einheit von Architektur und Natur;
- betreuen Schulgartenprojekte;
- stellen Arbeitshilfen für die praktische Schulgartenarbeit zur Verfügung;
- dienen - in Zusammenarbeit mit den betreffenden Lehrern - der dezentralen Erarbeitung von Lehrplänen, -inhalten und -zielen;
- bieten Unterrichtsmaterialien an;
- dienen allgemein der Aus- und Fortbildung von Lehrern;
- bieten Kurse für Lehrer und Schüler an;
- bieten Führungen für eine Erkundung der heimatlichen Natur an;
- liefern Pflanzen u.ä. für den Unterricht;
- forschen im Sinne von Handlungsforschung.

(Vgl. die Aufgabenstellung des Schulbiologiezentrums in Hannover.)

17. **Gärtnerische Tätigkeit als integrativer Bestandteil der Aus- und Weiterbildung von Lehrern**

Schulgärten müssen daher auf jeden Fall vorhanden sein
- an den Lehrerbildungseinrichtungen,
- in den Ausbildungsschulen der ersten und
- in den Ausbildungsschulen der zweiten Lehrerbildungsphase.

Außerdem haben Studenten ein *gärtnerisches Praktikum* abzuleisten.

Fortbildungskurse mit Themen der Gartengestaltung und Gartenarbeit sind anzubieten.

(Teilweise in Anlehnung an Kilger 1981, S. 67, 111-113.)

9. Praktika und Epochenunterricht in Waldorfschulen

Waldorfschüler können nicht nur im Fach Gartenbau Erfahrungen mit dem "Nutzgut" Natur machen. Sie absolvieren außerdem ein mehrwöchiges *Praktikum* in der *Landwirtschaft*.

Das Praktikum auf einem Gut vermittelt Kenntnisse über den ökologischen Landbau und ermöglicht gleichzeitig praktische Erfahrungen. Der junge Mensch kann so zu unserer Agrarpolitik eine ganz andere kritische Einstellung gewinnen, als dies für die Besucher anderer Schulen zutrifft.

Viele Waldorfschulen kennen außerdem ein Praktikum in der *Forstwirtschaft*. Die Jugendlichen erfahren so auch etwas über *den* Baum, der zu Verwendungszwecken für den Menschen abgeschlagen wird.

Wie erlebnisreich und erfahrungsbezogen ein solches Praktikum sein kann - es wird in dieser Schule in der 7. Klasse durchgeführt -, zeigt der Bericht eines Lehrers der Hibernia-Waldorfschule:

"*Der Förster* spricht mit ihnen (den Schülern) über die Landschaft, über das Wild, das ihnen begegnen wird, über das Holz, ... über die Bedeutung des Waldes für den Menschen, über Luft, Wasser, wirtschaftlichen Wert und auch über die Vögel, die den Menschen so besonders erfreuen. Täglich werden diese Dinge im 'Ansitz', dem Klassenzimmer des Jugendwaldheims Gillerberg besprochen, vor allem aber draußen im umliegenden Revier, wo Baum und Strauch, Nisthöhle und Wasserlauf, Blatt, Nadel, Grashalm und Tannenzapfen zu ertasten und zu besehen sind.

Ein lebendiger, abwechslungsreicher Tagesablauf macht den Kindern das Leben in dieser neuen Welt leicht. Um 9 Uhr, nach der Frühbetrachtung durch den Förster, stehen schon die Waldarbeiter bereit, um je mit kleinen Gruppen der Klasse ... die einzelnen Arbeitsstellen im Wald anzusteuern. Schon der jeweilige Anmarsch, fast immer 30 bis 45 Minuten, bringt vielerlei Erlebnisse: Es gibt Wasserrinnen und Bäche, Regen und Nebel, Sonnenschein und Moor, Dickung und Hochwald und allerlei kleines Getier.

Welche *Arbeiten* gibt es dann aber für die Schülerhände? Da muß ein Pflanzgarten gehackt und das Unkraut dabei entfernt werden; einjährige Sämlinge sollen verschult oder neue junge Bäumchen gepflanzt werden. Eine Dickung ist auszulichten, oder es werden

Schneisen geschlagen. ...
Holz wird gefällt, entastet, zurechtgesägt, angespitzt, gleich an Ort und Stelle wird etwas daraus gebaut: ein Hochstand, eine Futterraufe oder ein Gatter, woran sich im Laufe der vierzehn Tage abwechselnd die ganze Klasse beteiligt. Damit entsteht neben allen pflegerischen und schützenden Kulturarbeiten, die im Wald anfallen, auch ein gemeinschaftliches Werk. Wenn die Kinder gar an einem Bauwerk aus Rundholz mitarbeiten dürfen ..., zu dem sie die Stämme selber mitgefällt, gesägt, transportiert und zurechtgerichtet haben, so tun sie das in diesem Alter mit ganz besonderem Eifer und können es kaum erwarten, in das fertige Blockhaus einzuziehen. ...

Abends oder am frühen Morgen hat mancher noch die Möglichkeit, auf dem Hochstand anzusitzen oder auf Pirsch zu gehen und dabei Schweigen, Hinschauen, Lauschen und Beobachten zu lernen. ... " (Zacharias 1977)

Die hier geschilderten Erfahrungsmöglichkeiten werden in *Epochen über Schreinerarbeiten* erweitert. Holz wird ein Gegenstand, der die enge Verbindung zum Lebendigen, dem Baum, bewahrt.

10. Forderungen III: Verwirklichung von naturnaher Erziehung und Bildung durch Ermöglichung sinnenhaft-ganzheitlicher Naturerfahrungen bzw. durch (projektorientiertes) Lernen auf dem Schulgelände und im außerschulischen Bereich - Konsequenzen

1. Unterricht im Sinn naturnaher Erziehung und Bildung orientiert sich an den *vorfindbaren natürlichen Gegebenheiten* des Schulgeländes und der Schulumgebung wie Parkanlagen, Bachlandschaften, Wälder u. dgl. Er ist in diesem Sinn *heimatbezogen.*

2. Wo *Natur im Schulgelände* nicht (mehr) vorfindbar ist, ist sie nach den gegebenen Möglichkeiten wieder *herzustellen.*

   So wichtig dabei ein Schulgarten ist, so ist er doch im Rahmen der gesamten Schulanlagen zu sehen.

3. Eine Änderung der *Schulbaurichtlinien* ist anzustreben. Mit dieser Änderung soll bewirkt werden, daß *Natur und Architektur* als *Einheit* er-

fahrbar sind. Insbesondere ist eine humane, lebensfreundliche Gestaltung der Gesamtanlagen anzustreben.

Schulgarten und Biotope unterschiedlicher Prägung sind als Bestandteile eines jeden Schulgeländes vorzusehen.

4. Sinnvoll scheint es, wenn in Schulnähe liegende *schützenswerte Biotope* in den Unterricht einbezogen werden. Hierdurch können heimatbezogen die Bedingungen für Naturschutz einsichtig, Verantwortung im naturschützerischen Bereich der Erfahrung zugänglich gemacht und handlungsorientiertes Lernen ermöglicht werden. Denkbar ist dabei, daß Schulklassen eine Patenschaft für ein Biotop übernehmen.

5. Dem Bemühen um solchermaßen sinnerfülltes Lernen wirken die Lehrpläne mit ihrem starren Pflichtpensum, das zudem allzuoft "totes Buchwissen" und "Häppchenwissen" anstreben soll, diametral entgegen. *Lehrpläne* müssen stattdessen *offen* sein, damit der Lehrer seinen Unterricht nach den Möglichkeiten des Schulortes, d.h. vor allem der vorfindbaren Gegebenheiten einer natürlichen Umwelt planen und verwirklichen kann. Dies kann vor allem durch Richtlinien erreicht werden, die primär Ziele vorgeben, Inhalte ("Stoffe") aber nur als Beispiele aufführen.

   Lehrpläne geben so dem Lehrer pädagogische Verantwortung zurück!

6. Als nicht ausreichend wird zudem die *formaldemokratische Legitimation des Lehrplans* angesehen. Im Sinne einer substantiell-demokratischen Legitimierung wäre beim Zustandekommen des Lehrplans vor allem eine breitere Mitwirkung der Lehrerschaft, damit eine Dezentralisierung der Lehrplanerstellung und ein offener Diskussionsprozeß zu fordern. (Vgl. dazu die Vorschläge des Deutschen Bildungsrats "Zur Förderung praxisnaher Curriculum-Entwicklung" vom 15./16.11.1973, deren demokratische Offenheit mit ein Grund war, daß die Bundesländerkonferenz mit ihrer CDU/CSU-Mehrheit den Fortbestand dieser Institution ablehnte.)

   Erläßt das Ministerium etwa *Richtlinien* mit lediglich verpflichtenden Zielangaben, so könnten in regionalen pädagogischen Zentren oder anderen regionalen Bildungseinrichtungen wie Akademien, Instituten, Schulbiologiezentren u.ä. Lehrer in kollegialer und selbstbestimmter Weise ihre Unterrichtseinheiten und -projekte - gemäß den regional vorfindbaren natürlichen Gegebenheiten - selbst planen bzw. erarbeiten. (Vgl. ebd.)

7. Zur Verwirklichung naturnaher Erziehung und Bildung sind *regionale biologische Wegweiser* - der Hamburger wurde als Beispiel vorgestellt - wichtiger als Lehrpläne.

8. Lehrpläne, die ein starres Stoffpensum vorschreiben, haben u.a. zur Folge, daß nur solche *Schülerbücher* genehmigt werden, die dem vorgeschriebenen Pflichtpensum bis ins Detail hinein entsprechen. Sobald neue Lehrpläne erlassen sind, werden die Schülerbücher überarbeitet: eine Strategie, verbunden mit einem enormen Kostenaufwand, die alternative didaktische Konzepte nicht mehr in den Blick kommen läßt bzw. nicht mehr zuläßt. Die Bücher gleichen sich fast wie ein Ei dem anderen.

   Schülerbücher und entsprechende Materialien für naturnahes Lernen fehlen völlig, weitgehend auch Materialien, die die *regional auffindbare Natur* erschließen: Bei den heute gültigen Lehrplänen sind sie auch zur Bedeutungslosigkeit verurteilt.

9. Lernen in der Natur ist meist *projektorientiertes Lernen.* Beziehungen zu anderen Fächern - wie Deutsch, Kunsterziehung, Religion u.ä. - sind herzustellen. Die Lehrpläne haben diesbezügliche Verbindungen aufzuzeigen.

10. *Projekttage* ermöglichen auf bestmögliche Weise naturnahe Erziehung und Bildung. Voraussetzungen hierfür sind durch Lehrpläne und entsprechende schulorganisatorische Maßnahmen zu gewährleisten.

11. Naturbegegnung in einem ganzheitlichen Sinn ist in einem Klassenblock von etwa 30 Kindern in der Regel nicht zu verwirklichen. Voraussetzung für einen Unterricht, der nach ganzheitlicher Naturerfahrung strebt, ist daher auch die Möglichkeit der *Aufteilung einer Klasse in kleinere Gruppen.* Hier sind verschiedene, bereits erprobte Modelle

denkbar: Einbeziehung von Studenten, Schülern höherer Klassen, Assistenten, Eltern, weiterer Lehrer u. dgl. in den Unterricht. In Hamburg z.B. ist die Mitwirkung von Eltern im Grundschulunterricht institutionell abgesichert. Bei Interesse müßte der Lehrer entsprechende Unterstützung der Schulbehörde erhalten.

12. Der Schüler einer Waldorfschule legt ein *Praktikum im ökologischen Landbau und* oft auch *in der Forstwirtschaft* ab. Entsprechendes wäre Schülern aller Schularten zu ermöglichen.

IV
Die Biologielehrpläne der Bundesländer

1. Zur Funktion des Lehrplans - Zum Zusammenhang zwischen Lehrplan und dem Komplex "Gesellschaft und Wissenschaft" einerseits und den Forderungen einer naturnahen Erziehung und Bildung andererseits

Zur Verwirklichung der Schulgartenidee genügt das allgemein bekundete Wohlwollen sicherlich nicht, mag es auch von schulbehördlicher Seite geäußert werden. Wichtig wäre vor allem die feste *Verankerung im Lehrplan*. In den meisten Lehrplänen fehlen aber diesbezügliche Hinweise.

Mag dies für die Lehrpläne noch verständlich sein, die in den siebziger Jahren erschienen - in einer Zeit also, in der die Diskussion um Schulgärten erst langsam wieder in Gang kam -, so ist eine entsprechende Leerstelle bei den in der Bundesrepublik ab 1980 neu eingeführten Plänen kaum begreiflich. So beinhalten zwar die Pläne für Heimat- und Sachkunde des 1981 veröffentlichten bayerischen Gundschullehrplans, ebenso die 1985 veröffentlichten Biologielehrpläne der bayerischen Hauptschule eine Vielzahl von Themen, für deren Behandlung ein Schulgarten wichtig wäre (vgl. auch die Übersichten bei Hader 1983, S. 13 ff.), gerade für die Abschlußklassen der 8.und 9. Jahrgangsstufe können aber keine entsprechenden Anknüpfungspunkte für die Schulgartenarbeit hergestellt werden. Wenn dazu Natur weithin unabhängig von der erfahrbaren Umwelt thematisiert und weitgehend durch analytisches Denken erschlossen werden soll, dann muß die festgestellte Naturdistanz auch als ein Feind der Schulgartenidee interpretiert werden.

Zu fordern wäre vielmehr ein Lehrplan, der in jedem Jahr zum Mitleben mit der Natur motiviert und dessen Inhalte daher in enger Beziehung zur erfahrbaren Umwelt stehen bzw. zu bringen sind. Gute Ansatzpunkte bieten - wie das folgende Kapitel zeigt - etwa die Lehrpläne Berlins, Schleswig-Holsteins und des Saarlands. Allerdings bräuchte auch in Bayern kein Neuland beschritten zu werden. Die Richtlinien für die Oberstufe der bayerischen Volksschulen 5. mit 8. Schülerjahrgang vom 20. Juni 1963 hatten durch die Vermeidung gängelnder Einzelvorschriften und die fast ausschließliche Orientierung an Biotopen hierzu fast vorbildliche Voraussetzungen geschaffen. Als Beispiel sei hier der Stoffplan für die 5. Jahrgangsstufe abgedruckt; er könnte in vielen Punkten mit einem Lehrplan für "Gartenbau" gleichgesetzt werden:

Haus und Hof - Gärten und Parkanlagen

Tiere in Haus und Stall:
Hund - Katze - Rind - Pferd - Schwein - Haushuhn - Taube

Vögel im Gefolge des Menschen:
Sperling - Schwalbe - Star - Dohle - Turmfalke

Tierpflege:
Aquarium - Terrarium - Nistkasten - Futterhäuschen

Lästige Hausgenossen:
Maus - Ratte - Stubenfliege - Kleidermotte - Spinne

Pflanzen im Garten:
Schneeglöckchen - Tulpe - Rose - Sonnenblume - Aster - Gemüsebohne - Erbse - Kohlarten - Wurzelgemüse - Heil- und Gewürzkräuter
Apfel-, Birn- und Kirschbaum - Stachelbeer- und Johannisbeerstrauch
Weinrebe und wilder Wein

Gartenfeinde:
Maikäfer - Apfelblütenstecher - Frostspanner - Apfelwickler - Blattlaus

Gartenfreunde:
Meise - Rotschwanz - Grasmücke - Gartenspötter - Kröte - Honigbiene - Marienkäfer - Regenwurm

Die Gartenerde: ...

Gartenarbeiten: ...

Schmetterlinge in Gärten und Anlagen: ...

Bäume und Ziersträucher in Anlagen: ...

Grundwissen:
Keimling und Keimungsvorgang - Bau und Aufgabe von Wurzel, Stamm, Blatt, Blüte, Frucht, Samen - Stein-,

Kern- und Beerenobst - Kraut, Strauch, Baum - Nährstoffspeicherung in Zwiebel und Knolle - Bestäubung durch Insekten - Säugetiere - Fleisch- und Pflanzenfresser - Wild- und Haustiere - Wirbeltiere und wirbellose Tiere - Bau und Entwicklung eines Insekts

Leitthemen des 6. Schülerjahrgangs sind "Feld und Wiese", solche des 7. "Wald, Wasser, Moor und Heide".

Zum richtigen Gebrauch der Richtlinien sind den Stoffplänen "didaktische und methodische *Hinweise*" vorangestellt. Besonders positiv ist dabei vor allem die Bemerkung zu würdigen, daß die aufgeführten Themen nur Beispielcharakter haben. "Der Lehrer kann nach den örtlichen Verhältnissen auswählen oder andere Themen ansetzen." Wenn man bedenkt, daß allein der curriculare Lehrplan für die 5. Jahrgangsstufe von 1977 viereinhalb DIN-A4 Seiten umfaßt, von dessen Lernzielen und Lerninhalten fast alle - nämlich 21 von 23 - verbindlich vorgeschrieben sind! Bei den Richtlinien gilt der Verbindlichkeitsgrad nur für ein bestimmtes Grundwissen, das in wenigen Zeilen aufgelistet ist.

Die Hinweise geben in ihrer Gesamtheit eine Zielorientierung an, wie sie nach den bisherigen Ausführungen zu fordern ist, wenn sie "unmittelbare Naturbegegnung", "Heimatbezogenheit" und "Umgang mit Pflanzen und Tieren" als Leitideen für den Unterricht hervorheben. Auch sie sollen hier - wenigstens auszugsweise - wiedergegeben werden, weil sie zeigen, was Lehrpläne pädagogisch-didaktisch dem Lehrer zu vermitteln in der Lage sind (bzw. nicht leisten, wenn man die heute gültigen Lehrpläne zum Vergleich heranzieht):

Didaktische und methodische Hinweise

1. Die Stoffauswahl wird bestimmt durch die Möglichkeit der unmittelbaren Naturbegegnung. Die Stoffe werden deshalb der Heimat entnommen und soweit möglich dem Jahreslauf entsprechend angeordnet. ...

2. Der Lehrer muß die Schüler an die Natur heranführen und ihnen Gelegenheit geben, Tieren und Pflanzen in ihrer natürlichen Umwelt zu begegnen. Das kann auf Unterrichtsgängen, bei Schulwanderungen und beim Aufenthalt im Schullandheim geschehen. Praktische Arbeit im Schulgarten, Blumenpflege,

Aufstellen von Futterhäuschen und Nistkästen, Pflanzen- und Tierpflege in Aquarien und Terrarien sowie Ausstellungen auf dem Pflanzentisch erweitern und ergänzen die naturkundliche Arbeit.

Von besonderer Bedeutung sind Beobachtungen und biologische Versuche, die sich über längere Zeiträume erstrecken und Lebenserscheinungen und Lebensabläufe vor Augen führen.

3. Für die Übungen im Erkennen und Benennen von Pflanzen und Tieren können einfache Bestimmungsbücher und Wandbilder verwendet werden. Bild, Modell und Film ersetzen die unmittelbare Begegnung mit der Natur nicht; sie ergänzen aber die Beobachtung besonders dann, wenn es sich um länger dauernde Vorgänge oder um seltene Tiere und Pflanzen handelt.

   Lupe, Mikroskop und Mikroprojektion geben Einblick in den Feinbau der Lebewesen und in die Welt des Kleinen. Schallplatte und Tonband unterstützen das Erkennen von Tierstimmen.

4. In allen Schuljahren ist jede sich bietende Möglichkeit zu benützen, die Verpflichtungen und Forderungen des Naturschutzes aufzuzeigen und die Schüler zum rechten Verhalten in der Natur anzuleiten (siehe Verfassung des Freistaates Bayern, Art. 141 Abs. 2).

Bestimmend für die Richtlinien sind jedoch die einleitenden Zielvorstellungen, die mit dem Titel *"Aufgabe"* versehen sind. Es sind Formulierungen, die sich mit "modernen" Forderungen decken:

Aufgabe

Der naturkundliche Unterricht der Oberstufe setzt das Kennenlernen der Heimatnatur planmäßig fort, führt zur denkenden Beobachtung und Betrachtung charakteristischer Tiere und Pflanzen der Heimat, zu Kenntnissen über den Heimatboden und läßt Einsichten in wichtige Lebensäußerungen, Lebensvorgänge und Wechselbeziehungen gewinnen. Er erzieht zur Freude an der Naturschönheit, zur Naturliebe, zur Achtung und Verantwortung vor allem Lebendigen und zur Ehrfurcht vor dem Schöpfer. ...

Die Autoren scheuen sich nicht, Begriffe zu verwenden, die nicht primär auf die Übernahme von Wissen ausgerichtet, vielmehr von elementarer pädagogischer Bedeutung sind. Auf einzelne Begriffe, die auch in den bisherigen Überlegungen zu einer naturnahen Erziehung eine fundamentale Rolle spielen, wie "Heimatnatur", "Naturschönheit", Naturliebe", "Achtung und Verantwortung vor allem Lebendigen" sei eigens nochmals hingewiesen.

Selbstverständlich sind auch in den curricularen Lehrplänen (Culps) übergeordnete Ziele angegeben - es wäre ja paradox, wenn ausgerechnet Lehrpläne, die sich als lernzielorientiert verstehen, auf solche verzichteten -, sie sind jedoch weitgehend "entemotionalisiert". Zudem wurden die Leitziele der Culps dadurch abgewertet, ja eigentlich überflüssig, daß jedem einzelnen Lerninhalt ein eigenes Lernziel vorgeordnet ist. So sind sie mehr oder weniger zu Leerformeln degradiert, zum Dekor verkommen. Daß sie in ihrer "Positivität" Teilzielen sogar widersprechen, wurde hier des öfteren angedeutet.

Wenn sich Culps schon lernzielorientiert verstehen, dann müßten sie in ihren Leitzielen ein pädagogisches Modell repräsentieren, das in einer gewissen Breite angelegt, daher einer pädagogischen Argumentation zugänglich ist und Bezüge zu den einzelnen Lernzielen und -inhalten des Lehrplans zu erkennen gibt. Diese selbst stellen in Wirklichkeit insgesamt nur einen Stoffplan dar, mit den Inhalten mehr oder minder konzeptlos aufgepfropften Zielangaben.

Von ihrer Struktur und ihrem Verbindlichkeitsgrad her geben Richtlinien und Culps zwei Auffassungen von Lehrplänen wieder, die - so möchte man sagen - Welten trennen. Die Lehrplanentwicklung der letzten zwanzig Jahre in Bayern zeigt den Wandel von Richtlinien, die diesen Ausdruck zu Recht verdienen, zu Lehrplanvorschriften, die sich durch bürokratisch-pedantische Reglementierung auszeichnen.

Diese Entwicklung ist allerdings nicht auf Bayern beschränkt zu sehen. Die Lehrplanersteller nach Robinsohn (1967) haben mit dem lernzielorientierten Curriculum ein Instrument geschaffen, das in seiner formalen Perfektion totalitären, d.h. Freiheit ausschließenden Charakter hat. (Der Frage, ob Lehrer derartige Pläne positiv beurteilen, weil ihnen mit den curricularen Vorgaben eigene Lehrplanentscheidungen abgenommen werden, wird hier nicht weiter nachgegangen.)

Nach der ersten Phase der Euphorie bei der Curriculumentwickung ließen sich auch bald warnende Stimmen hören, wurden Forderungen nach offenen Strukturen von Curricula und nach demokratischer Entwicklung von Lehrplänen laut. (Vgl. etwa Brinkmann 1975, Deutscher Bildungsrat 1974.) Vorschläge zur Verwirklichung eines "offenen Unterrichts" schlossen sich an (siehe etwa Ramseger 1977, Kunert 1978), man richtete entsprechende Schulmodelle ein (als Beispiel siehe Benner/Ramseger 1981), die Diskussion um freie Schulen (vgl. etwa Borchert/Derichs-Kunstmann 1979, Behr 1984) interessiert immer breitere Kreise. Allerdings sind die bayerischen Culps keine "reinen" Curricula, schon ihr Name "curriculare Lehrpläne" weist auf ihren Kompromißcharakter. (Vgl. Westphalen 1976.) So sind zwar Lernziele und Lerninhalte verbindlich, die Angaben in den Spalten "Unterrichtsverfahren" und "Lernzielkontrolle" jedoch stellen Empfehlungen dar.

3. **Zusammenhänge zwischen Lebewesen und Umwelt**

Lernziele	Lerninhalte	Unterrichtsverfahren	Lernzielkontrollen
...			
2. Wissen, daß es *wechselwarme* und *gleichwarme* Tiere gibt	*Wechselwarme Tiere*: Fisch, Eidechse, Schildkröte *Gleichwarme Tiere*: Hund, Wal, Taube	Vergleichen der Umgebungstemperatur mit der Körpertemperatur, z.B. bei einer Schildkröte, bei Menschen	Benennen von gleich- und wechselwarmen Tieren
...			

Culp, 5. Jg., S. 276

Wohin aber der Culp in seiner Vier-Spaltigkeit tendiert, ist klar ablesbar: auf abfragbares Wissen. Eine solche Wissensvermittlung läuft den Bemühungen um eine naturnahe Erziehung und Bildung zuwider. Emotional-ganzheitliches Lernen, das in dieser einfachen Weise - wenn überhaupt - nicht kontrollierbar ist, das aber für die Einübung in den Umgang mit Pflanzen und Tieren fundamentale Bedeutung hat, ist nach den Strukturen des Lehrplans nicht vorgesehen, ja nicht zugelassen. Vielmehr erweist sich der Culp als ein der Ziffernbenotung komplementäres Instrument: Beide ergänzen sich in der Perfektionierung des Auslesecharakters der Schule wirkungsvoll.

Die seit 1985 gültigen bayerischen Hauptschullehrpläne sind mehr oder minder nur eine "bereinigte" Fassung der Culps. (Siehe 2. Kap.)

Veränderung von Struktur und Funktion der Lehrpläne darf nicht isoliert gesehen werden. In dem hier vorgestellten Zusammenhang sind vor allem zwei Entwicklungsstränge von Bedeutung, die in erster Linie die Hauptschule betreffen:

1. Die (versuchte) Aufwertung der Volksschuloberstufe zur Hauptschule als einer - neben Realschule und Gymnasium - weiterführenden "Oberschule".
2. In diesem Zusammenhang stehend: Die Abkehr von der sog. volkstümlichen Bildung, die Hinwendung zum Prinzip der Wissenschaftsorientierung. (Vgl. Nicklis 1980.)

Folgende Dokumente und Beschlüsse begleiteten bzw. initiierten diese Entwicklung:

1. "Rahmenplan" des "Deutschen Ausschusses für das Erziehungs- und Bildungswesen" von 1959;
2. auf diesen Bezug nehmend: Folge-Empfehlungen "Zum Ausbau der Hauptschule" vom 2.5.1964;
3. von der Kultusministerkonferenz beschlossene Grundsätze zur Förderung der Hauptschule vom 3.7.1969;
4. "Strukturplan" des Deutschen Bildungsrats von 1970;
5. "Bildungsgesamtplan" der Bund-Länder-Kommission für Bildungsplanung von 1973. (Vgl. Keck 1980.)

Für den hier aufgezeigten Zusammenhang genügt es, einige Aspekte der Entwicklung schwerpunktmäßig herauszugreifen:

1964 veröffentlichte Georg Picht seine Untersuchung über "Die deutsche Bildungskatastrophe". Der Buchtitel wurde zum Schlagwort und forderte eine breitere Öffentlichkeit heraus, sich an der Diskussion über Veränderung und Weiterentwicklung des bundesdeutschen Bildungssystems zu beteiligen. Der Anlaß zu dieser Diskussion lag dabei primär im ökonomischen Bereich: in der Prognose, über kurz oder lang werde die Bundesrepublik durch die Veränderung der Produktionsmethoden auf technisch-wissenschaftlichem Gebiet hinter ihre Konkurrenten auf dem Weltmarkt zurückfallen. Das "Wirtschaftswunder" war in Gefahr. (Kunstmann 1979, S. 182)

Unter dem Motto "Schick dein Kind auf bessere Schulen" starteten die Bundesländer Bildungswerbeaktionen, von Jahr zu Jahr wechselte eine immer größere Zahl von Schülern an weiterführende Schulen über. Als Heilmittel, die *Hauptschule* vor dem Schicksal der *Restschule* zu bewahren, sah man ihre Aufwertung zur *wissenschaftsorientierten Schule*: gleichwertig neben Realschule und Gymnasium sollte sie - in Bayern ausschließlich - die dritte Säule des weiterführenden Schulsystems darstellen. Unterstützt wurde diese Zielvorstellung durch das - berechtigte - Streben der Volksschullehrer nach größerer sozialer Anerkennung und finanzieller Besserstellung, die durch eine Anpassung an das - wissenschaftlich orientierte - Gymnasium erfolgen sollte. Beabsichtigt war also ausgerechnet eine Angleichung an eine Schule, die sich weitgehend durch eine Absage an konsequent pädagogische Orientierung auszeichnet! Zurecht hatte schon 1949 Wilhelm Flitner vor einer solchen Entwicklung gewarnt. Es wird "darauf ankommen, die Irrgänge zu vermeiden, die durch eine falsche Analogie zur Gelehrtenschule verursacht worden sind und der Hauptschule ihre eigengesetzliche Entfaltung bisher verkümmert haben". Er fügt hinzu: "Ihre *Gleichwertigkeit* kann nur auf ihrer *Andersartigkeit* beruhen." (W. Flitner 1949, S. 3, hier zit. nach Keck 1980, S. 44)

Beide Ziele blieben Illusion. Weder konnte sich die Hauptschule zu einem gleichwertigen Partner von Realschule und Gymnasium aufschwingen, noch erreichte sie ein Profil durch Andersartigkeit. Die von Scholz und Bielefeldt erwähnte Annäherung von praktischer und theoretischer Bildung blieb in den Anfängen stecken. Auch eine soziale Integration unterblieb, vor allem in Ländern, in denen eine CDU/CSU-Mehrheit eine organisatorische Änderung in Richtung auf eine Gesamtschule verhinderte.

Konsequenz war vielmehr eine pädagogische Entleerung. Sie erfolgte in dem Maße, in dem die Volksschuloberstufe bzw. Hauptschule durch den Übertritt eines immer stärker ansteigenden Anteils von Schülern an weiterführende Schulen ausblutete: eine paradoxe Situation, wenn man bedenkt, daß gerade die in der als "Restschule" apostrophierten Hauptschule verbliebenen Jugendlichen einer verstärkten pädagogischen Betreuung bedürften.

Die *Entpädagogisierung* steht in engem Zusammenhang mit der *Wissenschaftsorientierung* der Schule und ihrer *Auslesefunktion*.

1. "Wissenschaftsorientierung war das Privileg der höheren Schule. Durch die allgemeine Wissenschaftsorientierung soll nunmehr erreicht werden, daß die die herkömmliche Volksschularbeit kennzeichnenden Reduktionen der Ziele und Inhalte, der Vermittlungsebenen und Methoden ... aufgehoben, daß praktische und theoretische Bildung einander stärker angenähert werden. - So gesehen steht das Prinzip der Wissenschaftsorientierung auch im Dienste der Chancengerechtigkeit und der sozialen Integration." (Scholz und Bielefeldt 1978, S.61)

Diese Interpretation dürfte die Entwicklung in mehrfacher Hinsicht zu vereinfachend darstellen. Daß die Volksschule einen Nachholbedarf an fachwissenschaftlicher Orientierung hatte, soll hier nicht bestritten werden. Wissenschaft kann jedoch Verschiedenes bedeuten. (Vgl. Nicklis 1980a.) Als "Kennzeichen unserer Gesellschaft" (Scholz/Bielefeldt) ist sie auch ein Indikator der (ökologischen) Krise unserer Gesellschaft. Problematisch erwies sich bei der Wissenschaftsorientierung vor allem die Aufgabe des ganzheitlichen und die fast ausschließliche Hinwendung zum analytischen Denken. Auf der Suche nach Gesetzmäßigkeiten, nach Kausalerklärung nimmt Wissenschaft die Welt bis ins kleinste Detail sezierenrisch auseinander - bis hin zur Atomspaltung. Die Zerstörung unserer Umwelt, die Naturferne des modernen Menschen ist auch Ergebnis isoliert-technologischen wissenschaftlichen Denkens. Die Welt des Wissenschaftlers ist zudem eine "begriffliche Kunstwelt; eine Welt der intellektuellen Konstruktion, in der Phantasie, Intuition, Emotion und Gemüt bestenfalls als Konstruktionsantriebe geduldet sind. Unter den Bedingungen hochgezüchteten Spezialistentums ist sie zugleich fragmentarisch und von Rudimentation befallen" (Nicklis 1980a, S. 115 f.). Fachwissenschaftler zeigen sich in ihrer Isolation oft außerstande, übergreifende Zusammenhänge herzustellen, etwa fachwissenschaftliche und pädagogische Erkenntnisse zu vermitteln. Begriffen wie "Leben", "Heimatnatur", "Naturverbundenheit", "Naturliebe" steht eine naturwissenschaftlich orientierte Wissenschaft hilflos gegenüber. In der Folge der Übernahme von wissenschaftlich-analytischen Denkstrukturen und gesellschaftlichen Veränderungen sind viele Lehrpläne auch ein

Indikator dafür, wieweit innerhalb weniger Jahre die Entfremdung des Menschen von der Natur fortgeschritten, das Unvermögen, Natur ganzheitlich zu erfassen, gewachsen und wie parallel dazu das Verständnis für eine naturnahe Erziehung und Bildung geschwunden sind.

Eine diesbezügliche Entwicklung durchlief nicht nur das Fach Biologie. In Geografie etwa wird die Aufgabe einer ganzheitlichen, im Sinne einer "Länderkunde" vorgehenden Betrachtungsweise zugunsten einer thematisch gegliederten Erdkunde ebenfalls kritisch diskutiert. (Vgl. etwa Schönbach 1981.)

Es gibt allerdings auch andere Denktraditionen. "In China haben die konfuzianischen Mandarine und eine einflußreiche Kaufmannschaft die Entstehung einer Wissenschaft im abendländischen Sinn durch Jahrtausende erfolgreich verhindert. Das chinesische Denken tendierte zum Organischen, das westliche zum Kausal-Mechanischen. Entsprechend ist in der chinesischen Geistesgeschichte der Begriff des Naturgesetzes nicht nachweisbar. Sein Platzhalter ist der Begriff des 'harmonischen Musters' (J. Needham)." (Nicklis 1980a, S. 108) Die heute weit verbreitete Sehnsucht nach fernöstlicher Weisheit kann als Reaktion auf die Entfremdung und Zerstörung, denen Wissenschaft uns und unsere Welt ausliefert, verstanden werden. Für eine naturnahe Erziehung und Bildung ist ein organisches Denken unabdingbare Basis. (Vgl. hierzu die Rede des Indianerhäuptlings Seattle.)

Auf das Problem, wie sehr sich Schule durch eine zu enge Anlehnung an Fachwissenschaften von pädagogischen Einsichten und Erfordernissen entfernen und den Lehrer von seinen Aufgaben entfremden kann, wollen vor allem die Ausführungen zur Lehrerbildung hinweisen.

2. *Biologie als Wissenschaft* nahm einen rasanten *Aufschwung*, neue Gebiete wurden erschlossen. (Vgl. etwa Killermann 1980.) Verständlich, daß das Schulfach Biologie versucht war, von diesen neuen Erkenntnissen möglichst viele in seine Lehrpläne aufzunehmen, ohne daß allerdings eine befriedigende pädagogische Konzeption und eine entsprechende Schulorganisation vorlagen, die es erlaubt hätten, diesen Inhalten einen sinnvollen didaktischen Platz zuzuweisen. Biologie als Wissenschaft entwickelte sich zudem verstärkt zur Technologie - zu denken ist etwa an die Genforschung (vgl. ebd.) -, die in ihrer Naturdistanz technologischen Strukturen unserer Gesellschaft ana-

log gesehen werden kann: Nicht Anpassung an natürliche Lebensabläufe ist ihr Thema, sondern Naturbeherrschung durch Naturveränderung.

Viele Lehrpläne spiegeln auch diese Tendenz der Naturentfremdung wider.

3. Diese Entwicklung verstärkend kam hinzu, daß schulorganisatorische Veränderungen der beiden letzten Jahrzehnte auf eine *Zentralisierung von Schulen* hinausliefen - allenthalben wurden Mittelpunkt- und Verbandsschulen ohne ausreichende Einbindung in die Heimatgemeinden gegründet -, die auch eine Verwurzelung des Kindes in eine "Heimatnatur" gegenstandslos zu machen schien.

4. Der Anfang der sechziger Jahre entfachte bildungspolitische Optimismus verpuffte in dem Maße, in dem die Wachstumsgesellschaft an ihre Grenzen stieß und zur "Alltagswirklichkeit" des Kapitalismus zurückfand. Spätestens mit der Krise 1966/67 war die Zeit des sog. "Wirtschaftswunders" zu Ende; in den 70er Jahren bewegte sich auch die bundesrepublikanische Ökonomie wieder im Rhythmus zyklischer Krisen, die durch die verschärfte Weltmachtkonkurrenz unterstützt werden. Wachsende Arbeitslosenzahlen auf der einen Seite, Überkapazitäten auf der anderen Seite lassen das Interesse der Wirtschaft an einer höheren allgemeinen Qualifikation sinken, gar in das Gegenteil verwandeln. (Kunstmann 1979, S. 186)

Die Schule kam dieser Entwicklung durch eine verstärkte *Auslese* entgegen. Der optimistische, dynamische, einer demokratischen Gesellschaft - die "Bildung als Bürgerrecht" (Dahrendorf 1965) versteht - angemessene Slogan von der "Chancengleichheit" erstarrte zum funktionalen, der verstärkten Konkurrenzsituation angepaßten, von der Schulpädagogik - wie das Zitat von Scholz/Bielefeldt zeigt - auch unkritisch übernommenen Begriff der "Chancengerechtigkeit". Chancengerechtigkeit, das bedeutet: Jeder Schüler soll möglichst dasselbe lernen und dieselben Prüfungen ablegen. Das Schulsystem erhält totalitäre Züge. Grundlage hierfür bilden Lehrpläne, die das Lernen bis in die Stundenzielsetzung festlegen. Die Auffüllung der Lehrpläne mit kognitiv-analytischen Inhalten aus wissenschaftlichen Disziplinen erzeugen nun auch in der Hauptschule einen nie dagewesenen Lern- und Leistungsdruck und ermöglichen es, Schule verstärkt als Ausleseanstalt zu organisieren.

In Bayern hat dabei maßgeblich zur Verschärfung der Situation die Einführung des sog. *qualifizierenden*

Abschlusses beigetragen - einer dem Abitur des Gymnasiums "abgeschauten" Prüfung, die durch ihren wissenschaftsorientierten Charakter das Ansehen der Hauptschule anheben wollte. Dieser Abschluß blieb dem leistungsstärkeren Teil der Schüler vorbehalten und verstärkte allein dadurch die Selektion in einem Maße, wie ihn nicht einmal Realschule und Gymnasium kennen. (Vgl. "Der Spiegel" 13/1983, S. 87 f.) Vor allem für die beiden letzten Schuljahre stellen sich dabei die Lehrpläne als wirkungsvolles Instrument zur Durchsetzung der Selektion dar. (Auch aus dieser Sicht erweist sich die Qualifizierung der Culps als *lernzielorientierte* Lehrpläne als äußerst fragwürdig.)

Nachdrücklich sei darauf hingewiesen, daß die hier vorgebrachten Einwände gegen Wissenschaftsorientierung der Schule nur in dem aufgezeigten Zusammenhang richtig verstanden werden können und keine Absage an eine Wissenschaftsorientierung von Schule und Lehrerbildung schlechthin bedeuten, schon gar nicht Bestrebungen unterstützen wollen, die sich auch heute wieder gegen eine akademische Lehrerbildung wenden oder eine Auslagerung der Lehrerbildung - etwa für Grundschullehrer - aus der Universität befürworten. Sie richten sich vielmehr gegen eine in ihrer Isolation beharrende und sterile Wissenschaft, die die Entfremdung des Studenten und des Lehrers von seinem Beruf verstärkt, antiaufklärerische Tendenz hat, einer erfahrungs- und handlungsorientierten Erziehung und Bildung entgegenwirkt, das "Material" zur Auslese liefert und die Inhumanität der Schule "wissenschaftlich" absichert.

Es hat - wie die Ausführungen hoffentlich zu erkennen geben - nichts mit Nostalgie zu tun, wenn eine Rückkehr zu Struktur, Intention und Funktion etwa der bayerischen Richtlinien von 1963 gefordert wird; vielmehr beruht eine derartige Forderung auf dem Interesse, dem Lehrer Freiheit und Würde, die ihm aufgrund seiner wichtigen pädagogischen Aufgabe zukommt, wieder zurückzugeben. Im einzelnen würde dies zur Folge haben:

1. *Übergeordnete Zielvorstellungen.* Sie sind für den ganzen Lehrplan bestimmend und werden nicht durch Teilziele, die für den Lehrer zudem eine entmündigende Funktion haben, abgewertet. Sie bilden in sich ein pädagogisches Konzept, das in seiner Gesamtintention eindeutig erkenn- und diskutierbar ist und in den

Inhalten des Lehrplans seinen Niederschlag findet. Ansonsten bleibt der Lehrplan - trotz formaler Lernzielorientierung - ein pädagogisch kaum legitimierbarer Stoffplan.

2. Diesen Leitlinien gemäße *Hinweise für den Unterricht*. Sie brauchen aber nicht notwendig Bestandteil des Lehrplans zu sein, können vielmehr fachpädagogischen Veröffentlichungen vorbehalten bleiben.

3. Einen *Stoffplan*, der - wie bei den Richtlinien von 1963 - vor allem *Beispielcharakter* hat. Diese Offenheit ist Voraussetzung für die Orientierung des Lehrers an Erfahrungsmöglichkeiten des Schülers und an der Heimatnatur. Sie verhindert zudem, daß der Lehrplan - im Sinne der sog. "Chancengerechtigkeit" - primär für schulische Auslese Verwendung findet.

Eine *inhaltliche* Rückbesinnung auf die Richtlinien von 1963 darf selbstverständlich nicht ausschließen, daß neue, vor allem ökologische Erkenntnisse, Konsequenzen gesellschaftlicher Veränderungen, ein neues Bewußtsein von der ökologischen Situation unserer Erde und neuerkannte Möglichkeiten einer naturnahen Erziehung und Bildung in den Lehrplan eingehen. Auch sind in diesem Sinn Einzelheiten zu korrigieren: Ratten sind heute in der Regel kaum mehr "lästige Hausgenossen", vom Maikäfer als Gartenfeind braucht man - "leider" möchte man bedauernd hinzufügen - nicht mehr zu reden, die naive Einteilung von Kleinlebewesen in "Gartenfreunde" und "Gartenfeinde" bedarf zumindest einer ergänzenden Sichtweise. *Intentional* behalten jedoch die in den Richtlinien erwähnten Leitideen "Emotionalität", "Heimatorientierung", "unmittelbare Naturbegegnung", "praktische Arbeit im Schulgarten" ohne Abstriche ihre Gültigkeit. Sie wären allerdings in ein auf breiterer Grundlage basierendes pädagogisches Konzept zu integrieren.

2. Biologielehrpläne der Bundesländer - Versuch einer Typologie

Im folgenden wird der Versuch unternommen, die Biologielehrpläne für die Hauptschule aller Bundesländer typologisch zu erfassen. Im einzelnen wären hierbei vor allem folgende Aspekte zu berücksichtigen:

1. Ganzheitliche Betrachtung von Natur. Das bedeutet eine intellektuelle und emotionale Einheit bei Naturerlebnissen und -erfahrungen und außerdem die Sichtweise der Natur als Einheit; bei letzterem Aspekt müßten z.B. Biotope Berücksichtigung finden.
2. Heimatbezogenheit. Ein Identitätsbewußtsein mit der Natur ermöglicht es auch, Natur als Heimat zu erfahren bzw. sie hier bewußter wahrzunehmen und zu erleben.
3. Projektorientierung
4. Offenheit
5. Beobachten und Handeln in der Natur selbst. Schulgelände und Schulgarten haben hier eine herausragende Bedeutung.
6. Muße und Zeit für Naturerfahrungen
7. Lernen darf nicht zur Auslese mißbraucht werden.

Zunächst sollen jedoch die Lehrpläne nicht starr und schematisch analysiert werden. Ausgangspunkt ist vielmehr die Fragestellung, ob und inwieweit die Lehrpläne der Konzeption einer naturnahen Erziehung und Bildung insgesamt entsprechen bzw. welche anderen Konzeptionen sie entwickeln. Anliegen ist es also, sie nach ihren besonders herausragenden Merkmalen, ihren Hauptzielen und -strukturen zu charakterisieren.

Hauptschule schließt hierbei die Jahrgangsstufen fünf bis neun bzw. zehn ein, auch wenn in den einzelnen Bundesländern, vor allem für die Jahrgangsstufen fünf und sechs z. T. andere Bezeichnungen verwendet werden.

Was am Fach "Biologie" am meisten zu kritisieren ist, ist die *geringe Stundenzahl*. Auch wenn dies bei den folgenden Überlegungen nicht zum Ausdruck kommt, so ist es bei den Untersuchungsergebnissen stets mit zu berücksichtigen: Der "schönste" Lehrplan taugt nicht allzuviel, wenn dem Lehrer nur wenig Zeit für eine entsprechende Umsetzung in die Unterrichtspraxis zugestanden wird. Gerade ganzheitliches Lernen verträgt keinen Zeitdruck.

Außerdem sind die jeweiligen - zu einer naturnahen Erziehung und Bildung im Widerspruch stehenden - *Umsetzungsmöglichkeiten* von Zielen und Inhalten *in abfragbares Wissen* und letztlich *in Noten* zu bedenken, was gerade bei wissenschaftsorientierten und curricularen Lehrplänen relativ leicht möglich erscheint. Auch die weiter oben beschriebene *Isolation des Faches* im Fächerkanon der Schule - gesehen in bezug auf eine ganzheitliche naturnahe Erziehung und Bildung - bleibt bei der Charakterisierung unberücksichtigt.

Ansätze für ganzheitliche Naturbegegnung: Die Lehrpläne Baden-Württembergs (1984)

Die Vorbemerkungen vor allem der Lehrpläne der 5. und 6. Klasse enthalten - teilweise sogar viele - Momente einer naturnahen Erziehung und Bildung. So beginnen etwa die Ausführungen über den "allgemeinen Erziehungs- und Bildungsauftrag" der Hauptschule in Baden-Württemberg:

"Der Biologieunterricht hat den Auftrag, dem Schüler die lebendige Natur zu erschließen, Verständnis für ihre Eigenart zu wecken und Naturverbundenheit anzustreben.

Der Jugendliche lernt Pflanzen und Tiere kennen. Er bekommt einen Eindruck von ihrer Vielfalt und erhält Einblick in ihre Lebensbedingungen. ..."

Das "ganzheitliche Erfassen von Pflanzen und Tieren in ihrer natürlichen Umgebung (weckt) das Gefühl des Schülers für die Schönheit der Natur und regt sein ästhetisches Empfinden an " (S. 282).

Der Vorspann spricht auch von der "erlebnishaften Begegnung des Schülers mit Tieren und Pflanzen", von "ganzheitlicher Betrachtungsweise", von "unmittelbarer Begegnung mit den Lebewesen", von "erlebnishafter Zuwendung zur Natur".

Ähnliche Formulierungen finden sich auch in den Lehrplänen selbst:

5. Klasse:

"Der Schüler lernt Säugetiere aus seinem Erfahrungsbereich unter ganzheitlichem Aspekt kennen. ... Im Umgang mit den Tieren lernt der Schüler deren arteigene Bedürfnisse kennen, entwickelt Zuneigung und wird angeregt, Haustiere verantwortungsvoll zu pflegen und freilebende Tiere in ihrem Lebensraum zu schützen." (S. 285)

"Das Aufsuchen der Pflanzen in ihrer natürlichen Umgebung gibt dem Schüler die Möglichkeit des ganzheitlichen Erfassens von Pflanze und Standort, kann ihm einen Eindruck von der Schönheit der Natur vermitteln und zum Schutz gefährdeter Pflanzen anregen." (S. 286)

Auch auf der *6. Jahrgangsstufe* sind diesbezügliche Angaben zu finden:

Thema *"Pflanzen"*: "Der Schüler findet Freude am Sammeln, Ordnen und Ausstellen, erlebt an den Farben und Formen die Schönheit der Natur und kann die Notwendigkeit des Artenschutzes einsehen". (S. 287)

Thema *"Wirbeltiere"*: "Der Schüler soll in ganzheitlicher Betrachtungsweise typische Vertreter verschiedener Wirbeltierklassen sowie ihren Lebensraum kennenlernen ..." (S. 288)

Positiv für eine ganzheitliche Betrachtungs- und Erlebnismöglichkeit erweist sich auch die Beschränkung auf wenige Themen, die zudem schon von ihrer Formulierung her jeweils den Lebens- bzw. Heimatraum mit einschließen.

Trotz dieser ganzheitlichen Ansätze zeigt auch dieser Lehrplan bereits in seiner Themenübersicht, was als "eigentliche" Leistung der Schüler letztlich zu erbringen hat: kognitives abfragbares Wissen:

Beispiel: Klasse 6		Richtstundenzahl
Lehrplaneinheit 1:	Weitere Blütenpflanzen des Heimatraumes	24
Lehrplaneinheit 2:	Wirbeltiere in ihrem Lebensraum	32
Überprüfung der Schülerleistungen		4

Damit verlieren auch die zitierten Aussagen über ganzheitliche Naturerfahrungen viel an Bedeutung und Glaubwürdigkeit.

Die bayerischen Hauptschullehrpläne von 1985: "vereinfachte" Wissenschaftsorientierung

Die neuen Lehrpläne, die im Schuljahr 1986/87 für die bayerischen Hauptschulen verpflichtend eingeführt wurden, weisen zwar einige Neuerungen auf, die

Stellung des Faches wird damit aber nicht tangiert, eine Neuorientierung kaum bewirkt.

1. Positiv ist vor allem zu bewerten, daß die Vierspaltigkeit des Lehrplans, die auch formal eindeutig auf abfragbares Wissen abzielte, von einer *Zweispaltigkeit* abgelöst wird - die Rubriken lauten jetzt: "Lernziele/Lerninhalte", "Hinweise zum Unterricht" -, womit auch zum einen die fragwürdige Unterteilung in Ziele und Inhalte aufgegeben wird, zum anderen eine gewisse Wertneutralität der "Hinweise" sichergestellt ist.

2. Allerdings ist mit dieser formalen Abänderung die *einseitige Orientierung an kognitiven Wissensstoffen* nicht prinzipiell aufgegeben, zumal auch die *Themen* weithin *dieselben* geblieben sind.

So beginnt - wie gehabt - der Lehrplan mit folgenden Lernzielen bzw. Lerninhalten:

"Die Aufgaben von Skelett und Muskeln beim Menschen kennenlernen
- Hauptabschnitte des Skeletts; Stützaufgabe
- Bewegung eines Arm- oder Beingelenks durch Zusammenspiel von Knochen, Muskeln und Sehnen
- Schutzaufgabe der Knochen
- richtige Körperhaltung; Bewegung"

3. Wie schon dieser erste Lerninhalt zeigt, besteht ein *Zwiespalt* zwischen den *übergeordneten ganzheitlichen naturnahen Zielen* wie "bleibendes Interesse an der Natur, Freude an der Schönheit ihrer Erscheinungsformen, Staunen über die Tatsache des Lebens und die Vielfalt seiner Vorgänge und Formen, Achtung vor dem Lebendigen" und der *distanzierten analytisch-naturwissenschaftlichen, materialistischen Betrachtungsweise*, die für die einzelnen Themen vorgesehen ist.

4. Der Lehrplan hebt schon im ersten Satz der Vorbemerkung als Ziel hervor, daß sich im "Fach Biologie ... der Schüler mit der *lebendigen Natur*" befassen soll. Die "unmittelbare Naturbegegnung" wird auch in einigen "Hinweisen" zu den Themenangaben angesprochen. Bei den einzelnen Themen bleibt jedoch diese Orientierungsmöglichkeit in ersten Anfängen stecken.

5. Daß gleich im zweiten Satz der "Ziele und Aufgaben" darauf hingewiesen wird, daß der Schüler "*die Vielfalt der Tiere und Pflanzen*" im Fach Biologie kennenlernen soll, ist zu begrüßen. Allerdings ist diese Vielfalt im Lehrplan selbst kaum thematisiert. Wenn etwa im Vorentwurf des Lehrplans beim Thema

"Vögel" "Taube, Möve, Amsel" als einzige Arten namentlich genannt werden, so dürfte diese Reduktion genau die Realität der Unterrichtspraxis widerspiegeln bzw. vorwegnehmen.

6. Im Gegensatz zum curricularen Lehrplan werden wieder *Arten als Themen* genannt: Vögel, Fische, Insekten etwa. (Allerdings dürfte dies weniger in einer Neuorientierung des Faches als vielmehr in der formalen Umstrukturierung des Lehrplans begründet sein.) Damit ist wieder die Aufgabe einer konkreten Begegnung mit Tier- und Pflanzenarten in den Vordergrund gerückt. Wenn allerdings das Thema "Vögel" nur einmal - nämlich auf der 5. Jahrgangsstufe -, Themen wie "Insekten", "Lurche" u.a. auch nur einmal - auf der 5. und 6. Stufe - genannt werden, ja Arten als Themen nur diesen beiden Jahrgangsstufen vorbehalten werden, so kann dies in keiner Weise als befriedigende Lösung angesehen werden.

Begegnung mit der Vielfalt des Lebendigen, Kennenlernen der Artenvielfalt müßte im Mittelpunkt des Unterrichts stehen bzw. ein Leitthema für alle Jahrgangsstufen darstellen.

7. *Handlungsorientierung* ist kaum thematisiert. Zwar ist in den Vorbemerkungen "Arbeit im Schulgarten" erwähnt, bei den Themen wird jedoch nicht darauf eingegangen, wie diese Aufgabe einzulösen ist. Auch andere Möglichkeiten handlungsorientierten Lernens sind nur unzureichend berücksichtigt.

8. Auch wenn man einer *Umwelterziehung* mit Betonung der Schäden, die der Mensch durch sein Verhalten in der Natur anrichtet, im Fach Biologie aus pädagogischen Überlegungen heraus nur eine zweitrangige Stellung einräumt, so bietet die Aufnahme eines einzigen diesbezüglichen Themas in den Lehrplan - nämlich 7. Schuljahr, Thema 6 "Erhaltung naturnaher Lebensräume" - einen unzureichenden Ansatzpunkt.

9. Die Konzeption der *Menschenkunde* ist weiterhin sehr eng, didaktisch-pädagogisch manchmal geradezu primitiv. Ist diese Art Menschenkunde die angemessene Vorbereitung auf die entfremdete Zukunft, der der Hauptschüler ausgeliefert werden soll? Dieser Teil des Biologieunterrichts beansprucht zudem - im Hinblick auf die geringe Stundenzahl der Biologie - einen zu großen Themenanteil: 15 von 32 Einzelthemen. Zu kritisieren ist vor allem, daß in der 9. Jahrgangsstufe nur noch Menschenkunde gelehrt wird; gerade diese Zentrierung in der Abschlußklasse läßt auch auf die politische Funktion dieses Biologieschwer-

punktes schließen.

10. Dieses Lehrplankonzept in seiner Anhäufung von Themen degradiert den *Lehrer* wiederum zum *Ausführungsorgan von bürokratischen Vorschriften*. Die Orientierung an der heimatlichen Natur, Schulgartenarbeit, handlungsorientiertes Lernen, Projektunterricht u. dgl. sind zudem in einem einstündigen Biologieunterricht, wie er für die Jahrgangsstufen 7 bis 9 vorgesehen ist, kaum zu verwirklichen.

Wissenschaftsorientierung, Übernahme curricularer Terminologie, Lernen in der Natur: Die Berliner Rahmenpläne (1982/87)

In vieler Hinsicht anders, wenn nicht gar entgegengesetzt ist die Konzeption der Berliner Rahmenpläne. Sie beginnen für das 5. und 6. Schuljahr wie folgt:

"Im Biologieunterricht der Grundschule erwerben die Schüler *Kenntnisse* über wesentliche Erscheinungsformen des Lebendigen und naturwissenschaftliche Gesetzmäßigkeiten. Sie eignen sich grundlegende *Fähigkeiten und Fertigkeiten* an, die als Hilfen für die Bearbeitung biologischer Themen und Fragestellungen dienen können." (S. 1)

Hier haben System und Vokabular der Curriculumkonstruktion noch einmal kräftig "zuschlagen" dürfen!

Auch wenn an dritter Stelle "Einstellungen und Verhaltensweisen" erwähnt werden, so zeigen doch die Rahmenpläne insgesamt eine einseitige kognitive, naturwissenschaftliche Orientierung. Aspekthaftes Wissen, nicht ganzheitliche Naturbegegnung wird angestrebt.

Die Themen selbst weisen ebenso meist auf Detailaspekte des Lebendigen. Schon die erste Themenstellung ist von dieser Orientierung geprägt:

"Fortpflanzung, Wachstum und Entwicklung bei Lebewesen".

Zu berücksichtigen ist hierbei jedoch, daß die Themenstellung für ein ganzes Schuljahr gilt, so daß der Lehrer durch die Möglichkeit der Konzentrierung auf ein einziges Thema relativ leicht ganzheitliche Bezüge herstellen kann.

Allerdings weisen auch die einzelnen Ziele eine einseitig kognitive Orientierung auf. So lautet bereits das erste Unterrichtsziel:

"Ergänzung und Erweiterung vorhandener Kenntnisse über den Bau von Pflanzen, auch hinsichtlich ihres zelligen Aufbaus" (S. 8)

Der zweite Themenbereich - für das 6. Schuljahr vorgesehen - ist der Menschenkunde gewidmet. Biologie strebt auch in diesem Bereich analytisch-naturwissenschaftliche, quasi technologische Kenntnisse an:

"Der menschliche Stütz- und Bewegungsapparat(!) und seine Gesunderhaltung"

Die Nähe zum bayerischen Lehrplan ist unverkennbar.

Im 7. Schuljahr wird die Wissenschaftsorientierung noch weiter vorangetrieben:

"Die Schüler sollen grundlegende Kenntnisse von der Regelhaftigkeit der Lebenserscheinungen und den Methoden der Biologie gewinnen; der hypothetische, modellhafte Charakter wissenschaftlicher Erkenntnisse ist in diesem Zusammenhang bewußt zu machen." (S. 3)

Andererseits empfehlen die Rahmenpläne dem Lehrer immer wieder, *Kontakte zur Natur außerhalb des Schulzimmers aufzunehmen*. Die betr. Hinweise werden hier wiedergegeben, weil sie mit ihren konkreten Angaben einen unübersehbaren Aufforderungscharakter haben, dem Lehrer zudem die Berechtigung geben, die heimatliche Natur immer wieder aufzusuchen und in dieser ihrer Orientierung auch für andere Lehrpläne vorbildhaft sein können. Allerdings ist auch hier zu fragen, inwieweit regionale Materialien vorhanden sind, die für den Lehrer eine Hilfe zur Einlösung der betreffenden Empfehlungen darstellen.

5. Klasse

"Gelegenheiten zur Anschauung sind z.B. der Besuch von Schulgärten, Gartenarbeitsschulen, Park- und Grünanlagen, ggf. des Botanischen Gartens, die Erkundung von Grünstreifen, Straßenrändern und Schulhöfen" (S. 11)

"Beobachtungen von Bäumen, von Sträuchern und anderen Pflanzen in Gärten, Park- und Grünanlagen während der Blütezeit verdeutlichen den Zusammenhang zwischen Blütenform und Bestäubungsmechanismus" (S. 13).

7. Klasse

"Einfache biologische Erhebungen bzgl. des Tierbestandes in einem eng begrenzten Gebiet (z.B. Schulgelände, Wiese, Park, Waldstück, Seeufer, Teich u.a.)" (S. 11)

"Die Durchführung von Verhaltensbeobachtungen an freilebenden Tieren hat besonderen Wert.

Möglichkeiten dazu bieten u.a.: Krähenflug auf dem Schulgelände; Tauben am Futterplatz; Verhalten eines Spatzentrupps; Paarverhalten von Stockenten; Bienen beim Blütenbesuch; Hassen von Singvögeln auf Greifvogel-Attrappen u.a." (S. 13)

"Feldbiologische Untersuchungen und Erhebungen sind für den Schüler dann besonders wertvoll, wenn er damit Kenntnisse über biologische Zusammenhänge in seiner alltäglichen Umwelt erhält (Großstadtbiologie) und dadurch Interesse geweckt werden kann.

Die Möglichkeiten für feldbiologische Erhebungen sind für die einzelnen Berliner Schulen unterschiedlich. Schulgelände mit hinreichendem Bewuchs, Schulgarten, Park, Wald, Tümpel und Seen scheiden für einige Schulen als Untersuchungsgebiete im stundenplanmäßigen Unterricht aus. Ersatzweise bietet sich in diesen Fällen die Durchführung von *Exkursionen* mit klar abgegrenzter Fragestellung an. Empfohlen werden vor allem die Benutzung von Waldlehrpfaden, Besuche des Botanischen Gartens und Unterricht in den Schülerarbeitsgärten." (S. 19 f.)

Für das 8. Schuljahr entfällt Biologie. In den beiden folgenden Klassenstufen 9 und 10 ist nur Menschenkunde vorgesehen. So bleiben Pflanzen und Tiere für drei Jahre an Berliner Schulen - neben Hauptschule gilt dies auch für die anderen weiterführenden Schulen - ausgeschlossen. Für Hauptschüler, Realschüler und einen Großteil der Gesamtschüler sind damit die letzten drei Jahre ihres Schulbesuchs "naturfrei".

Einführung in naturwissenschaftliche Denk- und Arbeitsweisen: Die Bremer Lehrpläne (1977/81)

Deutlicher noch als die Berliner Rahmenrichtlinien zeichnen sich die Bremer Lehrpläne durch Wissenschaftsorientierung aus. In diesem Bundesland gehört Biologie - neben Physik und Chemie - zum Fachbereich "Naturwissenschaften", für dessen einheitliche Konzeption ein "Spiralcurriculum" geschaffen wurde. Als Globalziel ist hierbei für die Orientierungsstufe (5. und 6. Schuljahr) vorgesehen: "die Schüler (sollen) die *allgemeinen Denk- und Arbeitsmethoden* der Naturwissenschaften erlernen".

Im Vorspann für Biologie heißt es dann folgerichtig:

"In früheren Lehrplänen wurde die Biologie häufig bewußt von der Chemie und Physik abgetrennt und besonders behandelt. Man begründete dies mit der Besonderheit der Lebensphänomene und mit der descriptiven

Fachwissenschaft.

Die Biologie ist indessen eine Naturwissenschaft, für die die übergeordneten Lernziele genauso gelten wie für Physik und Chemie.

Die Biologie beschäftigt sich mit Entstehung, Entwicklung, physiologischen Faktoren, Verhalten und Umweltbeziehungen von Organismen. Die Beziehungen zwischen den Lebewesen sind als ökologische Systeme erklärbar; diese Systeme sind vielfältig verknüpft und leicht störbar.

Der Biologieunterricht der Orientierungsstufe soll darauf hinzielen, den Schülern einen Einblick in allgemeine biologische Phänomene zu vermitteln, die für den Biologieunterricht in allen Klassen bedeutsam sind.

Solche Grundphänomene sind z.B.:
'Lebewesen sind aus Zellen aufgebaut'
'Lebewesen sind ausgezeichnet durch Ernährung und Wachstum'
'Lebewesen pflanzen sich fort'"

Lebensräume und Jahreszeiten - bestimmende Merkmale für das Leben in der Natur - werden weitgehend ausgeschlossen.

"Ein derartig ausgerichteter Biologieunterricht erfordert eine weitgehende Abkehr von der monographisch-systematischen Betrachtungsweise, aber auch von einer Gliederung nach Lebensräumen oder Jahreszeiten."

Die "Allgemeine Vorbemerkung zum Fachbereich Naturwissenschaften" für die 7. Klasse - sie gilt auch für die Klassen 8 und 9 - führt die streng naturwissenschaftliche Orientierung konsequent fort:

"Der Schwerpunkt im Bereich der Naturwissenschaften liegt ... im Erlernen von naturwissenschaftlichen Arbeits- und Denkmethoden. Einen Grundbestand an naturwissenschaftlichen Fakten muß jeder naturwissenschaftliche Unterricht vermitteln.
- Der Schüler soll befähigt werden, Fakten in Zusammenhänge einzuordnen, um daraus begründete Vermutungen und Einsichten abzuleiten.
- Der Schüler soll lernen, wie er Experimente planen, durchführen und auswerten kann, denn er begreift und behält am ehesten, was er durch das Experiment erarbeitet hat. Auch ist das Experiment Grundlage aller naturwissenschaftlichen Erkenntnisse."

Auch hier erfolgt die Zuordnung von Biologie ohne Brüche und Einschränkungen.

"Die Biologie beobachtet, beschreibt und vergleicht die Gestalt und den inneren Bau der Lebewesen, untersucht den Ablauf der Entwicklung der Organismen im Laufe der Individual- und Erdgeschichte, deckt die Beziehungen der Lebewesen zueinander und zu ihrer Umwelt auf und versucht in immer stärkerem Maße, Kausalzusammenhänge der Lebensvorgänge qualitativ und quantitativ experimentell zu erfassen und durch Modellvorstellungen zu deuten. Sie systematisiert und erforscht Gesetzmäßigkeiten. In diesem Zusammenhang sind Chemie und Physik wichtige Hilfswissenschaften der Biologie."

Die meisten *Themen* sind logischerweise ebenfalls naturwissenschaflich orientiert:

5. Schuljahr
1. Zelle und Mikroskop
2. Der Mensch und die Tiere
3. Sinnesphysiologie
4. Sexualität

6. Schuljahr
1. Nahrung und Hunger
2. Gleichgewicht von Sauerstoff und Kohlendioxyd in der Luft III
3. Erste Hilfe I

Auch das Thema, das sich von der Formulierung her noch am ehesten ganzheitlichen Naturbegegnungen öffnen könnte, ist in Hinblick auf das Erreichen kognitiv-analytischer Kenntnisse reduziert. (Siehe S. 222)

Die Themen der Lehrpläne der Jahrgangsstufen 7 bis 9 zeichnen sich durch keine neue Akzentuierung aus und können daher hier unberücksichtigt bleiben.

Mit naturnaher Erziehung und Bildung haben die Lehrpläne nichts gemeinsam. Die im folgenden vorgetragene Kritik an den hessischen Rahmenrichtlinien trifft auch voll auf die hier vorgestellten Lehrpläne zu.

LERNZIELBEREICH			
Richtung der Behandlung	**Kenntnisse**	**Fertigkeiten/ Verhaltensdispositionen**	**Begriffe/ Fachsprache**
Die biologische Art Mensch mit **den** Tieren vergleichen und seine Besonderheiten erkennen. A. Finden von Gemeinsamkeiten und Ordnungskriterien innerhalb einer Gruppe von Lebewesen.	**Wirbeltiere** 1. Alle Tiere, deren Körper durch ein Knochengerüst gestützt wird, sind Wirbeltiere. 2. Das Skelett eines Wirbeltieres gliedert sich in Schädel, Wirbelsäule und vier Gliedermaßen. 3. Wirbeltiere haben im Bau des Skeletts viele Gemeinsamkeiten, unterscheiden sich aber durch ihre äußere Gestalt erheblich. 3.1. Durch ihre Körbedeckung (Haare, Federn, Hornschuppen, Knochenschuppen, Schleim, nackte Haut). 3.2. Durch die Art ihrer Fortpflanzung (lebendige Junge, Eier verschiedenster Größe, Beschalung und Anzahl). 3.3. Durch die Form ihrer Brutpflege. 3.4. Durch den Gebrauch ihrer Gliedmaßen. 3.5. Durch ihre Abhängigkeit von einem bestimmten Lebensraum. 4. Wirbeltiere gliedern sich in Fische, Amphibien, Reptilien, Vögel und Säuger. 5. Der Mensch gehört zu den Säugern.	1. Einige Vertreter der bekannten Wirbeltierklassen nach Abbildungen oder Präparaten benennen. 2. Die Gemeinsamkeiten der Wirbeltierklassen an deren Skeletten erkennen und benennen. 3. Das Skelett eines Wirbeltieres dem Stopfpräparat derselben Wirbeltierklasse zuordnen. 4. Die bekannten 5 Wirbeltierklassen an Hand ihrer Körperbedeckung erkennen und benennen. 5. Eine Tabelle über die 5 Wirbeltierklassen anfertigen, in der die Körperbedeckung, die Art der Fortpflanzung, die Form der Brutpflege, der Gebrauch der Gliedmaßen, der Lebensraum als Spalten berücksichtigt werden. 6. Wirbeltiere und Mensch einer bestimmten Wirbeltierklasse zuordnen.	Skelett Präparat (Stopfpräparat) Alkoholpräparat Trockenpräparat, Bioplastik Wirbel Wirbelsäule Gliedmaß Wirbeltiere Hornschuppen (trockene Schuppen) schleimbedeckte Knochenschuppen (nasse Schuppen) (Säugetiere) Säuger Vögel Reptilien Amphibien (Lurche) Fische Fortpflanzung Brutpflege Lebensraum

Abbildungen, Präparate und Skelette werden aufgeführt: daß man sich auch mit lebendigen Tieren beschäftigen könnte, wird nicht einmal in Erwägung gezogen.

Naturwissenschaftliche Systematik, Offenheit und Naturnähe als Kennzeichen der Hamburger Lehrpläne von 1979 und 1985

Zwischen naturnaher Erziehung und "Kult" des Intellekts: die Hamburger Richtlinien für die Orientierungsstufe (1979)

In den "Allgemeinen Hinweisen der Didaktik" werden eine Reihe naturnaher Prinzipien angesprochen. So beginnen diese mit folgender Zielbestimmung:

"Der Biologieunterricht in den Jahrgangsstufen 5 und 6 soll beim Schüler Freude und Interesse an der Beschäftigung mit der belebten Natur entwickeln und wachhalten." (S. 3)

Daher ist der Unterricht

"so anschaulich und interessant wie möglich zu gestalten. Der Beobachtung und Untersuchung lebender Pflanzen und Tiere ist der Vorzug zu geben." (S. 6)

Auch die Erfahrungsmöglichkeiten des Schülers sollen berücksichtigt werden:

"Die für den Unterricht ausgewählten biologischen Objekte bzw. Inhalte sollen für den Schüler auch im außerschulischen Erfahrungsbereich zugänglich sein." (S. 7)

Bei einer so lebensnahen Unterrichtskonzeption ist es verständlich, daß man bemüht ist, über den engen schulischen Bereich hinaus Anregungen zu vermitteln,

"z.B. durch
- Angebote außerunterrichtlicher Neigungskurse, die möglicherweise häufiger im Biotop als im Klassenzimmer stattfinden (z.B. Aquarien-/Terrarienhaltung, Kaulquappen-/Froschaufzucht, Mäuseaufzucht/-verhalten, Arbeit im Biogarten, Vogelbeobachtungen/-gesänge, ...),
- Förderung einer Sammelleidenschaft, die sich vielfach bei Kindern dieser Altersstufe ausprägt (z.B. Blättersammlung als Halbjahresauftrag; Anregungen zum Sammeln von Blüten, Federn, Knochen, Fraßspuren, ...),
- Vorstellung von Jugendverbänden, die aus einem gemeinsamen Interesse an der Beschäftigung mit der Natur gebildet worden sind (z.B. DJN - Deutscher Jugend-Naturbund, Waldjugend in der Schutzgemeinschaft Deutscher Wald e.V., Bund für Vogelschutz, ...)" (S. 7)

Andererseits weisen die Richtlinien immer wieder darauf hin, daß im Unterricht primär naturwissenschaftlich-systematische Erkenntnisse vermittelt werden sollen:

"In Anbetracht der zur Verfügung stehenden Zeit muß im Unterricht die Vermittlung von Kenntnissen über einzelne Lebewesen zurücktreten, wenn die Kenntnisse nicht dazu beitragen, Zusammenhänge durchschaubar zu machen oder Gesetzmäßigkeiten zu erkennen." (S. 6)

Eine breit dargestellte Systematik zählt die Fähigkeiten auf, die im Unterricht erworben werden sollen.

So ist es auch verständlich, wenn die Liste von Anforderungen, der am Ende der Klassenstufe 6 in der Regel alle Schüler genügen sollten, vor allem kognitive Fähigkeiten und Kenntnisse anführt.

Die Richtlinien widmen darüber hinaus fünf Seiten den vom Schüler zu erbringenden formalen Lernleistungen und den entsprechenden Überprüfungs- und Bewertungsmöglichkeiten. (S. 10 - 15) Hier wird ein "Kult" des Intellekts entwickelt, der naturnaher Erziehung und Bildung diametral entgegensteht.

Den Hinweisen der Richtlinien entsprechend bieten die *Inhalte* wieder viele Anregungen, die Interesse an einem Umgang mit Tieren und Pflanzen wecken können.

Das erste Tier, dem ein Thema gewidmet ist, ist der Storch.

Zwar ist berechtigterweise zu fragen, wie die Wahl des Themas mit den einleitenden Hinweisen in Einklang zu bringen ist, nach denen Tiere und Pflanzen aus dem Erfahrungsbereich des Schülers bevorzugt zu behandeln sind. Oder gibt es in Hamburg noch Störche? Die Richtlinien vermitteln keine entsprechenden Erkenntnisse.

Das Thema "Storch" ist so gegliedert, daß ganzheitliche, anschauliche und konkret-naturnahe Aspekte zum Zuge kommen.

Positiv fällt bei den Richtlinien auch auf, daß

1. für die beiden Jahrgangsstufen 5 und 6 *ein* gemeinsamer Plan gilt,
2. für die genannten Klassenstufen nur vier übergreifende Schwerpunktthemen genannt sind,
3. sie für alle Schularten gemeinsam gelten.

Systematik mit starker Betonung von Naturnähe und Offenheit: Die Hamburger Lehrpläne für die Beobachtungsstufe und die Haupt- und Realschule von 1985

In vieler Hinsicht scheinen mir die Hamburger Lehrpläne von 1985 vorbildlich. Zum einen betonen sie Grundsätze einer naturnahen Erziehung und Bildung: Der "gefühlsmäßige Zugang zur Natur" soll im Unterricht Berücksichtigung finden, wiederholt wird auf die Notwendigkeit hingewiesen, Natur "draußen" zu erleben und zu erfahren. Der Lehrplan faßt je zwei Jahrgangsstufen zusammen, die Themen sind mit wenigen Einzelangaben versehen. Die verpflichtenden Inhaltsvorgaben für zwei Jahrgangsstufen etwa sind auf 1 1/2 Seiten zusammengefaßt. Pro Jahrgang begnügt man sich so mit etwa zwanzig Zeilen. Das sind fast schon ideale Reduzierungen.

Der zweite Teil des Lehrplans stellt dann eine Handreichung dar, in der die Themen detailliert entfaltet sind und die so dem Lehrer wichtige Anregungen bietet. Aber die Zweiteilung zeigt klar, was verpflichtende Vorgaben sind und was nur als Anregung gilt.

Die Reihenfolge der Themen innerhalb eines Zweijahresblocks kann zudem verändert werden. Diese Offenheit wird auch fachlich begründet:

"Speziell das Fach Biologie erfordert Flexibilität in der Zeitplanung, weil jahreszeitlich gebundene Phänomene, wie Blütenzeiten, Fruchtreife, Flugzeiten von Insekten o. ä., berücksichtigt werden müssen." (S. 7)

Offenheit bezieht sich auch auf die Reduzierung der gestellten Themen:

"Ausgangspunkt für die Zeitplanung ist, daß etwa 30% der für Biologie festgesetzten Jahreswochenstunden nicht verplant werden, so daß etwa 50 Stunden pro Schuljahr für die Themen des Lehrplans zur Verfügung stehen. Die nicht durch den Lehrplan ausgefüllte Zeit kann der Lehrer nach eigenem Ermessen für andere Themen oder zur Vertiefung der Lehrplanthemen nutzen." (S. 7)

Man sollte Lehrer fragen, ob sie diese Offenheit auch so groß sehen und was sie mit ihr anfangen.

Allerdings bleibt auch dieser Lehrplan bei einer additiven Auflistung von Einzelthemen stehen. 5/6. Jahrgangsstufe: Säugetiere, Mensch, Kriechtiere, Vögel usf. Dabei ist in den "Grundsätzen" viel Bedenkenswertes für eine ganzheitliche naturnahe Erziehung zu finden. So sollen die Schüler "die Natur in ihrer unmittelbaren Wohnumwelt" kennenlernen, Unterricht soll sich auf den "Hamburger Raum" beziehen (S. 4).

"Begegnungen mit Pflanzen und Tieren lassen sich durch häufiges Beobachten der Objekte (?) am natürlichen Standort bzw. in ihrem Lebensraum erreichen. Das Schulgelände und die nähere Umgebung in der Schule bieten auch in der Großstadt im allgemeinen Gelegenheit dazu. Pädagogisch sinnvoll ist die Pflege von Pflanzen im Schulgarten ..." (S. 4)

Diese Leitlinien werden im zweiten Kapitel der dem Biologieunterricht übergeordneten "Aufgaben und Ziele", bei "Organisation/Arbeitsformen" noch konkret entfaltet:

"Schüler der Großstadt begegnen der Natur häufig nur in Form von Sekundäreindrücken. Der Biologieunterricht muß ihnen daher, wo es irgend geht, die Realbegegnung mit den biologischen Phänomenen ihrer Umwelt ermöglichen. Das bedingt eine relativ häufige Verlagerung des Unterrichts aus dem Klassenzimmer heraus in den Tierpark oder den Botanischen Garten, in den Wald ..., in die nächstliegende städtische Anlage und natürlich in den Schulgarten oder den Schulbiotop. Es bedingt auch Informationsgänge bzw. -fahrten an Gewässer ..., in einen Obstbaubetrieb oder Gemüsebaubetrieb, ins Tierheim, in eine Kläranlage." (S. 6)

Von diesen Prämissen ausgehend könnte man einen Lehrplan entwerfen, der vor allem von zwei Leitgedanken geprägt ist. Erstens: Von der Idee der Naturerfahrung im heimatlichen Raum - Meer, Park, Feuchtwiesen, Botanischer Garten, Zoo, Naturschutzgebiete, Museen wären hier beispielhaft zu nennen. In seinen Allerweltsformulierungen ist der Lehrplan jedoch austauschbar mit denen fast aller Bundesländer. Gerade Stadtstaaten wären doch in der Lage, Lehrpläne zu konzipieren, die nicht nur in den "Grundsätzen" heimatbezogene Naturerfahrungen ansprechen, sondern die diese ganz konkret darstellen. Nordsee und Lüneburger Heide sind auch für ein "Südlicht" wie mich prägende Naturelemente, die einem Hamburger wohl vorzügliche Zugänge zu einem ganzheitlichen Naturverständnis schaffen könnten. Naturschutzverbände wären in ihrer Vermittlerfunktion hierbei herauszustellen.

Die heimatliche Konkretisierung fehlt leider auch bei den Handreichungen. Lediglich am Schluß der einzelnen Schwerpunkte, die oft einige Seiten füllen, sind unter der Überschrift "Vorschläge für Ergänzungsthemen, Projektthemen und ergänzende Veranstaltungen" diesbezügliche konkrete Angaben gemacht. So steht beim ersten Schwerpunkt "Säugetiere" u.a.: "Gang in den Zoo", "Besuch eines landwirtschaftlichen Betriebes", "Beobachtung eines Melkbetriebes", "Besuch eines Wildparks oder Zoologischen Museums". Zum einen muß man fragen: Kann man in einem Stadtstaat nicht konkretere Angaben machen? Wo können beispielsweise Hamburger Klassen einen landwirtschaftlichen Betrieb besuchen? Da könnten Betriebe beschrieben und Besuchsmöglichkeiten genannt werden. Gibt es Handreichungen für den Lehrer beim Besuch des Zoologischen Gartens? Gibt es einen Streichelzoo? Hat denn Hamburg so viele Zoologische Museen, daß man sie nicht konkret benennen könnte? u.a. Warum wird das Zentrale - so wie es in den Grundsätzen auch benannt wird, nämlich die originale heimatbezogene Naturbegegnung - an den Schluß gedrängt als "ergänzende Thematik"? Warum wird nicht gezeigt, wie Projektunterricht mit den Themen beispielhaft aussehen könnte? - Die ergänzenden Vorschläge sind zudem nur beim Themenblock für die Jahrgangsstufen 5 und 6 zu finden.

Der zweite Leitgedanke einer naturnahen Erziehung könnte das Beobachten und Arbeiten im *Schulgarten* und auf dem *Schulgelände* sein. Warum ist nicht wenigstens *ein* Thema dieser Möglichkeit, Natur ganzheitlich zu erleben und zu erfahren, gewidmet? Auch hier klaffen "Grundsätze" und "Stoffe" auseinander.

Die zweifelsohne nützliche "Handreichung zum Lehrplan" (1985) mit einer "Auswahl von audiovisuellen Medien, Experimenten und Literatur" wird die Tendenz verstärken, den Lehrer mehr auf das Mediale zu fixieren als zur originalen Naturbegegnung zu motivieren.

Mit der allgemein üblichen medienorientierten und wenig anregenden Systematik ist das Problem der Stoffülle verbunden. Wenn man etwa auf S. 84 der "Handreichungen" den Themenschwerpunkt "Naturpyramide im Ökosystem See" herausgreift, so sind hier nur abstrakt naturwissenschaftliche Gesetzmäßigkeiten formuliert. Wo bleibt da der Zauber eines Sees, eines bestimmten Hamburger Sees?

Die additive Aneinanderreihung von Inhalten führt zum "Abhaken" von Lerninhalten. Manches, was heute ein Neuntkläßler über die Natur wissen soll, weiß ich nicht, obwohl ich mich seit meiner Jugend der Natur verbunden weiß. Kumulierung von Wissen als Voraussetzung für Verstehen von Natur und ein naturgemäßes Leben? Diese Vorstellung widerspricht einer naturnahen Erziehung und Bildung.

Dieser Widerspruch zwischen emotionaler Naturnähe und distanziertem abstraktem Wissen ist wohl auch darin begründet, daß sich der Lehrplan, speziell die einleitenden "Fachziele" und "Arbeitsformen" - ähnlich wie die Richtlinien für die Orientierungsstufe von 1979 -, zu sehr an naturwissenschaftlichen Vorbildern orientiert.

Daß im Themenblock für das 9. und 10. Schuljahr Natur im Sinn einer emotional-ganzheitlichen Betrachtungsweise kaum mehr in den Blick kommt - wo doch die "Grundzüge" für alle Jahrgangsstufen gelten sollen -, sei hier ergänzend vermerkt. Der Erwachsene hat sich der Natur gegenüber distanziert-objektiv zu verhalten - gelebte Naturnähe könnte gesellschaftlich vermittelte Naturzerstörung erschweren, der Mensch wäre wohl für politisch geforderte Naturzerstörung nicht mehr so leicht einsetzbar. So darf man anscheinend nur Kindern eine emotional-ganzheitliche Naturbegegnung zubilligen.

Wo allerdings Wissen angezeigt wäre - bei Artenkenntnis -, da scheint bei Schülern und vermutlich auch bei vielen Lehrern eher eine Leerstelle zu bestehen. Würde es für letztere vielleicht eine allzu große Herausforderung darstellen, wenn man diesen Aspekt auch im Lehrplan zur Sprache brächte? Wie wäre es, wenn man den Lehrer aufforderte - der doch mindestens 100 Baum- und Pflanzenarten kennen sollte -, im Umgang mit der Natur seinen Reichtum an diesem Wissen an die Schüler weiterzuvermitteln? Angestrebt dürfte hierbei kein abfragbarer Wissenskanon sein, vielmehr ein Vertrautwerden mit der Natur, deren "Objekte" (Lehrplansprache!) man dann auch namentlich ansprechen könnte. Man sehe sich die Handreichung beim Thema "Vögel" an. Schwerpunkte sind hier Körperbau, Gefieder und Flugfähigkeit, Fortpflanzung, Vogelschutz, Anpassung und Nutz- und Heimtiere. Lediglich beim letzten sind Arten genannt: Hühner und Tauben. Na, die kennt wohl jeder!

Sehr erfreulich, daß nicht nur die verantwortliche Behörde, sondern auch die betreffenden Autoren im Lehrplan aufgeführt werden. So kann sich jeder Lehrer an die Verfasser direkt wenden.

Emanzipation als Leitziel: Die hessischen Rahmenrichtlinien (1978)

Im Gegensatz zu den meisten anderen Bundesländern bauen die Rahmenrichtlinien auf einem detailliert ausgearbeiteten pädagogischen Konzept auf, das auch durch die Rückgriffe auf Habermas legitim mit dem Begriff "Emanzipation" umschrieben werden kann. Positiv ist bei den Richtlinien auch zu würdigen, daß ihre Verfasser erwähnt und in ihrer beruflichen Funktion vorgestellt werden.

"Oberstes Ziel des Unterrichts soll sein, die Schüler zu befähigen, jetzt und später im privaten und öffentlichen Bereich auch in solchen Situationen sachbezogen und verantwortungsbewußt zu entscheiden und zu handeln, in denen Entscheidungen und Handlungsweisen biologisches Verständnis und problemlösendes Denken erfordern." (S. 14)

Bei den "Grundsätzlichen Überlegungen zum Lernprozeß im Biologieunterricht" heißt es weiterhin:

"Wenn der Unterricht die Schüler tatsächlich befähigen soll, jetzt und in ihrem späteren Leben Situationen unter Mitverwendung biologischen Wissens zu bewältigen, so muß der auf koordinative Lernziele ausgerichtete Unterricht in Allgemeiner Biologie *problemorientiert* sein, und zwar von Anfang an." (S. 42)

Durch die Zielangaben wird Emanzipation wesentlich auf seine kognitive Dimension reduziert:

problemlösendes Denken
⟶ "richtiges" Entscheiden
⟶ "richtiges" Handeln

Dem Plan scheint der (Aber-)Glaube zugrunde zu liegen, man müsse nur möglichst viel über die Natur wissen, dann handle man schon richtig. Das Wissen wird daher strukturiert und systematisiert, der Lernprozeß detailliert dargelegt.

Völlig übersehen wird dabei, daß das richtige Handeln eine gefühlsmäßige Bindung zur Natur voraussetzt, deren Basis ganzheitliche Naturerfahrungen sein müssen.

Das erste Thema der Biologie überhaupt lautet:
Angeborenes und erworbenes Verhalten

Als Ziele werden genannt:
"*Koordinative Lernziele*
1 An Hand von Beispielen aufzeigen können, daß Verhaltensweisen beim Umgang miteinander bei Tieren in der Regel angeboren sind, während angeborene Verhaltenskomponenten bei Menschen weitgehend durch Lernen überlagert werden.
2 Angeben können, daß der Mensch auf verschiedene Weise lernen und einsichtig handeln kann. ...

Materielle Lernziele
1 Erworbene bzw. angeborene Verhaltensanteile unterscheiden können.
2 Angeborene Bewegungsabläufe als Beispiele für instinktives Verhalten nennen.
3 Die Wirkung von Schlüsselreizen beim angeborenen Verhalten erläutern können. ..." (S. 62 f.)

Die Ziele sind rein kognitiver Art, heben die Sonderstellung des Menschen hervor und führen damit zwangsläufig zu einer Diskriminierung der übrigen Lebewesen. Der Mensch ist derjenige, der - siehe Globalziel - "auf verschiedene Weise lernen und einsichtig handeln kann". Was dabei herauskommt, erfahren wir ja tagtäglich! Die Formulierung der Themenstellung läßt gar keine andere Wahl als die Hierarchisierung der Lebewesen. Die "möglichen Themen" weisen auf Eichhörnchen, Mäuse und Goldhamster. Na, *diese* Konkurrenz braucht der Mensch ja wohl kaum zu fürchten! Das Verhalten der in zwei Themen erwähnten Vögel ist - den Formulierungen nach zu schließen - sowieso weitgehend vom Instinkt geprägt. Dabei zählen Dohlen und Gänse - wie Konrad Lorenz stets von neuem uns anschaulich schildert - zu den intelligentesten Lebewesen!

Ganzheitliche Naturbegegnung ist kein Anliegen des Lehrplans. Natur wird kognitiv "verarbeitet", die Forderung, Natur aufzusuchen, wird nur einmal vorgetragen - beim Thema "Frösche" - und dies auch nur in kognitiver Absicht.

Die im Lehrplan aufgelisteten Lernziele streben eine distanziert-analytisch-naturwissenschaftliche Betrachtungsweise an - Voraussetzung für und Einübung in einen Umgang mit der Natur, wie er in unserer Gesellschaft gepflegt wird. Schule bereitet auf diese

Weise in systemadäquater Weise auf das "Handeln" in unserer Gesellschaft vor. Wenn dann der Umgang mit Lebewesen nur dem Zweck dient, die herausragende Stellung des Menschen stets neu zu thematisieren, braucht sich bei diesem systemadäquaten Handeln wohl kaum ein schlechtes Gewissen zu rühren. Die objektivierte Sprache in ihrer scheinbaren Neutralität hilft das egozentrische Interesse zu verschleiern und die Entfremdung des Menschen von der Natur auch vom Sprachlichen her zu gewährleisten.

Emanzipation primär mit der Sonderstellung des Menschen begründen zu wollen, dürfte ein äußerst fragwürdiges Unternehmen sein. Emanzipation müßte heute vor allem auch auf die Fähigkeit abzielen, die Einheit mit der Natur neu zu finden und zu schaffen. Das kann nur möglich sein, wenn die prinzipielle Gleichheit aller Lebewesen akzeptiert und stets aufs neue thematisiert wird.

Emanzipation könnte man aber vielleicht auch wie folgt interpretieren:

- weniger handeln, aber bewußter leben;
- leben im Einklang mit der Natur, d.h. auch: "beschränkter" handeln; "small is beautiful" gilt auch für das Handeln; eine "Askese des Handelns" wäre zu entwickeln;
- Sich-eins-Fühlen mit der Natur heißt auch gleichsam meditativ mit der Natur leben;
- "Schönheit der Natur einfühlsam genießen" wäre ein weiteres Element.

Die Nennung alternativer Vorschläge kann die "Beschränktheit" der oben genannten Themenstellung und Zielvorstellungen und die angesprochenen alternativen Zielvorstellungen verdeutlichen:

Vorschlag für das Thema "Verhalten"

Das Verhalten der verschiedenen Lebewesen ist sehr unterschiedlich - auffällig und heimlich, abwechslungsreich und monoton; teilweise ist es uns bekannt, teilweise könnten wir auch völlig Neues entdecken; es kann Neugierde wecken, Interesse, Staunen und Freude hervorrufen, zu weiterem Beobachten, zum Lernen und Nachahmen auffordern.

Mögliche Ziele:

Besondere Verhaltensweisen von Lebewesen beobachten, studieren und Eindrücke, Erlebnisse und Verhaltensweisen sprachlich vermitteln.

In Zusammenhang mit dem Verhalten bestimmte Charaktereigenschaften von Tieren herausfinden.
Im Gespräch in Erfahrung bringen, inwieweit wir uns mit den Charaktereigenschaften identifizieren wollen und können.
Sich darüber unterhalten, welche Eigenschaften von Tieren uns liebenswert erscheinen und welche Verhaltensweisen uns neugierig machen.
Darüber nachdenken, welche Tiere wir in Zukunft besonders beobachten wollen.
Gründe suchen, warum uns ein Verhalten sinnvoll bzw. nicht sinnvoll erscheint.
Überlegen, ob und was Tiere lernen.
Von Tieren lernen, wie sie ein Verhalten entwickeln und praktizieren, durch das sie im Einklang mit der Natur leben können.
Übergreifendes Ziel müßte stets sein, Unterricht so zu gestalten, daß er Freude beim Beobachten von Tieren weckt.
Beispiele für Tiere:

Katzen:	Anmut, Gewandtheit, Konzentration, Ausdauer, Anschmiegsamkeit und Distanz miterleben
Vögel:	Den Gesang von Vögeln als etwas Schönes erfahren und Interesse gewinnen, Vögel an ihrem Gesang zu erkennen Gänse, Dohlen und Spatzen mit ihren vielfältigen Ausdrucksformen und in ihrem intelligenten und sozialen Verhalten erleben
Delphine:	Geschicklichkeit, Klugheit, Intelligenz, Gewandtheit, Mut, Verständigungsmöglichkeiten erleben
Elefanten:	die Kraft der Elefanten, gleichzeitig die Anmut ihrer Bewegungen bewundern, die Sanftheit der Riesen, vor allem bei der Aufzucht ihrer Kinder, nachempfinden lernen.

Allerdings ist nicht nur die Themenstellung "Angeborenes und erworbenes Verhalten" analytisch-reduziert, auch das Erleben von Tieren allein durch ihr Verhalten, das vorher nicht durch Kategorien fixiert ist, zu vermitteln, beinhaltet schon eine verkürzte Denkweise.
"Verhalten" ist hier in Bezug zum "Handeln" des Menschen zu sehen. So wie der Mensch erst im Handeln seine glanzvolle Sonderrolle erhält - vor allem im

Verständnis abendländischer Kulturtradition -, so scheint das "eigentliche" Tiersein im "Verhalten" seinen Ausdruck zu finden. Der Mensch findet immer neue Einteilungsmuster, um sich vom Tier abzugrenzen und die übrigen Lebewesen zu diskriminieren!

Zum anderen: Der Elefant etwa ist ein so eindrucksvolles Tier, daß ihm - nicht nur junge - Menschen auch dann gerne und ausdauernd zusehen, wenn er sich nicht auffällig verhält. Die Schülerzeichnungen von Elefanten im Teil II drücken etwas von diesbezüglichen Erfahrungen aus. Der Dompfaff mag für uns Menschen keinen besonders ausdrucksvollen Gesang bieten, aber sein prachtvolles Gefieder bestimmt ihn zu einem der schönsten Singvögel in unseren Breiten.

Zum Tier gehören Verhalten *und* Aussehen. Daher sollte ein Thema, das ganzheitliche Naturbegegnung anstrebt, auch ganzheitlich formuliert sein, etwa:

Tiere erleben

(unter besonderer Berücksichtigung des Verhaltens, des Lernens, des Aussehens u.a.)

Wenn Unterricht keine gefühlsmäßige Nähe zu den Tieren vermittelt - Voraussetzung hierzu ist ganzheitliche Naturerfahrung -, dann ist Lernen über Tiere nur von systemimmanenter Bedeutung. Das aber hat statt Naturnähe primär Naturentfremdung zur Folge.

Naturwissenschaftlich orientierte Biologie mit naturnahen Anhängseln: Die Rahmenrichtlinien Niedersachsens (1981/83)

Wie in einigen anderen Bundesländern ist auch in Niedersachsen Biologie auf der *Orientierungsstufe* Teil des Fachbereichs "Naturwissenschaften". Folgerichtig wird in Biologie naturwissenschaftlich orientiertes Wissen angestrebt. So soll hier

"der Schüler erfahren, daß die belebte Umwelt Grundphänomene aufweist und Regeln unterliegt, die für alle Lebewesen zutreffen. Daher werden Pflanzen, Tiere und der Mensch vorwiegend nach übergeordneten Gesichtspunkten betrachtet. Die Grundphänomene sollen über die gewählten Themen so erschlossen werden, daß dem Schüler das Erfassen einfacher Kausalbeziehungen und das selbständige Lösen von Problemen ermöglicht wird. Bei der Auswahl der Themenkreise wurden in besonderer Weise die Wechselbeziehungen zwischen Organismen und ihrer Umwelt berücksichtigt." (S. 16)

Acht Themenkreise sind vorgesehen. Von Tieren handeln vor allem der dritte und der vierte. Thema drei "Vom Bau und den Leistungen der Wirbeltiere" geht vor allem auf die besonderen Kennzeichen der verschiedenen Wirbeltiere ein. Thema vier behandelt die "Tiere in ihrer Umwelt". Das Angepaßtsein der Tiere an die Elemente Wasser, Luft und Land wird thematisiert. Beispiele:

Lernziele	Inhalte	Hinweise
Wasserlebende Tiere		
— das Angepaßtsein von Fischen an das Leben im Wasser kennzeichnen	Gestalt, Flossen, Körperbedeckung, Schwimmblase, Kiemen Fortbewegung	lebende Fische (z. B. Goldfisch, Guppy), tote Fische (z. B. Grüner Hering, Forelle, Weißfisch) Aquarium, Filme
— andere wasserlebende Wirbeltiere beschreiben	Ähnlichkeiten und Unterschiede im Vergleich mit Fischen (Gestalt, Körperbedeckung, Fortbewegung)	Delphine, Wale, Robben; Pinguine Filme
...		
Luftlebende Tiere		
— das Angepaßtsein von Vögeln an das Leben als Flugtiere darstellen	Skelett, Flügel, Federn, Flügelmuskulatur, Lungen, das Fliegen	Stopfpräparate Skelette, Flügel, Federn, Flugmodelle; Lupe, evtl. Mikroskop, Filme (S. 25)
...		

Unterricht soll primär Unterscheidungs- und Ordnungsmerkmale herausarbeiten. "Schemata" sind gefragt, "äußerliches" aspekthaftes Wissen wird verlangt, Lebewesen werden materialistisch analysiert.

Ähnliches gilt für Pflanzen. Erstes diesbezügliches Thema "Vom Bau und den Leistungen der Blütenpflanzen":

Lernziele	Inhalte	Hinweise
Bauplan		
— den Aufbau einer Blütenpflanze beschreiben	Flach-, Pfahlwurzel, Wurzel mit Seitenwurzeln und Wurzelhaaren; Stengel mit Laubblättern, Blüte mit Kelch-, Blüten-(Kron-), Staub- und Fruchtblättern	Untersuchung lebender Pflanzen (Hahnenfuß, Tulpe); Schemadarstellung, Arbeitstransparent (S. 29)

Positiv ist zu würdigen, daß auf der Orientierungsstufe nur acht übergreifende Themen vorgesehen sind, die Themen nach Wahl des Lehrers auf die Klassen 5 und 6 verteilt werden können und der Plan für die verschiedenen Schularten einheitlich ist.

Die "*Richtlinien für die Hauptschule*" sind die logische Fortsetzung: das "Erfassen von biologischen Gesetzmäßigkeiten" steht auch hier im Mittelpunkt. Sachthemen werden in der Einleitung erläutert, lediglich der letzte Satz ist einem "anderen" Biologieunterricht gewidmet:

"Der Biologieunterricht fördert neben dem Streben nach rationaler Erkenntnis die Erlebnisfähigkeit des Schülers und zielt auf eine vielschichtige Persönlichkeitsbildung ebenso ab, wie er einer Naturentfremdung entgegenwirkt." (S. 5)

Ein Satz wie aus einer anderen Welt!

In Punkt 2 des Lehrplans werden Lernziele aufgelistet: kognitive - affektive - instrumentelle. Die affektiven Ziele haben hier allerdings meist keinen ganzheitlichen Wert, sie dienen vor allem der Unterstützung der kognitiv-naturwissenschaftlichen Absichten, wenn es etwa heißt:

"Der Schüler soll dabei
- Bereitschaft zu aufmerksamer Beobachtung und zur Lösung biologischer Fragen entwickeln
- Geduld und Ausdauer bei der Durchführung biologischer Versuche entwickeln
- experimentelle Ergebnisse sachbezogen werten ..." (S. 6)

Themenkreise für die Jahrgangsstufen 7 und 8 sind wieder - was hier besonders zu würdigen ist, weil diese offene Lösung selten zu finden ist - als Einheit vorgesehen. Tier- und Pflanzenarten kommen dabei nur einmal ausführlich zum Zug, nämlich beim Thema "Verantwortung des Menschen für seinen Lebensraum". Hierbei sollen zwei Ökosysteme wie "Binnengewässer (See, Teich)" und "Wiese und Feld" behandelt werden. Für die 9. Klassenstufe sind dann nur noch menschenorientierte Themen genannt.

Was für eine naturnahe Erziehung und Bildung von Belang ist, steht erst im Anhang des Lehrplans, unter Punkt 4, Unterrichtsverfahren:

"Als besonders wichtiges pädagogisches Prinzip gilt für den Biologieunterricht in der Hauptschule das Hegen und Pflegen von Tieren und Pflanzen, auch in ihrer natürlichen Umwelt, weil diese Tätigkeiten vor allem Anforderungen an das Verantwortungsbewußtsein und an die Verläßlichkeit des Schülers stellen und damit einen wichtigen erzieherischen Aspekt berühren.

Die Lösung aus dem Unterricht erwachsener Problemstellungen soll auch durch Veranstaltungen außerhalb der Unterrichtsräume unterstützt werden. Je nach Themenstellung, Jahreszeit und örtlichen Möglichkeiten können dies 'Geländearbeit' (Unterrichtsgänge, Lehrwanderungen) oder der Besuch eines Museums oder biologischen bzw. botanischen Gartens sein. Diese Veranstaltungen sind fest in die Unterrichtsplanung einzubeziehen, sorgfältig vorzubereiten und entsprechend auszuwerten." (S. 19)

Weil diese Ausführungen isoliert, in vieler Hinsicht sogar im Gegensatz zu den vorangegangenen Lehrplanangaben stehen, dürften sie leider ebenfalls mehr oder minder ein kaum beachtetes Anhängsel darstellen.

Distanziert-naturwissenschaftliche Lehre vom Lebendigen als Voraussetzung rationalistisch begründeten Handelns: Die Lehrpläne Nordrhein-Westfalens (1980)

Biologie gehört wie Physik und Chemie in Nordrhein-Westfalen zu den Naturwissenschaften - damit ist das Programm schon umrissen.

Hauptziel dieses Faches ist es,

"den Menschen sowohl im personalen wie im zwischenmenschlichen und gesellschaftlichen Bereich zu befähigen, Formen und Phänomene der lebendigen Natur - vor allem der eigenen Umwelt - bewußt zu erfassen und im Denken, Urteilen und Handeln biologisch bedeutsame sachliche und soziale Kriterien zu berücksichtigen" (S. 3).

Nach diesen Vorstellungen sind als Inhaltsbereiche vorgesehen:

"1. Lebenserscheinungen
2. Zusammenleben und Beziehungen zwischen den Lebewesen
3. Nutzung und Erhaltung der Natur
4. Gesundheit und Sicherheit" (S. 2)

Alle Klassenstufen enthalten daher Themen dieser vier Bereiche.

Im folgenden sollen die Interessen des Faches am erstgenannten Bereich verdeutlicht werden. Er wird wie folgt umschrieben:

"Hierzu gehören alle Grunderscheinungen des Lebendigen wie Stoffwechsel, Fortpflanzung und Entwicklung bei Pflanze, Tier und Mensch und die damit in Zusammenhang stehenden Lebenserscheinungen. In allen Bereichen wird der Zusammenhang zwischen Bau und Funktion deutlich." (S. 2)

Was etwa Tiere betrifft, sind im 5. Schuljahr in diesem Bereich folgende Themen vorgesehen:

Bau und Lebensweise eines Säugetieres, eines Fisches und eines Vogels

Zuordnung von Körperbau und Lebensweise bei Tieren

Als Ziele und Inhalte des erstgenannten Themas zählt der Lehrplan im einzelnen auf:

"- Die charakteristischen Merkmale einer Ähnlichkeitsgruppe durch Vergleich einiger Mitglieder ableiten u. benennen.
- Wissen, daß alle Säugetiere ein Haarkleid haben, ihre Jungen säugen und die Jungen sich im Mutterleib entwickeln.
- Das Gebiß des Hundes an einem Schädel untersuchen und begründen, weshalb die Wissenschaftler den Hund in die Ordnung der Raubtiere eingliedern.
- Den Körperbau des Herings (Gestalt, Flossen, Schuppen, Sinnesorgane) beschreiben. ...
- Beschreibung der äußeren Merkmale von Vögeln (z.B. Hahn und Henne)
- Den Bau des Verdauungskanals (Kropf, Magen) und der Geschlechtsorgane mündlich darstellen.
- Klare Verbalisierung des Fortpflanzungsmodus: Begattung, innere Befruchtung (Ort der Befruchtung, Bildung von Eiklar, Eihaut, Eischale, Eiablage)." (S. 6)

Faszination, Charme, Anmut, Schönheit, Pfiffigkeit, Witz und Klugheit des Lebendigen: alles, was etwa Konrad Lorenz in diesem Sinn über Hund, Graugans, Dohle und andere Tiere schreibt, wird hier "naturwissenschaftlich" eliminiert.

Durch naturwissenschaftliches Interesse bedingt degradiert der Umgang mit dem Lebendigen zur - meist langweiligen - Lehre, wird es in kreativlos-materialistischer Manie zu einer Art Leblosigkeit verurteilt.

Als sei es selbstverständlich, fordert der Lehrplan en passant auf, "neben den rationalen auch die emotionalen Kräfte des jungen Menschen anzusprechen." (S.3)

Ein solches Alibi für ganzheitliche Sichtweise hat dann etwa zur Folge, daß man an der Rose vor ihrem Tod durch Sezierung vielleicht auch einmal riechen darf.

Vgl. etwa das erste Thema der Biologie überhaupt: "Bestäubung und Samenreifung bei Pflanzen". 1. Zielangabe: "Den Blütenaufbau an einem realen Objekt(!) demonstrieren und die einzelnen Teile mit Fachausdrücken belegen." (S. 6)

Lehrpläne zwischen lernzielorientiertem Stoffplan und Ansätzen von Naturnähe: Rheinland-Pfalz (1978/84)

Rheinland-Pfalz veröffentlichte 1978 den Biologie-Lehrplan für die Orientierungsstufe (Hauptschule, Realschule, Gymnasium), 1984 den Lehrplan für die Klassen 7 bis 9 der Hauptschule. Wenn die beiden Lehrpläne auch formal ähnlich konzipiert sind, unterscheiden sie sich konzeptionell doch nicht unwesentlich.

Orientierungsstufe: Lernzielorientierter Stoffplan

Der Lehrplan ist "lernzielorientiert". In der Einführung wird ein Taxonomie-System breit aufgelistet: "Wissen - Können - Erkennen - Werten" sind aufgeführt. Jeder Begriff ist durch Unterbegriffe erläutert. Bei "Wissen" etwa werden die Begriffe "Einblick, Überblick, Kenntnis, Vertrautheit" genannt. Jedem dieser Unterbegriffe ist eine Erläuterung beigefügt. So heißt es beispielsweise bei "Einblick": "Das aus der 'ersten Begegnung' mit einem Lerninhalt/Wissensgebiet erworbene Wissen".

Es erscheint doch fraglich, ob die kommentarlose Übernahme eines curricularen Einordnungssystems nicht eher einem Ritual oder einer Pflichtübung entspricht, als daß sie wesentliche Bedeutung für die Unterrichtspraxis gewinnen könnte.

Hier müßte man doch den Bezug zu den einzelnen Zielen und Inhalten eindeutig herstellen!

Allerdings ist die Art, wie hier ein curriculares Ordnungsmuster verwertet wird, doch entlarvend: drei der vier übergeordneten Kategorien sind eindeutig dem Interesse an distanziertem Lernen zuzuordnen. Was also soll der Lehrer aus dieser Auflistung Neues lernen?

Neue Impulse wären wohl aus der letzten Kategorie zu entnehmen: Werten. Die Unterbegriffe lauten "Bereitschaft" und "Interesse". Sie sind wie folgt erklärt:

"- Bereitschaft
  Die Haltung, die entsteht, wenn Werte vom einzelnen anerkannt werden und ihre Verwirklichung angestrebt wird
- Interesse
  Weil jeder Unterricht Freude und Interesse am Fach, an der Fächergruppe wecken soll, werden im allgemeinen derartige Lernziele im Lehrplan nicht besonders erwähnt." (S. 9)

Bei der Definition von Bereitschaft wäre doch wohl zu erklären, welche Werte nun eigentlich angestrebt werden sollen.

Zu "Interesse": Wenn Schule nicht eine so ernste Angelegenheit wäre, könnte man über diese Art von "Erklärung" eigentlich nur lachen. Da, wo der Lehrplan endlich Farbe bekennen müßte, paßt er.

Denn es würde wohl den Lehrplanmachern auch etwas schwer fallen, zu erklären, wie sie mit ihrem analytisch-orientierten Plan Interesse (an der lebendigen Natur) wecken wollen.

Da werden Lernstoffe mehr oder minder beliebig und isoliert aneinandergereiht, um Natur analytisch zu sezieren. Angestrebt ist ein distanziertes Wissen über naturwissenschaftliche Gesetzmäßigkeiten. Natur in ganzheitlicher Sicht wird nicht in den Blick genommen, Natur außerhalb des Klassenzimmers nur einmal erwähnt, und da auch in gehabter Lernabsicht. Thema: "Brutpflege und Revierverhalten bei Singvögeln". Bei dem Lernziel "Bereitschaft zum Schutz der Singvögel" wird als "Hinweis" angegeben: "Bau von Nistkästen und Futterplätzen im Schulgelände, Besuch von Waldlehrpfaden an Wandertagen." Die Zuordnung scheint mir auch nicht ganz geglückt.

Zwar wird eingangs der "Aspekt der ganzheitlichen Betrachtung der Lebewesen" erwähnt. Zum einen scheinen damit Pflanzen ausgeschlossen zu sein. Zum anderen sollen aber nach den Zielvorstellungen der Lehrpläne auch Tiere stets nur unter ausschnitthaften Gesichtspunkten Inhalt des Unterrichts sein:

Beispiel für Klasse 5:
Raubtiertypische Verhaltensweisen
Lernziele:

Kenntnis der Nahrungsaufnahme bei der Hauskatze	Raubtier, Raubtiergebiß, Schleichräuber

Hauptschule: Stoffplan mit Ansätzen naturnaher Erziehung und Bildung

Zwar bleibt auch der Lehrplan von 1984 ein Lernplan traditioneller Art, es werden aber zumindest einige Aspekte naturnaher Erziehung stärker berücksichtigt. So wird etwa in den Kanon der "fachspezifischen allgemeinen Lern- und Erziehungsziele" der Gesichtspunkt "Interesse für die Schönheit und die Vielfalt in der Natur" aufgenommen (S. 6). Der Hinweis "Wandertage und Aufenthalte im Schullandheim sind in die Unterrichtsplanung einzubeziehen" (S.6) ist neu. Positiv ist auch zu würdigen, daß für Klasse 7 nur zwei übergreifende Themen genannt werden, wobei für das erste "Zur Ökologie des Waldes" 24 Stunden vorgesehen sind, so daß Lehrer und Schüler den Wald vielschichtig und vertiefend erkunden können. Eigens wird bei diesem Thema erwähnt, daß Schulen "von der Möglichkeit Gebrauch machen (sollten), Forstbeamte bei schulischen Veranstaltungen, insbesondere bei Lehrwanderungen, zu beteiligen" (S. 11). Der Biologieunterricht soll "Liebe zum Wald erhalten und fördern" (S. 11). Auch bei den "Hinweisen" wird zu einem "Unterrichtsgang" nochmals aufgefordert. Viele Tier- und Pflanzenarten sind bei den Lernzielen namentlich aufgeführt, so daß sichergestellt ist, daß die Ökologie des Waldes nicht nur abstrakt theoretisch durchgenommen wird.

Ähnliches gilt für das Thema "Zur Ökologie von Feldfluren oder Parkanlagen" der Klasse 8. Bei dem Teilthema "Ökologische Gesichtspunkte der Landschaftsgestaltung" wird hier sogar die "Anlage eines Schulgartens" erwähnt (S. 18). Wenn man dabei allerdings in Rechnung stellt, daß für die ganze Teilthematik nur vier Unterrichtsstunden vorgesehen sind, ist auch hier nach der Durchsetzungsmöglichkeit von gutgemeinten "Hinweisen" zu fragen.

Der Lehrplan weist noch auf eine weitaus schwerwiegendere Poblematik hin. Wie in manchen anderen Bundesländern wird auch in Rheinland-Pfalz der "Lehrplan Biologie" für die Klassen 7 - 9/10 für Hauptschule, Realschule und Gymnasium gemeinsam herausgegeben mit Vorüberlegungen, die für alle Schularten gelten, dazu mit getrennten Teillehrplänen. So kann - wie Minister Gölter im Vorwort schreibt - sich der Lehrer "mühelos über das (verpflichtende Programm) der anderen Schularten informieren" (S. 3). Sind auch in den anderen Schularten oft dieselben Themen vorgesehen, ihre Behandlung ist doch noch wissenschaftsorientierter, weniger naturnah beabsichtigt. "Naturnahe Erziehung und Bildung" mit geringerer Bildung gleichzusetzen, ist ein Versuch, dem dieses Buch mit Entschiedenheit entgegentreten möchte.

Die Lehrpläne des Saarlandes: Kennenlernen von Lebewesen in ganzheitlicher Absicht (1979/84) und erneute Wissenschaftsorientierung (1987)

Der Lehrplan der 5. Klassenstufe will von den Interessen der Schüler ausgehen und stellt Überlegungen an, welche Themen den Schüler besonders interessieren bzw. zur Mitarbeit motivieren könnten. (Ob man dabei zur selben Schlußfolgerung wie der Lehrplan kommt, soll hier von sekundärer Bedeutung sein.) Auch eine ganzheitliche Vorgehensweise ist mit Eindeutigkeit gefordert.

"Die Lebewesen müssen ... ganzheitlich - und nicht fachsystematisch strukturiert - dargestellt werden, da diese Art der unterrichtlichen Behandlung der psychologischen Entwicklung der Schüler entspricht. Bevorzugte Einzelaspekte, die die Schüler auch emotional ansprechen ..., sind dabei die Haustiere." (Klassenstufe 5, S. 5)

Es wäre schön, wenn die Lehrpläne der einzelnen Klassenstufen diesen Leitgedanken - wie nämlich der junge Mensch emotionale Nähe zu Tieren und Pflanzen, zur Natur insgesamt entwickeln könnte - weiter verfolgen würden. Leider geschieht dies nicht.

Die Lehrpläne sind bestimmt durch Leitthemen, die es verhindern, daß die Unterrichtsstoffe in allzu kleine Einheiten aufgegliedert werden. In drei Klassenstufen ist die Behandlung von Lebensräumen vorgesehen.

Auch das Kennenlernen von Arten sehen die Lehrpläne als Aufgabe. So werden allein bei dem Thema "Binnengewässer" - leider ist es nur fakultativ vorgesehen - bei den zu beobachtenden Vogelarten Stockente, Teichhuhn, Höckerschwan, Zwerg- und Haubentaucher, Uferschnepfe, Graureiher, Eisvogel, Drosselrohrsänger, Sumpfohreule namentlich erwähnt.

Auch eine Fülle von Arbeitshilfen wie Diareihen und und Filme ist angegeben, ebenso Literatur für Lehrer und Schüler. Sogar eine Liste mit Adressen, an die sich der Lehrer bei Fragen wenden kann, ist angefügt. Auch die Naturschutzverbände sind nicht vergessen!

Des öfteren wird auf Unterrichtsgänge hingewiesen. Im Vergleich zu den anderen, teilweise sehr ausführlich gehaltenen Angaben, könnten diese Hinweise allerdings detaillierter ausfallen!

Ein Leitthema fällt etwas aus dem Rahmen. Es ist "Schadinsekten" gewidmet. Als Beispiele werden Kartoffelkäfer und Kohlweißling genannt.

Nun dürfte man heute doch zu der Einsicht gekommen sein, daß es - nicht nur ökologisch - problematisch ist, Tiere ohne Einschränkungen als "nützlich" und "schädlich" zu bezeichnen. Ist heute zudem der Kohlweißling auch faktisch noch unter die Kategorie "Schädling" einzustufen?

Bei diesem Thema soll außerdem am Beispiel Kohlweißling die "vollkommene Verwandlung" vom Ei zum Schmetterling behandelt werden.

Schmetterlinge zählen zu den schönsten Lebewesen. Wie Kolibris werden sie als "Edelsteine" der Natur bezeichnet. Wie kaum andere Lebewesen können sie den Menschen für das Schöne in der Natur begeistern.

Wenn man allerdings im Unterricht nur den etwas farblosen Kohlweißling behandelt, auch in allen übrigen Klassenstufen nicht auf Schmetterlinge eingeht, den Kohlweißling dazu als Beispiel für ein Schadinsekt, so vergibt man dadurch auch eine gute Chance, Natur in ihrer Attraktivität dem jungen Menschen nahezubringen.

Wenn auch die Lehrpläne des Saarlandes - wie alle Biologie-Lehrpläne - ihr Ziel darin sehen, eine Menge naturwissenschaftlich orientiertes Faktenwissen anzuhäufen, so sind hier andererseits doch einige Kriterien naturnaher Erziehung und Bildung recht deutlich herausgearbeitet.

Für die Jahrgangsstufen 7 bis 9 werden in den nächsten Jahren neue Lehrpläne erstellt. Ein Entwurf für die 7. Jahrgangsstufe liegt bereits vor (1984). Themen wurden abgewandelt oder neue gewählt. Nach einer Übersicht des Ministeriums von 1986 sind für die 7. Klassen folgende inhaltliche Schwerpunkte vorgesehen:

1. Ökosystem Wald
2. Humanbiologie
3. Verhalten von Mensch und Tier
4. Pflanzen und Tiere im Lebensraum Wiese

Bei der Auswahl berufen sich die Verfasser des Entwurfs von 1984 auf neue Tendenzen der Biologiedidaktik, als Quelle wird allerdings nur Killermann (1980) angegeben. Die Pubertät verlange eine stärkere Einbeziehung menschenbezogener Themen. Mit dieser Entscheidung ist - insgesamt gesehen - eine Reduzierung naturnaher Themen verbunden. Ziele und Themen sind zudem rein kognitiv und traditionell wissenschaftsorientiert. Eine naturnahe Erziehung wird in den Zielen nicht mehr angesprochen.

Positiv fällt auf, daß die "Schadinsekten" nicht mehr aufgeführt werden und der verpflichtende Stundenanteil gesenkt wurde.

Verwirklichung von Naturnähe in den Lehrplänen Schleswig-Holsteins von 1982 und 1986

Kriterien der Naturnähe im Vorwort mit traditionellen Lernstoffen in den eigentlichen Lehrplänen: Der Lehrplan der Orientierungsstufe von Schleswig-Holstein (1982)

Wie die Lehrpläne vieler anderer Bundesländer ist auch der von Schleswig-Holstein ambivalent. Einerseits werden Kriterien der Naturnähe einbezogen. So soll Unterricht das Interesse an der lebendigen Natur wecken, soll "das lebendige Einzeltier und die lebendige Einzelpflanze in ihrer Umwelt in den Vordergrund" stellen; tätiger Umgang mit der Natur wird empfohlen. Auch der ganzheitliche Aspekt ist berücksichtigt:

"Der Biologieunterricht umfaßt auch ästhetische und emotionale Erziehungsziele, d.h. beim Schüler soll die Aufgeschlossenheit gegenüber der Natur in all ihren Erscheinungsformen geweckt und gepflegt werden. Dabei spielt die Liebe zu Pflanze und Tier eine zentrale Rolle." (S. 1)

Unterricht soll daher auch in der Natur selbst stattfinden:

"Die Arbeit in Fachräumen wird ergänzt durch Unterrichtsgänge, Wanderungen und den Aufenthalt in Schullandheimen. Je nach örtlichen Verhältnissen sollte geeignetes Gelände in der Umgebung der Schule (z.B. Schulwälder, Schulgärten, Gewässer, Hecken) in die Arbeit einbezogen werden." (S. 2)

Die Themenstellungen in den Stoffplänen zeugen allerdings wenig von den genannten Prinzipien: Kein einziger Hinweis, daß und wie die Themen in der Natur selbst behandelt werden sollen bzw. können, meist wird aspekthaftes Wissen anvisiert, so wenn der Schüler - 1. Lernziel - "Körperbau und Lebensweise von Säugetieren beschreiben können" soll, beim Thema "Vögel" als 1. Lernziel der "Zusammenhang zwischen Körperbau und Fliegen" zu erläutern ist. Der Delphin ein gewandtes, hochintelligentes, sprachfähiges, dem Menschen freundlich gesinntes, anmutiges Wesen? Nein, sondern:

"Den Delphin als ein dem Leben im Wasser angepaßtes Säugetier kennen

Körperform und Fortbewegung, Kälteschutz, Nahrungserwerb, Fortpflanzung, Jungenaufzucht"

Die Stoffpläne beschränken sich auf kurze Angaben, so daß sie dem Lehrer viele Freiräume belassen. Dies ist auch deshalb positiv hervorzuheben, weil die Pläne für alle Schularten - für Hauptschule, Realschule und Gymnasium - in gleicher Weise gelten.

Verwirklichung vieler Aspekte von Naturnähe: Der Lehrplan Hauptschule, Biologie, Klassenstufen 5 bis 9, von 1986

Der Lehrplan stellt als Aufgabe des Biologieunterrichts verstärkt ganzheitliche Aspekte eines naturnahen Unterrichts in den Vordergrund. So soll der Unterricht etwa

"- Freude an der Schönheit der Natur erwecken,
- Liebe zu Pflanze und Tier anbahnen" (S. 1).

Artenkenntnis ist gefragt: "Die Schüler sind mit dem Leben der wichtigsten Pflanzen und Tiere Schleswig-Holsteins vertraut zu machen" (S. 1).

Bei den Themen der einzelnen Klassenstufen wird dann folgerichtig meist auch eine Vielzahl von Tier- und Pflanzenarten aufgeführt.

Bei den methodischen Hinweisen kommt schwerpunktmäßig *"Unterricht draußen"* in den Blick: "Im engeren Bereich der Schule können Schulwälder, Schulgärten, Nist- und Futterplätze, Aquarien, Terrarien die Schüler zu Einsichten in Lebensvorgänge und Lebenszusammenhänge führen. Unterrichtsgänge in die Natur und Besuch von Botanischen Gärten, Wildparks und Museen geben zusätzlich Gelegenheit zu unmittelbarer Anschauung. Schullandheim- und Jugendwaldheimaufenthalt bieten sinnvolle Ergänzungen." (S. 2)

Als besonderer Aspekt wird *"Schulwaldarbeit"* herausgestellt: "Ein Schulwald ist für den Biologieunterricht aller Hauptschulklassen von besonderem Vorteil." (S. 3)

Dabei sind ganzheitliche Aspekte berücksichtigt. So steht der Biologieunterricht der 7. Klassenstufe insgesamt unter dem Leitthema "Lebensgemeinschaft Wald oder Lebensgemeinschaft Wald und Gewässer". Möglich ist es zudem, den Biologieunterricht auf den Klassenstufen 8 und 9 auf zwei Stunden zu erweitern und ihn "vor allem nach der 'Schulwaldarbeit' (zu) gestalten". (Der Anhang des Lehrplans enthält jeweils eine Handreichung "Schulwaldarbeit in der Orientierungsstufe" und "Schulwaldarbeit, Klassenstufen 7 bis 9". Positiv ist auch hervorzuheben, daß die Handreichung jeweils als "Angebot zur Auswahl" (S. 41 u. 43) zu verstehen ist.)

Auch wenn der Hauptschullehrplan noch viele Inhalte in traditioneller Weise additiv, kleinlich und systematisch auflistet, in seiner Aufgabenzuweisung teilweise den Lehrer gängelt, oft distanziertes aspekthaftes Wissen einfordert und vor allem damit den in den einleitenden Gedanken beschworenen Heimataspekt wieder unterläuft, kann er andererseits vor allem mit seinem Schwerpunkt "Schulwald" als wegweisend herausgestellt werden. Hier wird der Schulwald als neues und gleichsam unverzichtbares Element eines naturnahen Unterrichts herausgearbeitet. Auch wenn er in die folgenden Überlegungen nicht weiter einbezogen wird, sollte man ihm in der Diskussion um einen naturnahen Unterricht eine ähnliche Bedeutung wie dem Schulgarten zukommen lassen. (In der folgenden kriterienorientierten Übersicht hat der Hauptschullehrplan Schleswig-Holsteins keine Berücksichtigung mehr finden können.)

Zusammenfassung

Biologie als Unterrichtsfach bewegt sich zwischen den Polen naturwissenschaftlicher Orientierung und ganzheitlicher Naturerfahrung. Eindeutig ist die Nähe zur Naturwissenschaft heute größer, in einigen Bundesländern bestimmt dieser Pol sogar ausschließlich das Fach. Biologie reiht sich damit mehr oder minder widerspruchsfrei in den Kanon der anderen Unterrichtsfächer ein, die abfragbares Wissen zum Zweck der Auslese produzieren sollen. Leben wird materialistisch betrachtet, Lebewesen werden zu Objekten degradiert und der systematischen Analyse zugänglich gemacht. Ergebnis ist aspekthaftes, "totes" Wissen.

Natur ganzheitlich und sinnlich zugänglich zu machen, Natur in ihrer Faszination, in ihren vielfältigen Ausdrucksformen, in ihrem Charme und in ihrer Schönheit dem jungen Menschen nahezubringen: dazu gibt es nur erste Anzeichen. Zu nennen wären hier vor allem die Lehrpläne von Baden-Württemberg und des Saarlandes. Allerdings stellen auch diese Pläne nur Scheinlösungen dar, da auch bei ihnen abfragbares Wissen, das dann zu Noten umgemünzt wird, Grundlage des Faches ist.

3. Die Biologielehrpläne der Bundesländer im Vergleich - Kriterienorientierte Übersicht

Im folgenden werden die Biologielehrpläne der Hauptschule aller Bundesländer daraufhin untersucht, ob und inwieweit sie den Kriterien, die in diesem Buch für eine naturnahe Erziehung und Bildung als besonders wichtig herausgestellt wurden, entsprechen.

Die folgende Übersicht kann nur gewisse Trends und Aspekte verdeutlichen, sie wird in ihrer Reduzierung mittels kleinstmöglicher Kennzeichnung einer Gesamtwürdigung der Pläne nur bedingt gerecht. Zudem lassen die Kriterien meist einen Interpretationsspielraum zu. Außerdem kann sich wegen der Fülle von Materialien, die die Lehrpläne interpretieren und ergänzen, durchaus einmal eine falsche, zumindest nicht ganz zutreffende Beurteilung in einer Spalte eingeschlichen haben.

Letztlich sollen die Ausführungen für den Leser Anlaß sein, sich selbst mit den Texten der Lehrpläne auseinanderzusetzen, wobei die Konfrontation mit der Praxis zu zusätzlichen Einsichten verhelfen könnte.

Mein Anliegen ist es in erster Linie hier nicht, Lehrpläne zu qualifizieren oder zu disqualifizieren. Wichtig wäre es, daß Lehrer die Kriterien selbst als sinnvoll akzeptieren und sie - mit den Lehrplänen oder gegen sie - zu verwirklichen suchen und daß Lehrplanmacher sie bei der Erstellung neuer Lehrpläne stärker berücksichtigen.

3.1 Aufforderung zu ganzheitlicher Naturerfahrung

1. ... *in den Vorbemerkungen*
   Hierzu gehören mittelbar auch Begriffe wie "Freude an der Natur", "Schönheit in der Natur", "Naturverbundenheit" u.ä., auch wenn sie hier nicht mitgezählt werden. Ihre Erwähnung wird jedoch in

den folgenden Punkten gewürdigt.
Nennungen: keine: -
einmalig: +
mehrere: ++

2. ... *in den einzelnen Lehrplänen*
Wenn diesbezügliche Möglichkeiten von Naturerfahrungen nicht erwähnt sind, aber von der Struktur des Lehrplans naheliegend sind, zumindest möglich erscheinen, werden die entsprechenden Jahrgangsstufen in Klammern erwähnt.

3. *Konzeptionelle Ausführungen* zum Begriff "ganzheitliche Naturerfahrung" in den Vorbemerkungen oder in den Lehrplänen selbst.
Ausführungen: keine: -
kurze: +
ausführliche: ++

4. *Bedeutung* ganzheitlicher Naturerfahrung *für bzw. Ermöglichung durch das Fach insgesamt*
(auch wenn sie sich nur auf die in Punkt 2 erwähnten Jahrgangsstufen bezieht):
Ansätze: keine bzw. nur sehr geringe: -
einige wenige : +
viele : ++

Bundesländer	1	2	3	4
Baden-Württemberg	++	5,6,7	++	++
Bayern	++	(5,6,7)	+/-	+
Berlin	-	5,7	-	+
Bremen	-	-	-	-
Hamburg	++	5,6	+	+
Hessen	-	-	-	-
Niedersachsen	+	-	-	-
Nordrhein-Westfalen	-	(5,6)	-	+
Rheinland-Pfalz				
Orientierungsstufe	+/-	-	-	-
Hauptschule (Klassen 7-9)	+	(7,8)	-	+
Saarland	+	(5-8)	+	+
Schleswig-Holstein				
Orientierungsstufe	+	(5,6)	+/-	+

3.2 Aufforderungen, Natur außerhalb des Schulzimmers aufzusuchen
(Einbeziehung der heimatlichen Natur)

1. ... in den *Vorbemerkungen*
   Nennungen: keine : –
   ein-, zweimal : +
   mehrmals bzw. mit Erklärung und/oder Betonung: ++
2. ... in den *Lehrplänen*
   Nennungen: keine oder nur sehr wenige : –
   mehrmalige : +
   mit Erklärung und/oder Betonung : ++
3. *Themen* sind so gestellt, daß sie zu einer unmittelbaren Naturbegegnung bzw. zu einer Naturbegegnung außerhalb des Schulzimmers indirekt auffordern.
   Nennungen: kein Thema oder nur sehr wenige Themen : –
   einige wenige Themen : +
   mehrere Themen : ++

Bundesländer	1	2	3
Baden-Württemberg	++	+	++
Bayern	+	+	+
Berlin	++	++	++
Bremen	–	–	–
Hamburg	–	–	+
Hessen	–	–	–
Niedersachsen	+	–	+
Nordrhein-Westfalen	–	–	+
Rheinland-Pfalz			
Orientierungsstufe	–	–	–
Hauptschule (Klassen 7-9)	+	+	++
Saarland	–	+	++
Schleswig-Holstein			
Orientierungsstufe	+	–	+

3.3 Anteil der Themen, die sich nicht für ganzheitliche Naturerfahrungen eignen oder diese ausschließen

Zu derartigen Themen werden hier u.a. gezählt: theoretische und naturwissenschaftlich orientierte Themen, Themen zur Menschenkunde, Gesundheitslehre, Suchtprophylaxe, Umwelt u.ä.

Ob die "naturnahen" Themen auch im Sinn ganzheitlicher Naturerfahrungen formuliert sind, bleibt hierbei ohne Berücksichtigung.

Kein diesbezügliches Thema : +
wenige diesbezügliche Themen: -
rund die Hälfte der Themen : --
die meisten oder alle Themen: ---

Biologie wird nicht erteilt,
bzw. ich besitze keine Unterlagen: x

Bundesländer/ Jahrgangsstufen	5	6	7	8	9	10
Baden-Württemberg	-	+	--	x	---	x
Bayern	-	--	--	---	---	x
Berlin	-	---	-	x	---	---
Bremen	---	---	--	---	---	x
Hamburg	-		--		---	
Hessen	--	-	---	x	--	---
Niedersachsen	-	-	--	--	---	x
Nordrhein-Westfalen	-	-	---	---	---	x
Rheinland-Pfalz	-	-	--	-	---	x
Saarland	-	-	-	--	--	x
Schleswig-Holstein	-	-	x	x	x	x

3.4 Umfassende Themen wie Lebensgemeinschaften, Biotope u.ä., die ganzheitliche Naturerfahrungen ermöglichen, nahelegen u.ä.

Bundesländer	Jahrgangsstufe	Thema
Baden-Württemberg	7. Jg.	Wald oder Gewässer oder Acker
Bayern	6. Jg. 7. Jg.	Wiese oder Moor oder Heide/Gewässer Wald
Berlin	7. Jg.	Erwähnt werden u.a.: Schulgarten, Park, Wald, Tümpel, See
Bremen	7. Jg. 8. Jg.	Wahlthema: Tier- u. Pflanzenleben in und an Gewässern Wahlthema: Lebensbeziehungen im Wald
Hessen	6. Jg.	Der Umweltfaktor Wald
Hamburg	7./8. Jg.	Lebensräume und Lebensgemeinschaften Ökosystem See
Niedersachsen	6./7. Jg.	z.B. Binnengewässer (See, Teich) z.B. Wiese und Feld
Nordrhein-Westfalen	5. Jg. 6. Jg.	Lebensgemeinschaft Wald Leben im Teich (oder Moor...)
Rheinland-Pfalz	7. Jg. 8. Jg.	Zur Ökologie der Wälder Zur Ökologie von Feldfluren oder Parkanlagen
Saarland	6. Jg. 7. Jg. 8. Jg.	Tiere und Pflanzen im Lebensraum Wald Anpassung von Lebewesen an verschiedene Lebensräume Lebensgemeinschaft Wiese Lebensraum Wiese und Feld
Schleswig-Holstein (Orientierungsstufe)	-	

3.5 Aufforderung, Natur während des ganzen Jahres zu beobachten

Diese im Sinne naturnaher Erziehung wichtige Aufforderung fand ich nur in den Lehrplänen von Baden-Württemberg, u. zw. für die 6. Jahrgangsstufe.

3.6 Handlungsorientierung

"Handlung" wird hier so verstanden: sie zielt auf größere Arbeiten, einschließlich ganzheitlicher Naturerfahrung ab.

Bundesländer	Jahrgangsstufe	Thema
Baden-Württemberg	7. Jg.	Aquarium einrichten
Bayern	5. Jg.	Aquarium einrichten
Berlin		Erwähnung: einige Male
	5. Jg.	"Anzucht und Pflege von Pflanzen in Töpfen und Blumenkästen" (S.11) Es "empfiehlt sich die Haltung von Tieren". (S. 13)
	7. Jg.	"Das Fach Biologie erscheint für eine handlungsorientierte Vorgehensweise gut geeignet". (S. 5) "Einfache biologische Erhebungen bzgl. des Tierbestandes in einem eng begrenzten Gebiet" (S. 9) "Die im Plan angegebenen Lerninhalte legen Tierhaltung in der Schule nahe." (S. 9) "Einrichtung und Gestaltung eines Schulgartens" (S. 18)
Bremen	-	
Hamburg	Grundsätze	"Pflege von Planzen im Schulgarten ..." (S. 4)
	5./6. Jg.	"Anlage eines Teiches als Lebensraum für Amphibien auf dem Schulgelände" (S. 31) "Bau von Nisthöhlen" (S. 35)

Bundesländer	Jahrgangs-stufe	Thema
		"Anlage und Pflege von Aquarien" (S. 49) "Schulgarten mit Möglichkeiten für Aktivitäten der Schüler" (S. 57)
Hessen	-	
Niedersachsen	-	
Nordrhein-Westfalen	-	
Rheinland-Pfalz	6. Jg.	"Bau von Nistkästen und Futterplätzen im Schulgelände" (S. 38) "Einrichten eines Kurzzeitterrariums: Pflegen und Beobachten von Tieren" (S. 40) "Tümpelaquarium einrichten" (S. 42) "Einrichten eines Kurzzeitaquariums mit Fischen" (S. 43)
	8. Jg.	"Anlage eines Schulgartens" (S.18)
Saarland	6. Jg.	"Herstellen eines einfachen Futtergerätes. Bau eines Futterhäuschens" (S. 18) "Anlegen eines Feuchtbiotops im Schulgelände" (S.25)
Schleswig-Holstein (Orientierungsstufe)	5. Jg.	"Anlegen eines kleinen Herbariums" (S. 7)
	6. Jg.	"Einrichten eines Terrariums" (S. 12)

3.7 Schulgarten

Schulgartenarbeit ist nur in den Lehrplänen von sechs Bundesländern erwähnt:

Bundesländer	Jahrgangsstufe	
Bayern	Vorbemerkung	"Arbeit im Schulgarten" (S. 347)
Berlin	7. Jg.	"Einrichtung und Gestaltung eines Schulgartens" (S. 18)
Hamburg	Grundsätze 5./6. Jg.	"Ein Schulgarten mit Möglichkeiten für Aktivitäten der Schüler ist ... wünschenswert". (S. 57)
Rheinland-Pfalz	8. Jg.	"Anlage eines Schulgartens" (S. 18)
Saarland	6. Jg.	"Anlegen eines Feuchtgebiets im Schulgelände" (S. 25)
Schleswig-Holstein		Vorwort zum Lehrplan der Beobachtungsstufe: "Je nach örtlichen Verhältnissen sollte geeignetes Gelände in der Umgebung der Schule (z.B. Schulwälder, Schulgärten ...) in die Arbeit einbezogen werden." (S. 2)

Die organisatorischen Bedingungen für die Verwirklichung der Vorschläge sind jedoch in keinem Fall ausreichend berücksichtigt. So wird etwa die Empfehlung für die Einrichtung und Gestaltung eines Schulgartens im Berliner Lehrplan beim Themenbereich "Die Lebensgemeinschaft", Abschnitt 3 "Eingriffe des Menschen in Lebensgemeinschaften" vorgebracht. Für die Behandlung der Thematik dieses Abschnitts sind jedoch nur 5 Stunden vorgesehen. Eine Verwirklichung des Vorschlags innerhalb dieses Zeitabschnitts ist aber ausgeschlossen.

Allerdings ist hierbei zu berücksichtigen, daß Berlin - neben Hannover - wohl die Stadt ist, die Schulgartenarbeit institutionell am besten abgesichert hat und finanziell am besten fördert. So hat Berlin Gartenarbeitsschulen in acht Stadtteilen eingerichtet:

Bezirk:	Anschrift
Tiergarten	Berlin 21, Birkenstr. 35/38
Wedding	Berlin 52, Scharnweberstr. 159
Spandau	Berlin 20, Hakenfelde, Bernkastler Weg und Berlin 20, "An der Kappe", Borkzeile 34
Wilmersdorf	Berlin 31, Dillenburger Str. 57
Schöneberg	Berlin 62, Sachsendamm 34-35
Steglitz	Berlin 41, Haydnstr. 18-20
Neukölln	Berlin 47, Fritz-Reuter-Allee 119/121
Reinickendorf	Berlin 27, Billerbecker Weg 123 a

Die Bezirke Kreuzberg, Charlottenburg, Zehlendorf und Tempelhof besitzen keine zentralen Gartenarbeitsschulen.

Schon 1975 hat der Senat "Ausführungsvorschriften über die Arbeit in den Berliner Schulgärten und Gartenarbeitsschulen" erlassen, die heute noch gültig sind, und hierin auch genaue Aussagen über die Anlagen selbst gemacht.

Zur "Gartenarbeit" selbst führen die Vorschriften aus: ...

"Es wird empfohlen, in den Grundschulen besonders die 5. und 6. Klassen und in den Schulen für Lernbehinderte (Sonderschulen) die 7. bis 9. Klassen zur Gartenarbeit heranzuziehen.

In der Sekundarstufe I bleibt es den Biologielehrern überlassen, welche Klassen bzw. Lerngruppen sie im Rahmen geeigneter Unterrichtsvorhaben bei der Gartenarbeit einsetzen wollen. Gartenarbeit bietet sich auch für fakultative Unterrichtsveranstaltungen an. ...

Für die Arbeit einer Klasse im Schulgarten bzw. in der Gartenarbeitsschule ist wöchentlich eine Doppelstunde vorzusehen. ..."

Diese Doppelstunden werden im Rahmen des Pflichtunterrichts der Grundschule bzw. des Wahlpflichtunterrichts der Oberschule erteilt.

3.8 Aufforderung zur Zusammenarbeit mit anderen Fächern

In den Lehrplänen der meisten Bundesländer wird die Zusammenarbeit mit anderen Fächern gefordert. Hierbei werden vor allem genannt: Chemie, Physik, Deutsch, Erdkunde, Sozialkunde, Religionslehre, Hauswirtschaft bzw. Haushaltslehre.

Die Hinweise sind jedoch so kurz gehalten und so allgemein formuliert, daß sie für die Unterrichtspraxis wohl kaum Bedeutung gewinnen dürften. Lediglich Bremen hat ein sog. Spiralcurriculum im Verbund mit Chemie und Physik erstellt.

Eine fächerübergreifende Planung im Sinne naturnaher Erziehung und Bildung ist nirgends anvisiert.

Für eine solche Orientierung des Unterrichts scheint mir der Hinweis in den "Allgemeinen Vorbemerkungen zum Hauptschullehrplan" von Baden-Württemberg bemerkenswert:

"Der Lehrer kann dem Prinzip überfachlicher, ganzheitlicher Sichtweisen in besonderem Maß entsprechen, wenn er einen wesentlichen Anteil des Unterrichts in seiner Klasse selbst übernimmt." (S. 14)

3.9 Projektorientierung

Projektunterricht wird in den Lehrplänen selten und dann nur en passant angesprochen. Die Ausführungen sind zu allgemein, um Bedeutung für den Unterricht zu erlangen. Fächerübergreifender Projektunterricht kommt schon aus der Sicht der mangelhaften Ausführungen zum Thema "Zusammenarbeit mit anderen Fächern" kaum in den Blick.

Ausnahmen bilden Hamburg und Niedersachsen.

In den seit August 1976 für die *Hamburger Haupt- und Realschulen* gültigen Stundentafeln sind - nach Struck 1980, S. 14 ff. - erstmals im Bundesgebiet neben dem fachgegliederten Pflichtunterricht und dem Wahlpflichtunterricht als "dritte Säule" in Klasse 7 bis zu fünf Wochen und in den Klassen 8, 9 und 10 jeweils bis zu sechs Wochen Projektzeiten im Schuljahr institutionalisiert. Auf diese Weise werden Projektunterricht und der damit verbundene Gang aus der Schule heraus als Unterrichtsprinzip außerhalb des Fachunterrichts ausdrücklich anerkannt und gefördert.

In *Niedersachsen* sind Projektunterricht sowohl für die Orientierungsstufe wie für die Hauptschule vorgesehen.

Orientierungsstufe:

"Arbeitsgemeinschaften und Projektunterricht gewinnen in der Orientierungsstufe an Bedeutung; sie helfen dem Schüler, seine individuellen Fähigkeiten und Neigungen zu entdecken und ermöglichen es, den Schüler in Ansätzen an der Planung von Unterricht zu beteiligen. ... Projektunterricht soll nach Möglichkeit einmal pro Jahr durchgeführt werden; dafür sind etwa 15-20 Stunden vorzusehen. Die Eltern sind über die mit diesen Unterrichtsformen verbundenen pädagogischen und organisatorischen Fragen zu informieren.

Die fachliche Planung erfordert eine enge Zusammenarbeit der Lehrer zur Abstimmung von Zielen, Inhalten und Verfahren. ..."

Für die *Hauptschule* sind u.a. folgende Hinweise gegeben:

"Projektunterricht soll einmal pro Jahr mit etwa 15 bis höchstens 30 Stunden durchgeführt werden. Er kann im Klassenverband oder klassenübergreifend organisiert werden. ...

Die in einer Klasse unterrichtenden Lehrer prüfen die Möglichkeiten, den Unterricht in den einzelnen Fächern aufeinander abzustimmen und fächer- sowie fachbereichsübergreifende Unterrichtsthemen zu verwirklichen. ..."

Mit den Bestimmungen - das betrifft sowohl Hamburg wie Niedersachsen - ist allerdings nicht sichergestellt, daß in den Projektunterricht auch Biologie einbezogen wird.

3.10 Offenheit

Offenheit ist in manchen Lehrplänen insofern beachtet, als nur wenige übergreifende Themen angegeben sind, wobei der Lehrer einen gewissen Entscheidungsspielraum bei der Planung der Unterthemen hat. Als Beispiele können etwa die Lehrpläne Baden-Württembergs und des Saarlands gelten.

Der Entscheidungsfreiraum ist dort am größten, wo - wie bei den Hamburger Lehrplänen - die verpflichtenden Themen für zwei Klassenstufen gemeinsam vorgesehen sind.

Ebenso ist bei einigen Lehrplänen ein gewisser zeitlicher Freiraum belassen, der sich jedoch in der

Realität - wenn überhaupt - als sehr schmal erweisen dürfte.

Offenheit in dem Sinn, daß die vorgeschlagenen Themen nur oder doch in erster Linie lediglich Empfehlungen darstellen, ist nirgendwo verwirklicht.

Gerade dies aber wäre im Sinn naturnaher Erziehung wünschenswert. Wenn die heimatliche Natur den Unterricht wesentlich bestimmt, so sollten Lehrpläne vor allem empfehlende Leitlinien enthalten.

In dieser Hinsicht sind in den Vorbemerkungen zum "Biologieunterricht der Hauptschule" von Baden-Württemberg wichtige Gesichtspunkte aufgeführt:

"Der Lehrplan ist offen angelegt, so daß sich der Lehrer bei der Auswahl der Inhalte seines Unterrichts weitgehend an örtlichen und jahreszeitlichen Gegebenheiten orientieren kann. Örtliche Stoffpläne bilden eine wertvolle Ergänzung des Lehrplans. Der Freiraum ermöglicht es, unter anderem auch aktuelle biologische Fragen in der Schule aufzugreifen." (S. 283)

Auch wenn die Lehrplanthemen, auf die sich die Ausführungen beziehen, entsprechend formuliert sind, lassen sie dem Lehrer dennoch einen relativ bescheidenen Entscheidungsspielraum.

3.11 Lernorte außerhalb der Schule, auf die die Lehrpläne hinweisen (oder auf die ich durch die Ministerien hingewiesen wurde)

Berlin:	Gartenarbeitsschulen (siehe Punkt 7)
Bremen:	Ökostation Bremen, Am Gütpohl, 2800 Bremen 77
Hamburg:	Hagenbecks Delphinarium (Lehrplan für die Orientierungsstufe von 1979) Siehe "Biologischer Wegweiser für Hamburg und Umgebung" in Teil III
Hessen:	Das Hessische Kultusministerium unterstützt die Aktivitäten des Naturschutzzentrums Hessen in Wetzlar, Friedenstraße 38, das auch einen Arbeitskreis "Schulgarten" und eine Arbeitsgruppe "Hessische Schulgärten" umfaßt.
Niedersachsen:	Schulbiologiezentrum Hannover, Brokkenweg 5 A, 3000 Hannover
Saarland:	"Zooschule", Am Jedermannsbrunnen, 6680 Neunkirchen

Schleswig-Holstein: Die vom Landesinstitut für Praxis und Theorie der Schule (IPTS) hrsg. Broschüre "Biologische Exkursionsstätten in Schleswig-Holstein" (Verfasser: Max Lettau und Heinrich Weber) bietet ausgezeichnete Anregungen für einen Unterricht, der Zugänge zu der regional auffindbaren Natur eröffnen möchte. Schleswig-Holstein besitzt außerdem Schulwälder. Der Landesverband Nord e.V. der Schutzgemeinschaft Deutscher Wald hat eine Broschüre mit dem Titel "Schulwälder" herausgegeben (2333 Groß Wittensee, Rendsburger Str. 33).

Zusammenfassung als Forderung IV:

Lehrpläne sollten als Richtlinien konzipiert sein. Diese hätten vor allem über zwei Aspekte Auskunft zu geben, über

1. Ziele, Leitprinzipien, Aufgaben u.ä.

Diese grundlegenden Ausführungen sollten sich an der Idee einer "grünen Schule" orientieren. Als Stichpunkte seien genannt: Schulgarten, grünes Schulgelände, grünes Klassenzimmer, Einheit von Architektur und Natur, heimatliche Natur. Erklärungen zu den Begriffen "naturnahe Erziehung und Bildung" und "Freilandbiologie" wären zu geben.

Folgende Leitprinzipien könnten die Begegnung mit der Natur bestimmen:

1. Natur "draußen" erleben und erfahren. Eine originale Naturbeziehung vermitteln. *"Freiland-Biologie"* ist das Stichwort.
2. Wichtig ist ein *ganzheitliches Erleben*. Natur *mit allen Sinnen wahrnehmen und in sich aufnehmen. Sich an ihr erfreuen.* An erster Stelle steht also die Aufgabe, eine gefühlsmäßige Bindung an die Natur herzustellen.
3. Natur beobachtend und auch *handelnd* erfahren.
4. Weg vom Häppchen-Wissen! Erleben, Erfahren und Kennenlernen in größeren Zusammenhängen erscheint angebracht. *Projektorientierung* ist notwendig.
5. Die *gesellschaftliche Wirklichkeit*, die mit Natur in Verbindung steht, *am Ort selbst* erkunden.
6. Ein "Lehrplan", der sich an diesen Prinzipien orientiert, darf *keine Inhalte verpflichtend*

vorschreiben. Natur und gesellschaftliche Einrichtungen vor Ort sind die Bezugsgrößen, nach denen Planungen vorzunehmen sind.

7. *Offenheit* ist auch notwendig, damit Schüler und Lehrer ihre *Anregungen, Wünsche und ihr Wissen* einbringen und um der unterschiedlichen Herkunft der Schüler Rechnung tragen zu können.

Hinweise, wie diese anzustreben bzw. zu verwirklichen sind, könnten ergänzend hinzukommen. Als Beispiel seien die "Didaktischen und methodischen Hinweise" der bayerischen Richtlinien 1963 genannt.

2. Inhalte als Beispiele

Beispiele für "Natur draußen erfahren"

Möglichkeiten für Erkundungen (Beispiele 1 bis 8):

1. *Pflanzen, Tiere, Kleinbiotope im Schulgarten, auf dem Schulgelände, in der näheren Umgebung*
2. *Herausragende Landschaften der näheren Umgebung mit ihrer besonderen Fauna und Flora*
   Trockenrasen der Jurahänge, Altwasser von Donau, Main u.a. Flüssen, Feuchtgebiete, Moore u.ä.
   Hierbei die Angebote wissenschaftlicher Einrichtungen, von Naturschutzeinrichtungen und -verbänden einbeziehen
3. *Naturkundliche Einrichtungen*
   Naturkundemuseum, Zoo, Botanischer Garten
4. *Aufenthalt im Schullandheim*
   Einen Schullandheimaufenthalt unter besonderer Berücksichtigung der Freilandbiologie durchführen
   Eventuell einen Bericht als Hilfe und Anregung für andere Klassen, die das Schullandheim besuchen, erstellen
5. *Nationalpark*
   landschaftliche Schönheiten, Tier- und Pflanzenwelt, besondere Einrichtungen
6. *Eine herausragende Landschaft, die im eigenen Bundesland nicht vertreten ist*
   Beispiele: Wattenmeer, Küstenlandschaft, Hochgebirge u.a.
7. *Wirtschaftliche Einrichtungen, die mit Tieren und Pflanzen zu tun haben*
   landwirtschaftliche Betriebe unterschiedlichster Art (spezialisierte und biologische Betriebe, solche mit Massentierhaltung); forstwirtschaftliche Betriebe; Gärtnereien
   Einblick in entsprechende Berufsbilder gewinnen

8. *Nutztierart*
   Beispiele: Pferd, Biene, Karpfen
   Entsprechende Berufsbilder kennenlernen
9. *Praktika*
   Ein Praktikum in einem unter 7. aufgeführten Betrieb machen
10. *Artenschutz*
    Sich mit den Besonderheiten einer Wildtierart befassen und Maßnahmen für ihren Schutz mittragen
    Beispiele: Fledermäuse, Greifvögel, Eulen
11. *Patenschaft*
    Eine Patenschaft für ein Biotop, z.B. einen Bach, oder einen Landschaftsteil übernehmen
12. *Lehrbiologische Untersuchungen*
    Beispiel: Bei der Erforschung eines Gewässers Untersuchungen durchführen. Entsprechende Ämter aufsuchen und entsprechende Berufsbilder kennenlernen
13. *Öffentliche Einrichtungen, die sich mit Naturschutz befassen*
    Beispiel: Die Ausweisung eines Naturschutzgebietes erkunden und mit vorantragen
14. *Umweltschutz*
    Ein Problem des Umweltschutzes aufgreifen und sich bei seiner Lösung aktiv einschalten
15. *Naturschutzorganisationen*
    Aufgaben und Ziele von Naturschutzorganisationen erforschen und bei einem Projekt mitwirken

Während sich die schulischen Richtlinien auf einen Umfang von drei bis vier Seiten beschränken könnten, sollte jedem Lehrer ein ausführlicher "biologischer Wegweiser", ähnlich dem, den Hamburg erstellt hat, zur Verfügung stehen.

V
Lehrerbildung: Naturentfremdung als Konsequenz?

"Am ersten Tag, an dem es die Schule betritt, ist beinahe jedes Kind geschickter, neugieriger, weniger furchtsam vor Unbekanntem, besser im Entdecken und Begreifen, selbstbewußter, erfinderischer, hartnäckiger und unabhängiger als es in seinem Schulleben jemals wieder sein wird."
Holt 1969, S. 17; hier zitiert nach Sachs 1976, S. 14

1. Lehrerbildung und Naturwissenschaft

Anstatt der im Fach Biologie feststellbaren Tendenz der Naturdistanz, ja Naturentfremdung entgegenzuwirken, verstärkt die einseitig naturwissenschaftliche Lehrerbildung diese bzw. begründet sie erst.

Die Ausbildung für Biologielehrer ist vor allem durch Vermittlung von naturwissenschaftlichen Inhalten gekennzeichnet. In der Folge orientiert sich die Lehrerausbildung kaum an pädagogischen Einsichten und Bedürfnissen, ebensowenig an den Problemen einer Erziehung zu größerem Verständnis für die Natur als unsere Lebensgrundlage und ein entsprechendes Verhalten.

Die bayerische Prüfungsordnung für Biologie - 1. Staatsprüfung - listet zum einen die Prüfungsanforderungen für dieses Fach auf, sie verlangt darüber hinaus vom Studenten auch die erfolgreiche Teilnahme an verschiedenen Kursen bzw. Lehrveranstaltungen.

(1) *Fachliche Zulassungsvoraussetzungen*
Nachweis über die erfolgreiche Teilnahme an
1. einführenden Kursen:
   a) zur Zytologie und Anatomie der Pflanzen und Tiere im Umfang von mindestens 2 Semesterwochenstunden,
   b) zur Formenkenntnis und Systematik von Pflanzen und Tieren im Umfang von mindestens 4 Semesterwochenstunden;
2. einem physikalischen Kurs (mindestens 3 Semesterwochenstunden);

3. je einem Kurs zur Physiologie der Pflanzen und Tiere im Umfang von zusammen mindestens 6 Semesterwochenstunden;
4. einem Kurs aus dem Bereich der Genetik oder Mikrobiologie (mindestens 2 Semesterwochenstunden);
5. einer Lehrveranstaltung in Humanbiologie (mindestens 3 Semesterwochenstunden);
6. einer Lehrveranstaltung in Ökologie (mindestens 2 Semesterwochenstunden);
7. einem Praktikum aus einem Teilgebiet der Biologie nach Wahl des Prüfungsteilnehmers (mindestens 15 Semesterwochenstunden);
8. fachdidaktische Lehrveranstaltungen.

(Ordnung der Ersten Staatsprüfung ... 1979, § 45; die Anforderungen gelten für zukünftige Grund-, Haupt- und Realschullehrer gleichermaßen.)

Der Nachweis der erfolgreichen Teilnahme ist in der Regel mittels Prüfungen zu erbringen, denen sich der Student im Anschluß an den Besuch der jeweiligen Veranstaltungen zu unterziehen hat. Die in diesen Prüfungen gestellten Fragen lassen fast durchgängig die einseitig naturwissenschaftlich-analytische hochspezialisierte Orientierung der Lehrerausbildung im Fach Biologie erkennen. Einige Beispiele von der Ausbildung an der Universität Regensburg können die kritisierte Tendenz veranschaulichen helfen:

Beispiele von Fragen
aus der Prüfung des Anfängerkurses in Botanik

- Skizzieren Sie Chloroplast und Mitochondrium im Querschnitt!
- Wodurch unterscheiden sich Mitose und Meiose prinzipiell?
- Wie unterscheiden sich Tracheen von Tracheiden?

... *aus der Klausur des Genetikkurses*

Welche der folgenden Aussagen sind richtig (+) bzw. falsch (-)?

( ) Nur bei Konjugation ist Zellkontakt erforderlich.
( ) Das F-Plasmid kann in verschiedene Stellen des Bakterienchromosoms integrieren.
( ) Bei der Hfr-Kreuzung kann nur ein kleiner Teil des Bakterienchromosoms übertragen werden.
( ) Antibiotikarestistenzgene können nur durch R-Plasmide übertragen werden.
( ) Lysogene Bakteriophagen sind immer ins Bakterienchromosom integriert. ... (Weitere 5 Antwortbeispiele folgen.)

... aus der Klausur zum Kurs zur Physiologie der Tiere
ERG

Wo entstehen die Potentialänderungen, die Sie bei Belichtung des Fliegenauges im ERG registrieren?

Was für Potentiale entstehen in der Retinulazelle bei der Umformung des Reizes in eine Erregung?

... aus der Klausur zur Vorlesung "Humangenetik"
Folgende Aussage ist *nicht* mit der Lyon-Hypothese in Einklang zu bringen:

a) ein X-Chromosom mit einer Gen-Mutation ist stets dasjenige, das genetisch inaktiviert wird
b) in den ersten Lebenstagen des Keimlings sind beide X-Chromosomen genetisch aktiv
c) in Zellen normaler weiblicher Säugeorganismen ist eines der beiden X-Chromosomen genetisch aktiviert
d) das inaktivierte X-Chromosom kann in verschiedenen Zellen des gleichen Organismus väterlicher oder mütterlicher Herkunft sein
e) die Inaktivität tritt früh in der Embryonalentwicklung auf und bleibt während der ganzen weiteren Entwicklung der betroffenen Zell-Linie bestehen.

Die Fragen sind mehr oder minder willkürlich aus den Klausurarbeiten gewählt. Mit der zukünftigen Wirklichkeit eines Lehrers haben sie in der Regel kaum etwas zu tun, von der einer naturnahen Erziehung und Bildung trennen sie Welten.

Verbunden mit dieser analytischen Art, sich dem Phänomen "Natur" zu nähern, sind Tötungsexperimente mit Tieren. Horst Rumpf (1981, S. 22) umreißt die Problematik mit folgenden Fragen:

"Wie wird der neunzehnjährige zeitgenössische Student der Biologie beispielsweise damit fertig, daß er in einem Anfängerkurs sich vor der Aufgabe findet, Fröschen den Kopf abzuschneiden, welcher Vorgang freilich, auch sprachlich gedämpft und auf Distanz gebracht wird, wenn er als 'DEKAPITIEREN' bezeichnet wird? Was geht in ihm vor, was denkt er, was denken seine Anleiter? Wie wird er mit seinen Gefühlen fertig, wenn die Situation im Labor ihm ganz deutlich macht, daß Widerstand zwecklos ist, weil man als Verrückter gilt, als wissenschaftsunfähiger Mensch, wenn man solche Einführung in die Lebensforschung für fragwürdig oder für unerträglich hielte? ...

Welche Gefühle und Naturbeziehungen werden Lehrer, die so in die biologische Wissenschaft eingeführt wurden, den Schülern weitergeben, welche sie zu unterrichten haben? Wie werden Frösche im Unterricht auftauchen?"

Jährlich sterben an Hochschulen und Instituten der Bundesrepublik zehn bis fünfzehn Millionen Tiere für Demonstrations- und Versuchszwecke! (Händel 1984) Auch Lehramtsstudenten müssen Frösche zerlegen, so als ob sie das *Leben* des Frosches erkunden könnten, wenn sie ihn töten! *

---

* Mancherorts regt sich Widerstand. Anfang 1979 protestierten Studenten an der Hamburger Universitätsklinik Eppendorf dagegen, daß sie Frösche, Meerschweinchen und Schildkröten zerlegen sollten. Im September 1979 alarmierten Studenten der Münchner Ludwig-Maximilians-Universität den Tierschutzverein, weil im bevorstehenden Kursus wieder 24 Hunde getötet werden sollten. Ende 1981 boykottierten gleich Tausende in Berlin, Hamburg, Ulm und Heidelberg wochenlang ihre Tierversuch-Seminare. Anfang 1983 traten in Regensburg Studenten in den Streik, weil sie den Tod von 150 Lurchen verhindern wollten. (Der Spiegel 51/1983, S. 80) Der Student Reiner Alting will mit gerichtlicher Hilfe das Töten von Tieren zu Demonstrationszwecken stoppen. (Ebd.) Was Ingo Krumbiegel in einem Gutachten zur Verteidigung des "Tötungsverweigerers" Reiner Alting schreibt, gilt in gleicher Weise für Lehramtsstudenten, daß nämlich derartige Experimente "für ein Studium namentlich der Humanmedizin nicht nur entbehrlich, sondern schädlich sind. Denn der durch die Teilnahme an Tier-Massakern erfolgende Abbau der sozial-ethischen Achtung vor der Mitgeschöpflichkeit führe zur Minderung der Mitleidensfähigkeit und damit zur Unmöglichkeit, dem Ethos des Arztberufes zu genügen." (Der Spiegel 2/1984, S. 8) "Tierexperimente entwickeln bei den angehenden Medizinern die experimentelle Grundhaltung und fördern Bemächtigungstendenzen, die leicht beibehalten und unbewußt auf die Arzt-Patienten-Beziehung übertragen werden, statt daß die Studenten eine Haltung des Verständnisses und Einfühlungsvermögens, der Geduld und der Gelassenheit einüben." (Höffe 1984, S. 95)

Wie sich Naturwissenschaft "objektiv" dem Leben nähert, beschreibt anschaulich der Physiologe Pawlow:

"Wir untersagten uns streng (im Laboratorium war sogar eine Strafe ausgesetzt), solche psychologischen Ausdrücke zu benutzen wie 'der Hund erriet', 'wollte', 'wünschte' usw.

Endlich begannen sich uns alle Erscheinungen, die uns interessierten, in einer anderen Form zu zeigen... So schwer es die erste Zeit auch war, so gelang es mir doch schließlich nach längerer Mühe und durch konzentrierte Aufmerksamkeit zu erreichen, daß ich im wahrsten Sinne des Wortes objektiv wurde" (Pawlow, zit. bei Duerr 1978, S. 139, hier wiedergegeben nach Rumpf S. 62).

Horst Rumpf charakterisiert diese Einstellung treffend:

"Wie Mönche ihr Fleisch zu kasteien lernten, um Versuchungen zu widerstehen, so lernten die hier beschriebenen Diener der Wissenschaft, die Regungen in sich abzutöten, welche als ferne Abkömmlinge der Kinderregungen und -faszinationen durch einen Hund zu erkennen sind. Nicht nur müssen sie körperlich ruhig bleiben, allenfalls mit dem Blick ein Beobachtungsdatum, eine Hundeverhaltensweise registrierend und auf dem Beobachtungsbogen durch Bleistiftstrich festhaltend; sie dürfen sich auch keine zuchtlose Sprache mehr erlauben, eine Sprache, in der sich eine sympathetische Empfindung von lebendiger Nähe zu einem bestimmten Hund niederschlagen könnte; der Hund darf nur noch Laute von sich geben, Bewegungen vollführen - er ist vom Ausdrucksträger, der vielfache Resonanzen in empfindenden und wahrnehmenden Menschen wecken kann, zu einem Forschungsgegenstand geworden, der auf wenige umschreibbare Merkmale hin zu beobachten ist. Und der Mensch, der auf diesem Weg zu Erkenntnissen kommt, muß lernen, seinen in sinnlichen Empfindungen gründenden Weltbeziehungen zu mißtrauen, sie schärfsten Kontrollen zu unterwerfen und in sich eine Instanz aufzurichten, welche das durch Stimmungen, durch Schicksale, durch Situationen beeinflußte sterbliche Ich unter sich läßt." (Rumpf 1981, S. 62f.)

"Wissenschaftsorientierung", auch in der Schule, sieht diese Haltung dem Lebendigen gegenüber als vorbildlich an! Eine solche Orientierung darf aber nicht nur funktional bewertet werden, sie hat eine gewichtige Sozialisationsfunktion für eine lebensfeindliche Gesellschaft.

An Kritikpunkten an den Naturwissenschaften bleibt festzuhalten (siehe auch Teil I): 1. die Verdinglichung von Tieren und Pflanzen, 2. die lebensfeindliche Tendenz der Naturwissenschaften, mit analogen Folgen für Gesellschaft und Natur, 3. die Isoliertheit der Objekte. Vor allem auf letzteren Aspekt soll im folgenden nochmals eingegangen werden.

2. "Systemansatz" als Alternative?

Als Alternative bietet sich eine Wissenschaft mit ganzheitlichem Charakter an, sie hat zudem eine viel längere Tradition als unser abendländisches analytisches Naturverständnis. Vertreter einer "neuen" Wissenschaft mit ganzheitlicher Sicht sehen die Welt als dynamische komplexe Systeme, weshalb sie von *Systemansatz* sprechen.

Michelsen und Siebert schreiben in ihrer lesenswerten Einführung für eine so verstandene Wissenschaft (1985, S. 34ff.): "Die Systeme unserer Wirklichkeit sind in vielfältiger Weise miteinander vernetzt, wobei die Zusammenhänge nur teilweise monokausal und linear zu erklären sind, sie vielfach aber einen dynamischen Prozeß von Interdependenzen darstellen. Die spezialisierten Naturwissenschaften haben vorwiegend Einzelmechanismen, kaum aber Wechselwirkungen untersucht." (S. 39)

Unsere Realität, meint Vester, Verfasser vieler Bücher zu diesem Thema, "ist ein vernetztes System, in dem es oft weniger auf jene Einzelbereiche (wie Agrarwirtschaft, Verkehrswesen, Chemie, Geographie, Betriebswirtschaft, Abfallbeseitigung und Bauwesen, d. Verf.) ankommt als auf die Beziehungen zwischen ihnen" (1980, S. 19). In Rückgriff auf de Rosnay (1977, S. 43) stellt er dem analytischen Ansatz einen Systemansatz gegenüber:

Zwei Ansätze zur Erfassung der Wirklichkeit

Analytischer Ansatz	Systemansatz
Isoliert: konzentriert sich auf die einzelnen Elemente des Systems	Verbindet: konzentriert sich auf die Wechselwirkungen zwischen den Elementen
Berücksichtigt die Art der Wechselwirkungen	Berücksichtigt die Ergebnisse der Wechselwirkungen
Stützt sich auf die Genauigkeit der Details	Stützt sich auf die Wahrnehmung der Ganzheit
Verändert jeweils nur eine Variable	Verändert Gruppen von Variablen gleichzeitig
Ist unabhängig von der Zeitdauer: die betrachteten Phänomene sind reversibel	Bezieht Zeitdauer und Irreversibilitäten ein
Die Bewertung der Tatsachen erfolgt durch experimentellen Beweis im Rahmen einer Theorie	Die Bewertung der Tatsachen erfolgt durch Vergleich der Funktion eines Modells mit der Realität
Bildet genaue und detaillierte Modelle (Beispiel: ökonometrische Modelle), die jedoch kaum in Handlungen umsetzbar sind	Bietet Modelle, die nicht stichhaltig genug sind, um als Wissensbasis zu dienen (Beispiel Meadows), jedoch für Entscheidungen und Handlungen brauchbar sind
Nützlicher Ansatz, solange es sich um lineare und schwache Wechselwirkungen handelt	Nützlicher Ansatz bei nichtlinearen und starken Wechselwirkungen
Führt zu einer disziplinorientierten Ausbildung	Führt zu einer interdisziplinären Ausbildung
Führt zu einer im Detail programmierten Handlungsweise	Führt zu einer durch Ziele bestimmten Handlungsweise
Erreicht gutes Detailwissen, jedoch schlecht definierte Ziele	Erreicht nur unscharfe Details, jedoch gutes Wissen über die Ziele

Schmandt (1987, S. 152 ff.) stellt neue und alte Positionen wie folgt gegenüber.

Das "alte" Paradigma war durch folgende Grundgedanken bestimmt:

"1. Geistige und materielle Dinge sind unüberbrückbar voneinander getrennt.
2. Die materielle Welt funktioniert in mechanischer Weise wie ein kompliziertes Uhrwerk.
3. Die Welt steht dem Menschen zur hemmungslosen Ausbeutung zur Verfügung.
4. Die Wissenschaft ist rein zweckmäßig zu betreiben, zur totalen Beherrschung der Natur und zur gewinnträchtigen Ausbeutung.
5. Wissenschaft sollte nur experimentell betrieben werden, andere Wissenschaften sind nicht ganz ernst zu nehmen.
6. Probleme sind in ihre Teile zu zerlegen und nach Ursache und Wirkung zu ordnen, etwa wie bei der Reparatur eines Uhrwerkes." Für jede Wirkung wird in der Regel nur eine Ursache gesucht, man begnügt sich mit dieser einfachen Ursache-Wirkung-Beziehung, läßt alle weiteren Beziehungen der Dinge untereinander außer acht und versteht alle "Gegenstände" als losgetrennte Einzeldinge.

Als erste Ansätze zu einem neuen Paradigma formuliert Schmandt folgende Thesen:

"1. Der Mensch mit seinen geistigen Möglichkeiten und seine Umwelt sind bis ins Innerste miteinander verwoben.
2. Die ganze Welt und alle Dinge sind wie ein lebender Organismus.
3. Die Welt (Natur, d. Verf.) bietet dem Menschen seine Lebensbedingungen. ...
4. Eine Wissenschaft, die nur zweckmäßig auf Gewinn und Macht ausgerichtet ist, führt zu geistiger Verödung. ...
5. Nicht experimentell betriebene Wissenschaften abzulehnen ist eine gefährliche Einseitigkeit, bedeutet Inhumanität.
6. ... alle Dinge (sind) miteinander vernetzt ... Die Welt ist ein Ganzes, die Ursachenbeziehungen sind vielfältig und gegenseitig."

Allerdings bleibt zu fragen, ob derart "vernünftige" Wissenschaften in einem auf Ausbeutung der Natur und des Menschen ausgerichteten Wirtschaftssystem auf breiterer Basis zugelassen werden. Dem Systemansatz verpflichtete Wissenschaften würden ja keine einlinige Zulieferfunktion für wirtschaftliche Produktion abgeben, dem dynamischen Ausbeutungssystem des Kapitalismus entsprechend nicht angemessen funktionieren.

Ein Beispiel: Den über 250 Professoren für "konventionellen" Landbau steht gerade 1 (!) Lehrstuhl für ökologischen Landbau gegenüber, nämlich an der Gesamthochschule Kassel. Klar, daß das Herrschaftswissen des traditionellen Landbaus auch die gesellschaftliche Realität widerspiegelt. Ganz realistisch sogar: Gerade 0,5 % der landwirtschaflich genutzten Fläche werden ökologisch bewirtschaftet.

Wäre der Prozeß der Naturwissenschaften - mit den Folgen der Technisierung und Chemisierung der Welt - stabilisierbar, so wäre vielleicht noch ein Gleichgewicht erreichbar, das vielen Lebewesen ein Weiterleben ermöglicht. Aber die Dynamik der allumfassenden Bemächtigung ist so groß, daß neue Denkansätze nur Außenseiterrollen einnehmen können.

Die Vorstellung, daß die Geisteswissenschaften Kriterien für eine humane und allseitig lebensbejahende Naturwissenschaft entwickeln und damit gar eine Kontrolle über die Naturwissenschaften ausüben könnten - wie etwa Krieger (1987) meint -, dürfte im Bereich des Wunschdenkens bleiben.

Für die Verwirklichung einer den Prinzipien einer Naturbezogenen Pädagogik verpflichteten Ausbildung bleibt eine entsprechende ganzheitliche Wissenschaft von der Natur eine unverzichtbare Voraussetzung.

3. "Aneignung" eines neuen Naturverhältnisses - aufgezeigt am Beispiel "Baum"

"Schön ist Natur konkret nur in einem bestimmten Augenblick, an einem bestimmten Ort, aus einem bestimmten Blickpunkt der Betrachtung und überdies noch auf eine bestimmte Weise durch die Empfindungen, Gefühle, Reflexionen des jeweiligen ästhetischen Subjekts gefärbt, - Intensität und irreduzible Qualität eines Hier und Jetzt, transitorisch aufscheinend und entschwindend" (Zimmermann 1982, S. 131). *

Der Baum

Dann war da dieser Baum.
Nichts weiter als grün,
wenn es soweit war,
mit einem Schatz von Blättern und Vögeln,
Schatten, je nach Tageszeit,
bei schönem Wetter,
ohne Umwelt, für sich,
mit Gewitter und Leuten,
die sich kurz unter ihm liebten,
den Kopf voller Sonne -
ein Gedicht wert wie dieses.
Dieser Baum. Ich warf
einen Stein nach ihm.
Er kam nicht zurück.
Ich bestieg ihn langsam
und verirrte mich
in einem fernen Land.

Karl Krolow
Aus: Gollwitzer 1984, S. 114

Viele Menschen haben das Glück, "naturnah" aufzuwachsen, werden durch diese Naturnähe in ihren Erlebnismöglichkeiten und -fähigkeiten entscheidend geprägt, haben dadurch auch als Erwachsene eine viel engere Beziehung zur Natur und können dadurch naturnahe Erziehung und Bildung leichter anstreben.

---

* Vgl. hierzu die Ausführungen de Haans (1985) über das Naturschöne S. 177 ff. Das Zitat entstammt demselben Werk (S. 184).

In meiner Jugend etwa haben Bäume eine wichtige Rolle gespielt. Den Platz vor unserem Haus nahm eine prächtige Linde ein; durch sie konnte ich vieles von dem erleben, was ich weiter oben beim Thema "Linde" durch Fragen aufgegriffen habe. Auf dem Nachbargrundstück standen zwei hochaufragende alte Kiefern, deren weitausladende Äste zwei Graureiher zum Schlafplatz erwählt hatten. Oft suchte ich den Boden nach den großen Flugfedern der Reiher ab. Die Silhouette der Kiefern hat sich tief in mein Gedächtnis eingeprägt, habe ich doch an vielen Abenden in der Dämmerung nach dem Kommen der großen Vögel Ausschau gehalten; meist machten sie mich bei ihrem Rückflug mit kreischenden Rufen auf sich aufmerksam. - Auf der Anhöhe hinter unserem Haus stand eine sehr alte große Buche mit dichtem Blätterdach bei weit ausladender Krone. Im Sommer saß ich oft in ihrem Schatten; man konnte von dort in das Maintal und auf die Höhen, die den Main begleiten, schauen.

Die lichtüberfluteten Hänge, der Schatten des mächtigen Baumes, die Lichtstrahlen, die da und dort doch sein ansonsten sehr dichtes Blätterdach zu durchdringen wußten, die warme Sommerluft, der blaue Himmel, der sich ins Unendliche zu spannen schien - das waren Eindrücke, die ich immer wieder gerne auf mich wirken ließ.

In der Nähe war ein kleiner Eichenhain: Die urwüchsigen, hochaufragenden Bäume mit ihren mächtigen Stämmen, den kräftigen, knorrigen, gewundenden, oft sogar bizarr aussehenden Ästen faszinierten mich stets aufs neue.

Nicht weit davon entfernt befand sich ein kreisrunder Platz, der dicht mit großen Kastanien bestanden war. Zwischen den Baumstämmen waren Bänke aufgestellt. Im Herbst saß ich dort gerne, hörte wie die Kastanien aufsprangen, prasselnd herunterfielen und freute mich an den braun glänzenden Früchten.

Selbstverständlich waren diese Bäume nicht isolierte Bestandteile von Naturbegegnungen. Mit ihnen waren eine Fülle von Erlebnissen mit anderen Lebewesen verbunden: mit Schmetterlingen, Vögeln, Käfern, Eidechsen, Schlangen, Ameisen, Blumen, Gräsern, Pilzen u.ä.

Wenn ich mich an meine Jugend zurückerinnere, sehe ich diese prächtigen Bäume vor mir, denke ich an die verschiedenen Eindrücke und Erlebnisse, die mit ihnen verbunden waren, sehe erneut die Landschaft, die diese Bäume wesentlich prägten. Es war eine mit Naturschönheiten reich ausgestattete Gegend, ihre Vielgestaltigkeit, Üppigkeit und Individualität und die damit verbundene Erlebnisvielfalt haben meine Bilderwelt geprägt und den Reichtum meines Gefühlslebens mitbegründet. Sie bedeutet für mich heute noch Heimat.

Was ich hier bruchstückhaft aus der Erinnerung wiederzugeben versuchte, haben Dichter in ihren Werken weit eindrucksvoller darzustellen vermocht. Ihre Ausführungen können oftmals zu einem meditativen Umgang mit der Natur verhelfen.

In "Die Stadt in der Wüste" läßt Antoine de Saint-Exupéry einen Dichter von "seinem" Baum erzählen und weist im Anschluß daran auf die Bedeutung der in der Erzählung zum Ausdruck gebrachten Erfahrungen hin.

... eines Abends in der Wüste am Lagerfeuer erzählte jener Dichter die schlichte Geschichte seines Baumes. Und meine Soldaten, von denen viele nie etwas anderes als gelbliches Gras und Zwergpalmen und Dornen gesehen hatten, hörten ihm zu. "Ihr wißt nicht", sagte er zu ihnen, "was ein Baum ist. Ich habe einen gesehen, der von ungefähr in einem verlassenen Hause, einem fensterlosen Gemäuer gewachsen war und der sich aufgemacht hatte, das Licht zu suchen. Wie der Mensch Luft um sich haben muß und der Karpfen Wasser, braucht der Baum Helle. Denn da er mit seinen Wurzeln in die Erde und mit seinen Zweigen in die Gestirne gepflanzt ist, ist er der Weg des Austausches zwischen und unter den Sternen. Dieser blindgeborene Baum hatte also in der Finsternis seine mächtigen Wurzeln ausgedehnt; er war von Wand zu Wand getappt, er war hin und her geschwankt, und dieser Kampf hatte sich in die Windungen seines Stammes eingezeichnet. Sodann hatte er zur Sonne hin ein Mauerloch aufgebrochen und war hochgeschossen, aufrecht wie ein Säulenschaft, und so bin ich - mit dem Abstande des Geschichtsforschers - Zeuge der Bewegungen seines Sieges geworden. Er ... entfaltete sich in aller Ruhe; wie eine große Tafel, auf der die Sonne bedient wurde, breitete er sein Blattwerk aus, und so wurde er vom Himmel selber gesäugt und von den Göttern mit köstlicher Speise bewirtet.

Und ich sah, wie er jeden Morgen bei Tagesanbruch vom Wipfel bis zum Fuße erwachte. Denn er war beladen mit Vögeln. Und sobald es dämmerte, begann er zu leben und zu singen. Wenn dann die Sonne aufgegangen war, ließ er seine Schätze in den Himmel hinaus wie ein nachsichtiger alter Hirte - mein Baum, der ein

Haus, der ein Schloß war und leer blieb bis zum Abend ..."

So erzählte er, und wir wußten, daß man den Baum lange anschauen muß, damit er ebenso in uns gedeihe.

Und ein jeder beneidete ihn um diese Fülle von Blättern und Vögeln, die er in seinem Herzen trug.

Aus: Gollwitzer 1984, S. 232

In Aus- und Fortbildung wäre der Student bzw. Lehrer zu seinem Verhältnis zur Natur neu zu befragen. Dabei sind nicht nur die gemachten Erfahrungen vom Jahresrhythmus, vom Werden und Vergehen in der Natur, von Begegnungen mit Tieren und Pflanzen neu zu thematisieren; *sein* Prozeß der "Naturaneignung", der schon mit früher Kindheit beginnt, ist neu herauszuarbeiten und zu überdenken.

Sollte jemand ohne vergleichbare Naturerfahrungen aufgewachsen sein, so ist auch dies ins Bewußtsein zu heben. Zugänge zu einem vertieften, kreatürlichen Naturverständnis sind zu eröffnen oder Naturerfahrungen "nachzuholen". Statt isolierte Kenntnisse zu vermitteln, scheint es bedenkenswert, ob und wie Erlebnisse und Erfahrungen in einer Art "Nacherziehung" nachholbar sind. Dozenten könnten sich gemeinsam mit ihren Studenten in sinnenhafte ganzheitliche Naturerfahrungen einzuüben versuchen; gemeinsam sollten sie Wege finden, wie sie ihre Erfahrungen und die anderer an die nächste Generation sinnvoll weitergeben bzw. junge Menschen dazu anleiten können, Natur kreatürlich und einfühlsam zu genießen.

Der Baum hat hierbei nicht zufällig eine zentrale Rolle. Während der jahrtausend währenden Menschheitsgeschichte haben sich bei vielen Völkern Erfahrungen in Mythen, Religionen, Märchen, Sagen, Fabeln, Legenden und Gedichten, die den Baum zum Gegenstand haben, verdichtet. (Vgl. Gollwitzer 1984.) Auch heute ist dieser Vorgang noch nicht abgeschlossen.

Jeder Mensch dürfte in seiner Entwicklung in irgendeiner Weise die Menschheitsgeschichte nachvollziehen. So bedeutet es für die individuelle Entwicklung des Menschen eine wichtige Hilfe, wenn dem jungen Menschen dieser Erfahrungsschatz zugänglich gemacht wird. Wie er diesbezügliche Erfahrungen individuell nachvollzieht und kreatürlich neu gestaltet, zeigt eindrucksvoll die auf S.275 abgebildete Baumreihe. Mit ihr wird nicht nur zum Ausdruck gebracht, wie sich der junge Mensch in der jeweiligen Entwicklungsphase durch bildnerisches Gestalten "seinen"

Baum aneignet, hier werden - wie Kunstgeschichte und Archeologie bezeugen - in der Menschheitsgeschichte geschaffene Formen individuell aufgearbeitet und auf diese Weise uralte Erfahrungen nachvollzogen.

Zu S. 275: Kinderzeichnungen
"Der Baum ist eines der frühesten Motive im Zeichnen und Malen der Kinder. Was ein Kind an einem Baum beeindruckt, das versucht es mit aller Hingabe darzustellen. Der Vorgang kommt einer wahren Nachschöpfung gleich und ist zugleich ein Erfassen, ein Sichaneignen eines Teils von Welt. Der Baum steht als Sinnbild für Vorgänge, die im Kinde selbst so lebhaft in Bewegung sind - Wachsen und sich Entfalten. Mit der Entwicklung der geistigen und seelischen Fähigkeiten des Kindes nimmt auch der gestalterische Reichtum seines Bildes zu. Die Bildreihe wirkt darum geradezu wie eine graphische Darstellung kindlichen Wachstums. Die Kinder zeichneten hier - der vom Lehrer gestellten Aufgabe entsprechend - nur die oberirdischen Teile der Bäume. Bei spontan entstehenden Baumbildern zeichnen die Kinder meist auch Wurzeln und die Erde, aus der der Baum aufsteigt."

Gollwitzer 1984, S. 27. Gollwitzer hat die Bäume zusammengestellt nach Herrmann 1963, S. 22 ff.

Das heißt aber auch: Die in der fast zwei Millionen Jahre währenden Menschheitsgeschichte gemachten Erfahrungen können nur dann weitergegeben und fortgeführt werden, wenn auch die Natur in der reichhaltigen Fülle erhalten bleibt, die diesen Erfahrungen zugrunde liegen. Durch Naturzerstörung verliert der Mensch nicht "nur" seine momentane Lebensgrundlage, der Mensch wird auch seiner geschichtlichen Kontinuität beraubt. Und das in einer viel fundamentaleren und elementareren Weise, als Geschichte in der Schule verstanden und gelehrt wird. Deshalb hilft es auch nur sehr wenig, wenn etwa altägyptische und -griechische Tempel als Zeugnisse menschlicher Kulturleistungen erhalten werden. Natur ist auch ein geschichtliches Erbe, das den Menschen in einer mindestens hundertmal so langen Geschichte geprägt, ihm einen riesigen Erfahrungsschatz vermittelt hat, der als geschichtliches Erbe den Reichtum des menschlichen Denkens, Fühlens und Wollens wesentlich mitbestimmt. Dieser geschichtliche Schatz kann aber nur dann weitergegeben und für den einzelnen wirksam werden, wenn der Reichtum der Lebensvielfalt in der Natur erhalten bleibt. Unsere heutige hochtechnisierte Gesellschaft ist eine "denaturierte". Der Verstand in seiner kognitiven Ausschließlichkeit hat den Menschen zum "Herrscher" über die Natur aufschwingen lassen. Der Reichtum der Natur, der durch rationales menschliches Handeln zum Verschwinden gebracht wird, läßt nun den Menschen als arm, bedürftig und geschichtslos erfahren. Als Protest dagegen, bzw. aus einem elementaren Bedürfnis heraus, fordert der Mensch daher die Fülle des Lebens, die mit ganzheitlicher und sinnenhafter Naturerfahrung verbunden ist, wieder leidenschaftlich ein.

Könnt ihr noch Wetterbuchen liefern?

Aber es werden Menschen kommen
denen das zeitauf zeitab
der Fabriken gleichgültig ist
sie wollen nicht auf Märkten einkaufen
aber sie fragen
nach dem Millionen
Jahre alten Wind
ob ihr noch Vögel
Fische
Füchse
Sumpfdotterblumen
aufgehoben habt
wenn anderswo
alle Wälder zerstückelt sind
alle Städte über die Ränder getreten
alle Täler überquellen vom Müll
Könnt ihr noch Wetterbuchen liefern?
einen unbegradigten Fluß?
Mulden ohne schwelenden Abfall?
Hänge ohne Betongeschwüre?
Seitentäler ohne Gewinn?
habt ihr noch immer nicht genug
Einkaufszentren in Wiesen gestreut
Möbelmärkte zwischen Skabiosen
nicht genug Skilifte ohne Schnee
Nachschubstraßen für Brot und Spiele
Panzerschneisen hügelentlang
Fichtenschonungen auf der Albheide
wenn ihr die Schafe aussterben laßt
stirbt der Wachholder...

Margarete Hannsmann (aus "Landschaft", entnommen der Gedichtsammlung "Ins Gedächtnis der Erde geprägt", Schwäbisch Hall 1973; hier wiedergegeben nach Hockenjos 1978, S.66)

Verständlich, daß der Baum in einer Zeit, in der ihn der Mensch durch sein egozentrisches Handeln umbringt, er andererseits wieder in verstärktem Maß als Symbol der Lebenskraft, der Lebensfülle, aber auch der Verletzlichkeit alles Lebendigen gesehen wird, erneut in den Blickpunkt vieler Menschen rückt. So ist auch nicht verwunderlich, daß in den letzten Jahren eine Vielzahl von Büchern erschienen ist, die die Einmaligkeit, "Persönlichkeit", Individualität, Würde und Schönheit des Baumes durch Bild und Wort eindrucksvoll zum Ausdruck bringen. Die jahrtausendalte Weisheit der Völker wird zitiert, Dichter und Maler bekunden die Verbundenheit mit "ihren" Bäumen. Sie können - anders als dies so manches Schülerbuch und einseitiges kognitives Wissen vermögen - eine Besinnung über Natur einleiten, Naturnähe vermitteln, gleichzeitig aber auch Achtung vor der Natur wecken.

Einige Bücher seien hier beispielhaft aufgeführt:

Goerss, Hartwig: Unsere Baum-Veteranen. Hannover 1981.
Gohl, Heinrich/Krebs, E.: Lebende Wälder. Zürich 1973.
Gollwitzer, Gerda: Bäume. Bilder und Texte aus drei Jahrtausenden. Herrsching 1984 (1980).
Grames, Eberhard: Bäume. Hamburg 1982.
Hesse, Hermann: Bäume. Frankfurt 1984 (1952) (Insel-Taschenbuch).
Hindermann, Federico (Hrsg.): "Sag' ich's euch, geliebte Bäume ..." Texte aus der Weltliteratur. Zürich 1984.
Hockenjos, Wolf: Begegnung mit Bäumen. Stuttgart ^{2}1979 (1978).
Matzek, Robert (Auswahl): Goldene Worte über Bäume. Gedanken aus alter und neuer Zeit. Stuttgart 1983.
Puchner, Willy (Fotos), *Thoreau, Henry David* (Texte): Bäume. Wien und München 1983.

Als mir bei einem Spaziergang auffiel, daß Eiche und Buche noch im Februar Laub trugen, erinnerte ich mich an einen Text Hermann Hesses aus seinen Aprilbriefen vom Jahre 1952. Der Text wird deshalb hier wiedergegeben, weil er sehr schön die Verbindung von Erleben und Wissen, von Naturbeobachtung und Naturerfahrung, von Lebensdeutung und Lebenssinn aufzeigt, die Einheit des Menschen mit der ihn umgebenden Natur zum Ausdruck bringt, und dies alles in einer dichten dichterischen Sprache.

"Stets hat es mich gefreut und mir imponiert, mit

welcher Zähigkeit meine kleine Buche ihre Blätter festhält. Wenn alles längst kahl ist, steht sie noch im Kleide ihrer welken Blätter, den Dezember, den Januar, den Februar hindurch, Sturm zerrt an ihr, Schnee fällt auf sie und tropft wieder von ihr ab, die dürren Blätter, anfangs dunkelbraun, werden immer heller, dünner, seidiger, aber der Baum entläßt sie nicht, sie müssen die jungen Knospen schützen. Irgend einmal dann in jedem Frühling, jedesmal später, als man es erwartete, war eines Tages der Baum verändert, hatte das alte Laub verloren und statt seiner die feucht beflognen, zarten neuen Knospen aufgesetzt. Diesmal nun war ich Zeuge dieser Verwandlung. Es war bald, nachdem der Regen die Landschaft grün und frisch gemacht hatte, eine Stunde am Nachmittag, um die Mitte des April, noch hatte ich in diesem Jahr keinen Kuckuck gehört und keine Narzisse in der Wiese entdeckt. Vor wenigen Tagen noch war ich bei kräftigem Nordwind hier gestanden, fröstelnd und den Kragen hochgeschlagen, und hatte mit Bewunderung zugesehen, wie die Buche gleichmütig im zerrenden Winde stand und kaum ein Blättchen hingab; zäh und tapfer, hart und trotzig hielt sie ihr gebleichtes altes Laub zusammen.

Und jetzt, heute, während ich bei sanfter windstiller Wärme bei meinem Feuer stand und Holz brach, sah ich es geschehen: es erhob sich ein leiser sanfter Windhauch, ein Atemzug nur, und zu Hunderten und Tausenden wehten die so lang gesparten Blätter dahin, lautlos, leicht, willig, müde ihrer Ausdauer, müde ihres Trotzes und ihrer Tapferkeit. Was fünf, sechs Monate festgehalten und Widerstand geleistet hatte, erlag in wenigen Minuten einem Nichts, einem Hauch, weil die Zeit gekommen, weil die bittere Ausdauer nicht mehr nötig war. Hinweg stob und flatterte es, lächelnd, reif, ohne Kampf. Das Windchen war viel zu schwach, um die so leicht und dünn gewordenen kleinen Blätter weit weg zu treiben, wie ein leiser Regen rieselten sie nieder und deckten Weg und Gras zu Füßen des Bäumchens, von dessen Knospen ein paar wenige schon aufgebrochen und grün geworden waren. Was hatte sich mir nun in diesem überraschenden und rührenden Schauspiel offenbart? War es der Tod, der leicht und willig vollzogene Tod des Winterlaubes? War es das Leben, die drängende und jubelnde Jugend der Knospen, die sich mit plötzlich erwachtem Willen Raum geschaffen hatte? War es traurig, war es erheiternd? War es eine Mahnung an mich, den Alten, mich

auch flattern und fallen zu lassen, eine Mahnung daran, daß ich vielleicht Jungen und Stärkeren den Raum wegnahm? Oder war es eine Aufforderung, es zu halten wie das Buchenlaub, mich so lang und zäh auf den Beinen zu halten wie nur möglich, mich zu stemmen und zu wehren, weil dann, im rechten Augenblick, der Abschied leicht und heiter sein werde? Nein, es war, wie jede Schauung, ein Sichtbarwerden des Großen und Ewigen, des Zusammenfalls der Gegensätze, ihres Zusammenschmelzens im Feuer der Wirklichkeit, es bedeutete nichts, mahnte zu nichts, vielmehr es bedeutete alles, es bedeutete das Geheimnis des Seins, und es war schön, war Glück, war Sinn, war Geschenk und Fund für den Schauenden, wie es ein Ohr voll Bach, ein Auge voll Cézanne ist. Diese Namen und Deutungen waren nicht das Erlebnis, sie kamen erst nachher, das Erlebnis selbst war nur Erscheinung, Wunder, Geheimnis, so schön wie ernst, so hold wie unerbittlich."
Hesse 1984, S. 17 - 20

4. Kenntnisse über die Artenvielfalt der Natur

Ganzheitliche Sicht der Natur und ganzheitliches Erleben bedeuten keine Absage an Detailwissen. Dieses hat allerdings einen anderen Sinnbezug. Ganzheitliches Erleben der Natur und Kenntnisse über die Natur bedingen sich zudem wechselseitig.

Im Februar 1985 wurde ich in ein Schullandheim bei Riedenburg, auf einer Anhöhe des Altmühltals gelegen, zu einem Besuch eingeladen. Das Heim liegt in einer herrlichen parkähnlichen Landschaft: Rotbuchen, Birken, Eichen, Kiefern, Fichten und Lärchen wachsen dort, eine Vielzahl von Büschen wurde entlang des Grundstücks gepflanzt, Reste von Magerrasen mit Wacholder grenzen an das Haus an. Landschaftsschutzgebiet! Auch im Winter ist die Artenvielfalt leicht erfahrbar, zumal die Rotbuchen und Eichen teilweise noch ihr Laub haben. Am Tag meines Aufenthalts im Heim lagen unter einer mächtigen Buche viele Hülsen der Bucheckernfrüchte auf dem Schnee, vereinzelt konnte man auch Lärchen- und Kiefernzapfen finden. Vor dem Haus stehen einige knorrige Kiefern, ein Buntspecht bearbeitete ausdauernd eine von ihnen. Auf einer Birke wächst in geringer Höhe ein Mistelbusch. Die roten Früchte der Heckenrose hoben sich gegen das Weiß des Schnees leuchtend ab, die Blätter der Brombeere lagen wie ausgebreitet auf dem Schnee, Spuren von Hasen und Rehen durchzogen den Park.

Nachmittags war ein Geländespiel angesetzt. Die Kinder von drei Klassen, betreut von sechs Lehrern, machten Geschicklichkeitsspiele in der Natur, schnappten nach Brezeln, die man auf einer Schnur zwischen zwei kleinen Kiefern aufgehängt hatte, warfen mit Bällen weit usf. Die sie umgebende Natur war kein Thema. Auf meine Fragen nach den Gründen hierfür gaben mir die Kolleginnen und Kollegen zur Antwort: Sie selbst kennten die Natur zu wenig und könnten daher auch keine diesbezüglichen Aufgaben und Anregungen in das Spiel mit aufnehmen.

Die Verwirklichung einer naturnahen Erziehung ist letztlich nur möglich auf der Grundlage einer breiten *Artenkenntnis* der Kräuter, Blütenpflanzen, Büsche und Bäume, der Käfer, Schmetterlinge, Insekten und Vögel. Basis der Ausbildung für das Fach Biologie müßte daher die Vermittlung von Artenkenntnis sein. Die Aneignung entsprechenden Wissens sollte in der Form geschehen, die der Lehrer später auch für seine Schüler sinnvollerweise vorsieht: durch Beobachtung in der freien Natur.

Angehörige von naturnah lebenden Völkern kannten bzw. kennen Hunderte, wenn nicht Tausende von Tier- und Pflanzenarten und sind mit deren Besonderheiten oft bis ins Detail vertraut. Obwohl sie sich mit der Natur identisch fühlen, könnten sie aber sicher auf keine der oben aufgeführten Prüfungsfragen eine Antwort geben!

Der Einwand, die Vermittlung von Artenkenntnis sei nicht "wissenschaftlich", ist höchstens von einem Wissenschaftsbegriff her verständlich, der Natur nur als isolierte Einzelobjekte wahrnimmt, als solche analysiert und seziert, zu Objekten degradiert und der sich in seiner eigenen Isolation und mit seinem Totalitätsanspruch Alternativen einer lebensachtenden Wissenschaft nicht mehr vorstellen kann, der "souverän" über Artenvielfalt hinwegsieht, weil das Ganze des Kosmos für ihn längst kein Thema mehr ist, der vielmehr - durch die Ausgrenzung dieser Ganzheit - zu ihrer Zerstörung beiträgt. (Weitere das Fach Biologie betreffende Aspekte einer Wissenschaftskritik siehe Maurer 1978, S. 78 ff.)

Die Vielfalt des Lebens würde man am geeignetsten anhand von *Biotopen* vermitteln können: Wald, Trockenrasen, Auwald, Altwasser u. dgl. sollten Orte für erfahrungsbezogenes Lernen sein, ihr Leben durch Exkursionen dem Studenten immer vertrauter werden.

Darüber hinaus müßte man in die Ausbildung auch alle übrigen Lernfelder bzw. Erlebnis- und Erfahrungsbereiche einbeziehen, die in der Skizze auf S. 185 aufgeführt sind.

Wie etwa das Beispiel "Landerziehungsheim" nahelegt, darf sich die Vermittlung diesbezüglichen Wissens nicht nur auf die Studenten beschränken, die Biologie als Studienfach gewählt haben. Zumindest alle zukünftigen Lehrer von Grund-, Haupt- und Sonderschulen müßten wenigstens fundamentale Kenntnisse über die Artenvielfalt besitzen.

Ich selbst habe zwar nicht Biologie studiert, beschäftige mich aber seit meiner Jugend mit vielen Aspekten der Natur und seit langer Zeit mit den Möglichkeiten einer naturnahen Erziehung und Bildung. Ob ich einen Schulgarten mitplanen helfe, Kleinbiotope mitgestalte, einen Kasten zur Ansiedlung von Hummeln bauen möchte, Tiere und Pflanzen bestimme - überall empfinde ich mein mangelndes Wissen als großes Hindernis. Vielen Kolleginnen und Kollegen geht es ebenso, weshalb sie oft auch nicht den Mut aufbringen, Natur als wichtiges Element in ihre Bildungsbemühungen miteinzubeziehen. Bitte ich allerdings einen Biologen um Hilfe, so ist auch hier oft in vielen Bereichen nur ein rudimentäres Wissen vorhanden.

5. Schwerpunkte und Tendenzen von Kulturen mit den Zielorientierungen "Zivilisation" und "Natureingebundenheit" in einer Gegenüberstellung

Im folgenden werden Kriterien der hier herausgearbeiteten Möglichkeiten des Weltverstehens, -erlebens und -handelns gegenübergestellt. In Anlehnung vor allem an Horst Rumpf (1981) und der dort angeführten Literatur werden dabei als Überbegriffe "Zivilisation" und "Natureingebundenheit" verwendet. Die Auflistung ist idealtypisch, so sind ja auch in unserer Zivilisation noch Formen der Naturverbundenheit auffindbar. In der eindeutigen Zuordnung und Gegenüberstellung sind Tendenzen und Schwerpunkte markiert, mit ihnen soll die abgehandelte Problematik vor allem auch in ihren Folgen für Erziehung und Bildung, Lehrerbildung und Schule klar erkennbar sein. (Siehe die Übersicht S.284 ff.)

Es hat den Anschein, als ob die mit "Zivilisation" in Verbindung gebrachten Kriterien primär negativ zu beurteilen seien, während "Natureingebundenheit" jeweils das "Gute" darstelle. Vertreter eines traditionell-naturwissenschaftlichen Weltbildes äußern daher auch die Auffassung, sie müßten Alternativen zur naturwissenschaftlich-technisch geprägten Zivilisation als Mythos verwerfen, den Mythos von der "guten Natur" als Trugschluß entlarven: Natur sei primär grausam. (Elias 1986) Erst der Rationalismus der Naturwissenschaften habe uns zu Freiheit und Lebensqualität verholfen. Bei seiner Auseinandersetzung verwendet Elias dabei das Begriffspaar "Engagement" und "Distanzierung".

Thema ist hier jedoch nicht die Verklärung der Natur, sondern die Frage nach dem Lebenssinn auf dem Fundament der natürlichen Lebensgrundlagen.

Mittlerweile ist der Mensch - durch "Distanzierung" - so eindeutig Sieger über die Natur, daß er ihre Grausamkeit kaum mehr auf sich gerichtet sehen muß. Löwen und Tiger sind keine Menschenfresser mehr, sondern vor allem Touristenattraktionen. Der Sieg über die Natur - als Emanzipation von der Natur - ist so vollständig gelungen, daß weitere Siege primär Natur- und Selbstzerstörung zur Folge haben. Die Naturwissenschaften - einst angetreten gegen Magie und Mythos - sind selbst zum Mythos geworden. Nur eine Überwindung dieses neuen Mythos sichert das Überleben.

Auch heute noch gibt es Völker, die bis in die Gegenwart hinein ihre naturbezogene Kultur zu bewahren verstanden haben. Und dies gelingt ihnen, obwohl sie oft in unmittelbarer Nähe zu einer relativ weit fortgeschrittenen Zivilisation beheimatet sind. Den Bishnois etwa, die an den Rändern der nordindischen Wüste Radschastans siedeln, sind alle Pflanzen und Tiere heilig. Sie sind strenge Vegetarier und töten nie ein Tier. Wildtiere bedeuten ihnen weder Proviant noch Profit. So sind andernorts als sehr scheu geltende Tiere wie etwa Hirschziegenantilopen vertraute Besucher ihrer Dörfer. Sonst auf dem indischen Subkontinent ausgerottete Tier- und Pflanzenarten haben nur bei den Bishnois überlebt.

Interessanterweise hat sich ihre Kultur erst vor etwa 500 Jahren gebildet. Damals war die heutige Heimat der Bishnois durch eine jahrelang anhaltende Dürreperiode, durch Überweidung und Abholzung völlig zur Wüste geworden. Viele Menschen starben in der

"**Prozeß der Zivilisation**" (Norbert Elias)

Wahrnehmen

Verdrängung von Gefühlen zugunsten verkürzter Rationalität, zivilisatorischer Produktion und Werte;
reduzierte Welterfahrung

Natur als verwertbares Erkenntnisobjekt

strikte Trennung zwischen Subjekt und Objekt

Nützlichkeit
Haben, Arbeiten

Ideologische Verklärung von Arbeit, Selbstverwirklichung
Lebenserfüllung durch Arbeit
Fleiß als Tugend

Naturwissenschaften als herrschende Wissenschaften

analytisches, aspekthaftes, lineares Denken
Objekt wird durch Gesetze definiert.

Die Naturwissenschaften bestimmen die herrschende Art der Realitätserfassung.

Andere Wissenschaften emanzipieren sich durch Anpassung an das herrschende Weltverständnis der Naturwissenschaften. (Pädagogik beispielsweise entwickelt kein eigenes Menschenbild und Weltverständnis.)

Natureingebundenheit als gesellschaftlicher Maßstab

Empfinden (Siehe Rumpf 1981.)

Gefühle und Vernunft werden einheitlich kultiviert bzw. wechselseitig integriert.
Welterfahrung geschieht unter Aktivierung von Gefühlen.
Sinnenhaft-ganzheitliche Welterfahrung

Der Mensch interpretiert sich als integrativer Teil der Natur.
Identifikationsmöglichkeit mit dem anderen Subjekt

Schönheit
Sein, Leben (Fromm 1980)

Ablehnung von Arbeit im Sinn abendländischer Tradition z.B. durch indianische Kulturen (Arrowsmith und Korth 1984, S. 27 ff.)

Neue alternative Ansätze:
Systemansatz - vernetztes Denken
ökologisches Verständnis von Wissenschaft
Auch diese sind intellektualistisch reduziert.

Ganzheitliche Erfahrung
Beziehung zum anderen Subjekt ist (spontan und) ganzheitlich.

Eigene Erfahrung wird als belanglos eingestuft.
Lernen geschieht unabhängig von Erfahrung.
Konsequenz ist Auslieferung an Lehrautoritäten.
Ermöglichung starker Legitimation von Schule und systemadäquatem Lernen (schulische Sozialisation)

Wissen (personunabhängig)
Objektivität
Mensch ist Zivilisations- und Kulturwesen.

Humanzentrierte Religionen
= sog. Buchreligionen
= zivilisationsorientiert
= Judentum, Christentum, Islam

Sie zeichnen sich aus durch
Naturdistanz, -beherrschung, -entfremdung.

Lineares Denken
Geschichte (Heilsgeschichte)
Fortschritt ("Reich Gottes" als Ziel der Geschichte)
zukunftsorientiert (Zukunft als Erfüllung)
aktivistisch
Veränderung

Mensch als herrschaftliches Wesen
(im Interesse des Fortschritts, der Erlösung u.ä.)

Legitimation für Herrschaft:
Stufung des Lebens:
Nur der Mensch hat das "eigentliche" Leben.

Reduzierte Moral: Die hohen Prinzipien der Moral werden nur auf den Menschen angewandt.

(Vgl. etwa Amery 1974; Halbfas 1976, S.93 ff.; Grässer 1984.)

Naturentfremdung mit den Konsequenzen der Natur- und Selbstzerstörung

Die eigene Erfahrung ist für das Leben von ausschlaggebender Bedeutung.

Weisheit (persongebunden)
Subjektivität
Mensch ist Natur- und Kulturwesen.

Naturorientierte Religionen

Kreisdenken
Natur

gegenwartsorientiert
abwägend, kommunikativ, meditativ
Bewahrung, Beständigkeit

Mensch gliedert sich in den Kosmos des Lebendigen ein.

Andere Lebewesen werden prinzipiell als gleichwertig angesehen.

Natur (und Mensch) im Gleichgewicht

Folge den Hungertod. Zu jener Zeit erfand ein heute als Religionsgründer verehrter Überlebender 29 ökologische Regeln, die bis heute als Grundlage eines neuen Bewußtseins und Verhaltens gelten. Achtung vor allem Lebendigen, das Bewußtsein dafür, daß alle Lebewesen miteinander in Beziehung stehen, und Harmonie mit der Natur durchziehen als Leitprinzipien alle 29 Regeln. So ist etwa jeder Mann verpflichtet, Bäume - sie gelten als heilig - zu pflanzen und zu schützen. Als vor etwa 200 Jahren Arbeitstrupps des Maharadscha in einem Dorf der Bishnois den Wald abholzen wollten, klammerten sich die Frauen an die Stämme, um sie mit ihren Körpern zu schützen. 363 von ihnen fanden so mit den Bäumen den Tod. Ihr Todestag ist heute noch einer der Hauptgedenktage der Bishnois. Widerstand bis zum Tod als Akt der Solidarität mit dem Lebendigen - eine ganz modern anmutende Geschichte! (Mathur 1987)

6. Biologiedidaktik und/oder Naturbezogene Pädagogik?

In dieser Arbeit stand nicht zur Diskussion, ob und unter welchen Voraussetzungen eine naturwissenschaftliche Bildung als integrativer Aspekt von Erziehung und Unterricht sinnvoll und notwendig erscheint. Festzuhalten ist aber, daß Naturwissenschaft in vielen ihrer Denkansätze und Konsequenzen einer Naturbezogenen Pädagogik diametral entgegengesetzt ist und diese Vorgaben sich auch in der Schule durchgesetzt haben. Naturwissenschaftliche Bildung in der Schule dient so eher der Naturentfremdung als dem hier beschriebenen Ziel "Natureingebundenheit".

Wenn aber nicht die Naturwissenschaft, wer sollte dann die Ausbildung für das Unterrichtsfach Biologie übernehmen? Zweifelsohne bietet sich hier die Biologiedidaktik an, die heute viele Aspekte einer naturnahen Erziehung und Bildung verwirklicht. Nicht von ungefähr treten damit Spannungen an den Universitäten auf, die sich vor allem nach der Integration der Pädagogischen Hochschulen in die Universitäten - hier: die naturwissenschaftlichen Fakultäten - zeigen.

So lehnte es etwa in Regensburg die für die Ausbildung zukünftiger Biologielehrer zuständige Fakultät ab, den einzigen fachdidaktischen Lehrstuhl neu zu besetzen, ersetzte ihn statt dessen durch eine Lehrkraft minderen Status'. Der betreffende Studienrat muß zudem nach einigen Jahren "rotieren", hat so nur ein Gastrecht, wodurch seine Einflußmöglichkeiten noch weiter geschmälert sind.

So hat die naturwissenschaftliche Fakultät die Bedeutung der Didaktik weiter reduziert, einen möglicherweise lästigen Mahner, der die pädagogische Orientierung der Lehrerbildung für das Fach Biologie einzufordern versuchen sollte, aus ihren Entscheidungsgremien verwiesen.

Zudem: Die Biologiedidaktik bildet allein schon aufgrund ihres geringen Stundenanteils kaum ein Gegengewicht zur naturwissenschaftlichen Ausbildung, vor allem dann, wenn sie die fachwissenschaftlichen Vorgaben nur didaktisch aufbereitet.

Von Bedeutung ist in diesem Zusammenhang auch der sehr geringe Anteil der Pädagogik in der Lehrerausbildung: In Bayern sind es gerade zwölf Semesterwochenstunden für zukünftige Grund-, Haupt- und Realschullehrer während des ganzen Studiums! Für das Lehramt am Gymnasium ist dieser Anteil sogar noch geringer! Zudem unterliegt die Einhaltung dieser Studienverpflichtung keiner Kontrolle. Die Fachwissenschaften weisen dagegen Studienanteile auf, die oftmals fünfmal(!) höher sind und deren Einhaltung strenger Kontrolle unterworfen ist. Auch dies ein Zeichen dafür, welcher Wissenschaftsbegriff gesellschaftliche Anerkennung besitzt.

Auch wenn die Biologiedidaktik teilweise kritische Fragen in bezug auf die Naturwissenschaften aufgreift, so sind doch entsprechende Veröffentlichungen im allgemeinen von einem relativ engen Bickwinkel geprägt. Dies trifft auch für neuere Arbeiten zu. So spricht zwar Verfürth in seiner 1987 erschienenen Biologie-Didaktik erfreulicherweise von naturnahem Biologieunterricht, wobei er Schulgarten, Schulzoo und außerschulische Lernorte thematisiert. Es fehlt jedoch - und dies betrifft auch andere didaktische Entwürfe dieser Disziplin - eine ausreichende kritische Auseinandersetzung mit "Wesen", Funktion und Konsequenzen

- von Wissenschaft, insbes. der Naturwissenschaften,
- von Schule, insbes. des Biologieunterrichts,
- von schulischem Lernen und Wissen, von schulischer Sozialisation und Erziehung.

Probleme, die so kaum oder überhaupt nicht in den Blick kommen, sind

- die inhumane Auslesefunktion von Schule, wodurch "Lernen" und "Erziehen" einen staatlichen und systemimmanenten Zweck wiedergeben, wobei beides eher der Verschleierung von Herrschaft dient und (so) der Entfremdung des Schülers von seiner Natur und der Natur allgemein bewirkt - also das Gegenteil dessen anstrebt, was Lernen und Erziehen vorgeben;
- der Zwangscharakter von Schule, insbes. von schulischem Lernen, wodurch alle Ziele und Inhalte dieser Institution einem freiwilligen Bejahen entzogen werden.

Es fehlt so eine ausreichende gesellschaftskritische Auseinandersetzung und eine umfassende pädagogische Argumentation. Im wesentlichen bleibt daher auch Verfürths Didaktik einem einseitig pragmatischen und rationalistisch-verkürzten Konzept verpflichtet.

Neben didaktischen Konzeptionen für den Biologieunterricht bestimmen Entwürfe für eine (fachübergreifende) *Umwelterziehung* die Auseinandersetzung um den Bereich "Natur und Umwelt". Gerald Klenks "Umwelterziehung in den allgemeinbildenden Schulen" (1987) vermittelt einen ausgezeichneten Überblick über die Geschichte der Bemühungen um eine Umwelterziehung auf nationaler und internationaler Ebene, über Vorstellungen, Programme und Aktivitäten von Verbänden, Institutionen und Parteien. Am Beispiel bayerischer Lehrpläne zeigt der Autor auf, welche Ziele und Inhalte für eine Umwelterziehung von Bedeutung sind. (Zu den Inhaltsbereichen siehe etwa S. 132 ff., 243, A 8 ff.) Für den Fachmann dürften vor allem die "verschiedenen Aspekte von Umwelterziehung" (S. 182 ff.) von Interesse sein (wobei mir allerdings die Zuordnung der verschiedenen Ansätze zu dem Oberbegriff "Umwelterziehung" nicht immer ganz legitim erscheint.) Aber auch für diese Arbeit gelten die vorgebrachten Bedenken, wobei beim Thema "Umwelterziehung" noch folgende Aspekte hinzukommen.

Zwar referiert Klenk wiederholt kritische Ausführungen anderer Autoren, diese werden jedoch nicht konsequent durch das eigene Konzept aufgearbeitet. So fehlt etwa eine ausreichend kritische Auseinandersetzung

- mit dem Begriff "Umwelt", der ja vor allem Entfremdung von der Natur signalisiert;
- in diesem Zusammenhang eine Abgrenzung der beiden Begriffe "Natur" und "Umwelt" bzw. eine Einbezie-

hung des Naturbegriffs in die konzeptionellen Überlegungen;
- eine Auseinandersetzung mit dem Erziehungsbegriff vor allem im Zusammenhang mit "Umwelt". (Siehe Teil I dieser Arbeit.)

Beim Begriff "Umwelterziehung" sind in dem aufgezeigten Zusammenhang folgende Fragen zu klären bzw. Aspekte zu berücksichtigen:

1. Nicht Kinder, sondern *Erwachsene* sind die *Verursacher von Umweltzerstörung*. *Sie* schütten täglich Tausende von Tonnen hochgiftiger Substanzen in unsere Gewässer, *sie* bauen gigantische Projekte wie die WAA - die allein etwa einer Million Bäume das Leben kostete - und den Rhein-Main-Donau-Kanal, der auf Hunderten von Kilometern ein zusammenhängendes Uferbiotopsystem zerstört usf. Die Adressaten von Umwelterziehung müßten daher doch wohl die Erwachsenen sein!
2. Welche *Legitimation* haben also Erwachsene, Umwelterziehung zu praktizieren? (Fast jeder Erwachsene fährt z.B. Auto und trägt so wesentlich zur Naturzerstörung bei.)
3. Welche *Wirkung* hat Umwelterziehung? Es handelt sich bei den entsprechenden Entwürfen doch vor allem um Vermittlung von "Umweltwissen" (vgl. etwa S.153 ff.) als Voraussetzung von Handlungskompetenz.
4. Welche *Macht* haben die Schüler - jetzt und in ihrem späteren Leben -, gemäß dieser Kompetenz zu handeln? Umgekehrt: haben nicht die Verantwortlichen und Herrschenden in den Regierungen und in der Wirtschaft ausreichend "Umweltwissen" und auch "Umweltbewußtsein" - und gerade sie praktizieren Umweltzerstörung im großen Stil? Anders formuliert: Warum setzen sich die traditionellen Parteien so engagiert für Umwelterziehung ein? Doch wohl primär deshalb, weil diese die Ausbeutung des Menschen und der Natur "neutralisiert" und die Umweltzerstörung "individualisiert". Die Grünen scheinen nicht zufällig die einzige Partei zu sein, die weitgehend Umwelterziehung ablehnt, stattdessen für eine humane und freiheitliche Schule eintritt. (In seiner Schlußbemerkung, S. 396, meint Klenk: "Die politischen und pädagogischen Bemühungen um die Durchsetzung der Umwelterziehung in den allgemeinbildenden Schulen haben neue Impulse für eine Diskussion um die 'humane Schule' ... gesetzt." Unter den von Klenk aufge-

zeigten Prämissen kann dies zu Recht bezweifelt werden.)

Zu fordern wäre eine größere Eigenständigkeit der Didaktik, die sich zu einer Pädagogik der Biologie weiterentwickeln müßte, wie dies etwa bei der Schulpädagogik - früher hieß das betreffende Fach "Allgemeine Didaktik" - bereits geschehen ist. Auch andere Diszplinen, wie die Grundschulpädagogik, haben diesen Emanzipationsprozeß geleistet. Bei Disziplinen, die von den sog. "Fachwissenschaften" umschlungen werden, scheint dagegen dieser Befreiungsprozeß nur schwer zu gelingen.

In der Konsequenz sollten im Bereich der Biologiepädagogik nicht nur Naturwissenschaftler, sondern auch Pädagogen Lehr- und Forschungsfunktionen übernehmen. Besser noch: Zur Qualifikation des wissenschaftlichen Nachwuchses wären an den Universitäten neue Ausbildungsgänge einzurichten, die Elemente der Schulpädagogik, der Naturwissenschaften und anderer relevanter Disziplinen zu einer neuen Einheit zusammenführten. Entsprechend den vorangegangenen Überlegungen könnte man die neuzuschaffende Disziplin "Naturbezogene Pädagogik" nennen. Ein entsprechendes Institut sollte sich aus der mit diskriminierenden Elementen verbundenen Umarmung der Biologie als Naturwissenschaft lösen und als eigenständiges Institut zwischen Naturwissenschaften und Pädagogik ansiedeln. Seine Aufgabe wäre es auch, die Inhalte der Lehrerbildung neu zu bestimmen.

Die Lehrerbildungsreform Ende der siebziger Jahre in Bayern diente der weiteren antipädagogischen Etablierung der sog. Fachwissenschaften; in anderen Bundesländern dürften entsprechende "Reformen" nicht viel anders verlaufen sein. Auch und gerade die Biologie zeigte in egozentrischer Erstarrung keine Bereitschaft zu einer Innovation, die zu einer Anerkennung der Pädagogik als Grundlage der Lehrerbildung in diesem Fach und entsprechenden institutionellen Konsequenzen geführt hätte. Eine Neuorientierung wird daher wohl nur gelingen, wenn die verantwortlichen Gruppen in unserer Gesellschaft - Eltern, Lehrer, Wissenschaftler und ihre Verbände, Naturschutzverbände und die Parteien - für Naturbezogene Pädagogik ein verstärktes Interesse zeigen und sich zu deren Durchsetzung in der Konsequenz zu einer großen pädagogischen Koalition zusammenschließen.

7. "Biologie" und/oder "Naturbegegnung" als Unterrichtsfach?

Biologie - Lehre vom Leben - lautet der Name der wissenschaftlichen Disziplin, das Unterrichtsfach hat ihn übernommen. Dies gilt auch für die Hauptschule, die im Zug ihrer "Aufwertung" durch "Wissenschaftsorientierung" sich den anderen weiterführenden Schulen anpaßte und damit die pädagogische Orientierung des Faches zugunsten pädagogikfremder Interessen weitestgehend aufgab. Kopie des wissenschaftlichen Denkens und Handelns lautet das Motto. Dabei kann es nicht ausbleiben, daß auch dort, wo man "Leben" im Unterricht explizit thematisiert, dieses nur noch reduziert naturwissenschaftlich-analytisch verstanden wird, ja gar keine Basis für ein anderes Verstehen auffindbar ist, wie dies bei der Analyse von Schulbüchern belegt wurde, mit den beschriebenen Konsequenzen.

Der Name Biologie, "Lehre vom Leben", ist - wie des öfteren angedeutet - eigentlich unzutreffend, zumindest mißverständlich. Stellt sich doch Biologie vor allem auch als Wissenschaft vom Analysieren, Sezieren und Töten von isolierten und präparierten Naturobjekten dar. In diesem Sinn kann sie wohl kaum Grundlage einer naturnahen Erziehung und Bildung sein.

Naturkunde: Der Rückgriff auf diesen ursprünglichen Namen des Faches könnte auch eine Annäherung an eine Tradition bedeuten, die - wie die Analyse der bayerischen Richtlinien von 1963 zeigte - den Vorstellungen einer naturnahen Erziehung und Bildung recht nahe stand. Zudem weist der Begriff "Kunde" eine Weite auf, mit der zu einer ganzheitlichen Betrachtung und Erziehung des Menschen wieder leichter Beziehungen hergestellt werden könnten. Sind doch mit diesem Begriff viele Möglichkeiten menschlichen Erfahrungswissens angesprochen, die nicht durch kognitive, theoretische und analytische Enge von Wissenschaft eingeschränkt bzw. verzerrt und meist durch weniger dogmatische Vorgaben belastet sind. Allerdings ist auch der Begriff "Naturkunde" von seiner Geschichte her mit Verengungen verknüpft, vor allem mit ideologischen Verzerrungen einer sog. volkstümlichen Bildung (vgl. Skaumal und Staeck 1980, S. 12), so daß sich mit dem Rückgriff auf ihn die Biologie zu Recht dem Vorwurf einer vorwissenschaftlichen Primitivbildung aussetzen würde.

Nach den bislang angestellten Überlegungen könnte sich der Begriff *"Naturbegegnung"* für das Unterrichtsfach als zutreffend erweisen. Er überwindet wie der Begriff Naturkunde die einseitig kognitive Dimension, zudem aber auch gleichzeitig dessen ideologische Belastung und stellt außerdem den ganzheitlichen Aspekt eindeutig in den Vordergrund.

Diese Kritik kann selbstverständlich nicht bedeuten, daß Leistungen, Methoden und Forschungsergebnisse herkömmlicher Naturwissenschaften nicht weiterhin Gegenstand des Unterrichts sein sollen. Diese sind aber in Beziehung zur Basis des Faches, einer Naturbezogenen Pädagogik, zu setzen.

Zu fragen ist allerdings auch hier, ob ein solcher Neuansatz und eine Umbenennung des Faches mit den entsprechenden Konsequenzen zugelassen werden. Stehen diesbezügliche Veränderungen doch der Funktion der staatlichen Schule insgesamt entgegen. Diese strebt ja eine gesellschaftlich verwertbare Persönlichkeit an bzw. eine Identität des jungen Menschen mit dem gesellschaftlichen System (vgl. etwa Göpfert 1985) - Natur- und Selbstzerstörung inbegriffen.

8. Schulgarten und Lehrerbildung

Nicht geringe Auswirkungen auf Lehrerausbildung und Lehrerfortbildung müßte der *Schulgartenbau*, erst recht die Einführung eines solchen Faches haben.

So sieht etwa im Kanton *Zürich* der "Lehrplan des Real- und Oberschullehrerseminars" vom 24. 11. 1981 im "Handwerklichen Wahlbereich" Gartenbau mit 2 Wochenstunden und Exkursionen vor:

"Ziele

Der Student ist in der Lage, einen Schülergarten anzulegen und zu bearbeiten, wozu er sich durch eigene Tätigkeit im Garten des Real- und Oberschullehrerseminars die erforderlichen Grundlagen aneignet. Er verfügt über das für die Boden- und Pflanzenpflege nötige Wissen und lernt aus eigener Erfahrung ökologische Probleme kennen. Exkursionen veranschaulichen Arbeit und Produktion in der Landwirtschaft.

Lerninhalte

Gartenkalender - Bodenbearbeitung, Bodenbedeckung - Samen, Keimling, Setzling - Pflanzennährstoffe, Düngung, Kompostwirtschaft - Fruchtwechsel, Mischkulturen - Krankheits- und Schädlingsbekämpfung - Werkzeugpflege."

Zu jeder Lehrerausbildungsstätte müßte selbstverständlich ein reichhaltiger Schulgarten gehören. Einen solchen zu schaffen, scheint vor allem dort nicht allzu schwierig zu sein, wo die Lehrerausbildung - wie in Bayern - in die Universität integriert ist, weil dort für die Ausbildung von Biologiestudenten bereits heute z.T. sogar große Botanische Gärten bestehen.

Allerdings scheint sich auch hier wieder die Gegnerschaft der traditionellen Naturwissenschaft zur Didaktik negativ auszuwirken. So gibt es etwa auf dem von der naturwissenschaftlichen Fakultät betreuten Areal der Universität Regensburg zwar eine Vielzahl von Beeten - gereiht wie Parkplätze -, in denen Pflanzen zu Ausbildungszwecken herangezogen werden, Gewächshäuser und ein Arboretum, d.h. ein Gelände mit Baumarten aller Erdteile (siehe Bresinsky 1982), die Einrichtung eines Schulgartens mit Nutzungs- und Biotopbereichen stößt jedoch auf teilweise Ablehnung.

Zu fordern wären außerdem Schulgärten zumindest an all den Schulen, an denen Studenten der Fachrichtung Biologie ihre Schulpraktika bzw. angehende Biologielehrer ihre Referendariatszeit ableisten.

9. Die Reglementierung des Lehrers als Hindernis für eine Naturbezogene Pädagogik

Lehrer an staatlichen Schulen sind verwaltete Beamte, ohne grundlegende freiheitliche Entscheidungsbefugnisse. Sie sind so kaum in der Lage, eine Naturbezogene Pädagogik zu verwirklichen.

Zweifel bleiben, ob Lehrer selbst nach einer naturorientierten Ausbildung fähig und bereit sind, sich für eine freiheitliche naturnahe Erziehung und Bildung und die hierfür notwendigen Rahmenbedingungen zu engagieren.

Die bereits einige Male erwähnte Regensburger Grundschule, mit ihren Linden und Weiden, soll nochmals als Beispiel dienen:

Der Hof dieser Schule bestand bis zum Sommer 1982 zur Hälfte aus einem Parkplatz, zum Teil aus einem Sportplatz, der mit Straßenschuhen nicht betreten werden durfte, die Restflächen bildeten ein kleiner geteerter Streifen unmittelbar vor der Schule und eine Wiese mit den bereits erwähnten Büschen und Bäumen. Einen Pausenhof im eigentlichen Sinn hatten die Schüler nicht. Bei schönem Wetter konnten sie sich auf dem geteerten Streifen und der Wiese aufhalten, bei regnerischem Wetter nur auf dem schmalen Asphaltstreifen.

Eines Morgens fuhren im Hof der Schule die Bagger auf. Der Grund: Die Schule war erweitert worden, folglich mußte auch der Parkplatz vergrößert werden. Die Schulleitung war weder vom Vorhaben unterrichtet, ihr waren keine Pläne zur Einsicht vorgelegt worden, noch wußte sie logischerweise etwas vom Beginn der Arbeiten. Ganz zu schweigen davon, daß man sie nach ihrer Meinung gefragt oder ihr gar ein Mitspracherecht eingeräumt hätte. Als nun die Bagger Grünflächen abschoben, Sträucher herausrissen und das Wurzelgeflecht der Bäume freilegten, dachte ich daher, ein Entrüstungsschrei der Lehrer würde ertönen. Nichts dergleichen geschah.

Lehrer sind verwaltete Beamte, ohne grundlegende freiheitliche Entscheidungsbefugnisse. Sie sind ihrer Freiheit so beraubt, daß die Verwaltung sie nicht einmal für wert hält, sie über Veränderungen ihrer Schule zu informieren. Verachtung, die sich durch Nichtwahrnehmung ausdrückt, scheint derartig untergeordneten Beamten gegenüber das angemessene Verhalten zu sein. Von solchermaßen entmündigten Lehrern demokratisch-freiheitliche Akte zu verlangen, ist fehl am Platz. Ihr Schulzimmer scheint der einzig sichere Ort zu sein, dorthin ziehen sie sich zurück. Was außerhalb dieser "Festung" geschieht, ist für sie nicht von Belang, bedeutet vielmehr Gefahr. Auch von daher erscheint eine Erziehung und Bildung in und mit der Natur, wie sie hier skizziert wurde, bei den gegenwärtigen Voraussetzungen nur schwer realisierbar.

In Alternativschulen bzw. freien Schulen bestimmen in der Regel Lehrer - neben den Eltern - selbst über das Schicksal ihrer Schule und zwar kollegial. Für Waldorfschulen etwa gibt es keine vorgesetzte Dienstbehörde, keinen von einer solchen Behörde ernannten Rektor. Der Schulleiter wird von der Vollversammlung aller Lehrkräfte gewählt, auf Zeit. Entscheidungen fällt die Vollversammlung, und zwar auch nicht durch Mehrheitsbeschlüsse, wie es eine formale Demokratie vorsieht. Entschlüsse gelten nur, wenn alle zustimmen. (Vgl. Lindenberg 1975.)

Das Thema "Demokratie und Selbstbestimmung" ist in dem Zusammenhang einer naturnahen Erziehung und Bildung auch deshalb von Bedeutung, weil Entfremdung von der Natur einhergeht mit Entfremdung von uns selbst, mit der Weigerung, uns - bzw. dem Lehrer - Rechte der Selbstbestimmung einzuräumen. Eine solche Weigerung hat einen demütigenden und entwürdigenden Umgang mit den "Untertanen" zur Folge.

Von solchermaßen wohl typischen Lehrererfahrungen berichtet Lea Fleischmann in ihrem Buch "Dies ist nicht mein Land" (1980, S. 116 ff.):

In einer Lehrerkonferenz maßregelt die Direktorin, Frau Ullmann, die Kollegin Rothe. Obwohl sie sich im Recht wähnt, gibt Frau Rothe "klein bei und entschuldigt sich, sie habe sich vielleicht geirrt.

Nächster Tagesordnungspunkt. Während des Disputs der zwei Kontrahentinnen haben alle anderen Lehrer geschwiegen. In dem Raum sitzen 43 Menschen, von denen die meisten wissen, daß Frau Rothe recht hat. Es hätte genügt, sich zu Wort zu melden und zu sagen: 'Ich habe es genauso verstanden wie Frau Rothe.' Aber keiner sagt ein Wort. Ich auch nicht. Ich traue mich nicht, der Direktorin zu widersprechen. Ich habe Angst, einem Menschen, der zu Unrecht getadelt wird, beizustehen. Die Angst kriecht in mir hoch und verschließt mir den Mund. Hundert Ausreden fallen mir ein, warum ich schweige.

Es wird schon nicht so schlimm sein, ich will mich nicht unbeliebt machen, wo ich sowieso manchesmal zu spät komme, nächste Woche muß Frau Ullmann eine Beurteilung über mich schreiben. All das geht mir durch den Kopf, und gleichzeitig brennt mir die Seele bei dem Gedanken, hier geschieht ein Unrecht, du siehst es an und sagst nichts. Ich empfinde über mein Schweigen eine tiefe Scham, ich muß doch nur ein Wort sagen und habe dieses Wort nicht gesagt. Die Schule macht aus mir einen anderen Menschen. Einen Angsthasen, der zittert, wenn er ein paar Minuten zu spät kommt; einen Idioten, der sich sorgt, ob er auch alle Verordnungen richtig einhält; einen Feigling, der Unrecht sieht und schweigt."

Als ich in einem Artikel der Zeitschrift "Pädagogik heute" (4/1987) den Wildgarten an der Pestalozzi-Grundschule in Regensburg vorstellte und dabei das Unverständnis der Schulbehörden für eine "grüne Schule" und die behördlicherseits zugelassenen oder gar angeordneten naturzerstörerischen Eingriffe auf den Regensburger Schulgeländen beklagte (siehe S.144 ff.), ließ mich der Leiter des Schul- und Sportdezernats, Wilhelm Lang, durch eine seiner Sekretärinnen zu sich bitten, um mir zu eröffnen, "er werde die Rechtsabteilung des Hauses beauftragen, gegen mich rechtliche Schritte einzuleiten".

Begründung: ich hätte unerlaubt Fotos auf stadteigenen Grundstücken gemacht und veröffentlicht! Schulamtsdirektor Gschwendtner teilte mir mit, er erwäge, sich der Klage anzuschließen, schließlich hätte ich mit meiner Kritik an Behörden indirekt auch ihn einbezogen!

Man bedenke: Behördenleiter wie Lang und Gschwendtner ordnen von Amts wegen tagtäglich an, befehlen, kontrollieren, beurteilen und zensieren - und setzen mit all dem Lehrer und Untergebene oft Ängsten und Druck aus, demütigen und verletzen -, sie verbieten und blockieren kraft ihres Amtes Initiativen. Dank der Ausstattung mit übergroßen Vollmachten brauchen sie sich jedoch einer Kritik nicht mehr zu stellen - Bürokratie hat totalitäre Züge angenommen -, sie verstehen kritische Äußerungen an ihrer Arbeit als Anmaßung und wollen deshalb Kritiker mittels juristischer Ausweichmanöver "bestrafen".

Erziehung zur Naturnähe, zum Verständnis für die Natur, zu einem naturnahen Verhalten ist nicht allein und primär dadurch zu erreichen, daß man die Inhalte von Biologie und anderen Fächern ändert oder neue hinzufügt. Erziehung und Bildung im skizzierten Sinn verlangen nach mehr Freiheit in der Schule. Sie setzen eine weitgehende Autonomie der Schule voraus, ebenso einen Lehrer, dem Selbstbestimmung gewährt wird, der so Freiheitsbefugnisse an seine Schüler weitergeben kann und der darüber hinaus bereit ist, Würde und freiheitliche Bestimmung allem Lebendigen - den Tieren und Pflanzen - zuzuerkennen.

In Würzburg möchte im Herbst 1987 eine Elterninitiative für ihre Kinder die erste autonome und freiheitliche Schule auf bayerischem Boden eröffnen, u.z. auf der Basis einer Naturbezogenen Pädagogik. Behörden und Regierung nutzen alle juristischen Möglichkeiten, um die Schule zu verbieten. Freiheitliche Bildung in der Bundesrepublik ohne Behördenzwänge, ohne Zwangslernen und Zwangsprüfungen - eine für alle Zeiten durch Regierungen und Behörden blockierte freiheitliche Idee?

10. Forderungen V: Konsequenzen einer naturnahen Erziehung und Bildung für die Aus- und Weiterbildung und die Beachtung pädagogisch relevanter Interessen und Bedürfnisse von Lehrern

Naturnahe Erziehung und Bildung schließen folgende Konsequenzen ein:

1. Die *universitäre Lehrerbildung* ist nach den Zielen einer naturnahen Erziehung und Bildung neu zu konzipieren. - Die Anteile der nicht schulbezogenen Fachausbildung sind zu senken, die der Fachdidaktik zu erhöhen.
2. Analog der Schulpädagogik, die in den beiden letzten Jahrzehnten eine Entwicklung von einer mehr "engen" "Allgemeinen Didaktik" zu einer umfassenderen neuen Disziplin durchgemacht hat, ist die Biologiedidaktik neu zu konzipieren: Sinnvoll erscheint eine Umstrukturierung der Disziplin zu einer *Naturbezogenen Pädagogik.*
3. Auch eine entsprechende *Weiterbildung* für Lehrer im Sinne einer naturnahen Erziehung und Bildung fehlt bisher weitgehend. Fortbildungseinrichtungen außerhalb der Universitäten wie etwa die Akademie für Lehrerfortbildung in Dillingen, Schulbiologiezentren, Bildungsstätten von Naturschutzverbänden u.ä. könnten hierbei Pionierarbeit leisten.
4. Unterricht strebt ganzheitliche Naturerfahrungen an. In der Konsequenz wäre es sinnvoll, das Fach "Biologie" in *"Naturbegegnung"* umzubenennen.
5. Auf lange Sicht wäre eine Überprüfung der Ziele, Aufgaben und Inhalte der Schule insgesamt - und damit auch aller Fächer - in der Hinsicht anzustreben, ob und inwieweit sich diese mit einer friedensorientierten und humanen Naturbezogenen Pädagogik in Übereinstimmung befinden.
6. Schule sollte eine weitreichende *Selbstbestimmung des Lehrers* ermöglichen; dies hätte vor allem zur Folge
   - eine Dezentralisierung des (staatlichen) Schulsystems,
   - die Zurücknahme bürokratischer Vorschriften,
   - größere Entscheidungsbefugnisse für den einzelnen Lehrer und die Lehrervollversammlung,
   - Abschaffung der entwürdigenden Beurteilung nach einer Ziffernskala auch von Lehrern.

   Eine kollegiale und selbstverwaltete Schule, bei der der Rektor auf Zeit gewählt wird und mehr repräsentative Funktion hat, wäre zwar nicht Voraussetzung, aber eine ausgezeichnete Basis für eine naturbezogene, projektorientierte, offene Erziehung und Bildung, die sensibel gegenüber den Bedürfnissen des Menschen und allem Lebendigen in der Natur ist.

7. Wünschenswert in diesem Sinn sind auch
   - die Gründung von Modellschulen,
   - eine breite Unterstützung von Alternativschulen, die bereits Aspekte einer naturnahen Erziehung und Bildung verwirklichen.

"Mit zunehmender Erkenntnis werden die Tiere den Menschen immer näher sein. Wenn sie dann wieder so nahe sind wie in den ältesten Mythen, wird es kaum mehr Tiere geben."
Elias Canetti 1973; zitiert nach Hamm 1984, S. 507

Ein persönliches Nachwort

Ich bin in Würzburg am Main geboren und habe dort meine Jugendzeit verbracht. Von der Villa meiner Großeltern aus am westlichen Stadtrand konnte man ins Maintal hinunterschauen; in den Schilfpartien dort habe ich als zehnjähriger Bub Blaukehlchen und Rohrdommel beobachtet. Von dem herrlichen Obstgarten, den das Haus umgab, ging der Blick auf die reichgegliederte und vielen Tier- und Pflanzenarten Heimat gebende Weinbergslandschaft, wo ich im Sommer Helmknabenkraut und Wilde Tulpe fand. Stundenlang konnte ich vom Haus meiner Großeltern aus durch den Wald wandern, in dem ich - ohne einem Menschen zu begegnen - den Sperber beim heimlichen Flug entdeckte und dem Bussard beim Füttern seiner Jungen zusah.

Die Villa steht noch: Aber von dort sieht man heute auf eine das Maintal beherrschende Industrielandschaft; die Weinberge wurden flurbereinigt zu einer maschinengerechten lebensfeindlichen Produktionsfläche; und den Wald zerschneiden heute Straßen und Autobahnen - sein Zauber verschwand, ebenso verließen ihn eine Vielzahl von Tier- und Pflanzenarten.

Als ich 1968 nach Regensburg kam, glaubte ich mich zuerst ein wenig in meine Jugendzeit zurückversetzt: Die Zeit schien dort langsamer zu gehen. Aber das änderte sich bald, Regensburg holte schnell auf: In den siebziger Jahren wurde eine Autobahn durch den Wald vor meiner heutigen Haustür gelegt, die ihn diagonal zerschneidet. Markantestes Merkmal des schönsten Seitentals Regensburgs, des Regentals, ist heute ebenfalls eine Autobahn. Der Rhein-Main-Donau-Kanal hat die Auenlandschaft rund um Regensburg ausradiert, die Stadt quillt aus den Nähten: Überall müssen Tiere und Pflanzen fliehen - ins Nichts.

Erlebnisse und Erfahrungen sind nur bedingt vermittelbar. So kann sich auch die heute heranwachsende Generation nur schwer vorstellen, wie der Mensch bis in die fünfziger Jahre seine Welt - "meine" Welt - relativ schonend behandelte und wie die kleinstrukturierte Kulturlandschaft damals noch einer Fülle von

HUS II Bibliothek Weiden UNGÜLTIG

Lebewesen Heimat bot. Und ich selbst habe ähnliche Schwierigkeiten, zu begreifen, daß schon zu meiner Jugendzeit der Zerstörungsprozeß der Natur weit fortgeschritten war. Bereits 1861 schrieb Theodor Fontane in seinen "Märkischen Wanderungen", welche Lebensfülle der Oderbruch vor seiner Urbarmachung barg. In seiner Schilderung bezog er sich auf mündliche und schriftliche Quellen und wies ausdrücklich darauf hin, wie schwer ihm die überlieferten Berichte vorstellbar erscheinen. (Textausschnitt siehe: Stern, Thielcke u.a. 1978, S. 88)

So können Verarmung und Zerstörung von jeder Generation immer nur ausschnittweise erfahren werden, die Gesamttragik des Verlustes bleibt für jeden eine statistische Größe. Mein Buch strebt trotz dieser Erfahrungsschwierigkeiten und -verluste eine Rückbesinnung an und zeigt Ansätze auf, wie auch heute noch die natürliche Lebensfülle erfahrbar ist, auch im Miteinander von älterer und jüngerer Generation.

Zur jetzigen und zukünftigen Situation: Jährlich wird allein in der Bundesrepublik eine Fläche so groß wie der Bodensee zubetoniert, überbaut, der Natur "entrissen". (Popp/Bergmann 1986) Weltweit zerstört man Natur in rasantem Tempo: Jedes Jahr werden elf Millionen Hektar Regenwälder abgeholzt, Ländereien größer als ganz Österreich. (Tropenwälder ... 1987) In dreißig bis vierzig Jahren wird es keinen tropischen Urwald mehr geben. (Nationalpark 1/1986) Jedes Jahr wird eine Fläche von der Größe der Bundesrepublik Deutschland zur Wüste. (Broll 1985) Der Verlust an Tier- und Pflanzenarten wird bis zum Jahr 2000 wahrscheinlich die Millionengrenze überschreiten. (Global 2000 1980)

In vierzig Jahren wird sich die Zahl der Menschen auf der Welt von derzeit fünf Milliarden verdoppelt haben. Da bleibt kaum noch Raum für andere Lebewesen - ganz abgesehen davon, daß die Lebenselemente wie sauberes Wasser, fruchtbares und unvergiftetes Erdreich und saubere Luft Seltenheitswert haben werden. Um nur ein Beispiel herauszugreifen: Allein in die Nordsee leitet man jährlich 2,5 Millionen Tonnen Abfälle und Gifte: 34 000 Tonnen Zink, 12 000 Tonnen Blei, 5 000 Tonnen Kupfer, 857 Tonnen des hochgiftigen Arsen, 370 Tonnen Cadmium, 83 Tonnen Quecksilber usw. (Töpfer ... 1987)

So ist der Zusammenbruch ganzer Lebenswelten absehbar. Unser Planet bietet dann auch dem Menschen keine ausreichende Lebensbasis mehr. (Global 2000 1980)

Wissenschaftler beschreiben diese Menschen-Endphase recht genau. (Vgl. ebd.; v. Ditfurth 1985.) Der Naturwissenschaftler von Ditfurth meint - in Anlehnung an einen Ausspruch Martin Luthers -: "So laßt uns denn ein Apfelbäumchen pflanzen, es ist soweit" (1985). Keine Abschieds*stimmung* ist damit gemeint, sondern - wie Günter Grass in einem Gespräch über seinen Endzeit-Roman "Die Rättin" mit Beate Pinkernell betont (Literatur im Gespräch 1986) - eine Abschieds*situation*.

Bei beiden Autoren wird die Endzeitsituation auch mit der Gefahr eines Atomkrieges begründet. Aber selbst so schwerwiegende Unfälle wie der im ukrainischen Kernkraftwerk Tschernobyl im April 1986 mit seiner Länder und Kontinente überschreitenden Strahlenverseuchung werden kaum Änderungen bewirken.

In seinem Buch "Natur ohne Schutz" (1982) beschreibt Jochen Bölsche, wie sich der Mensch die Lebensgrundlage entzieht. Aber entsprechende Befunde von Wissenschaftlern zeigen keine angemessenen politischen Reaktionen. Die Bonner Politik geht zur Tagesordnung über. "Weltuntergang, na und?"

Menschen, die so reagieren können, leben sicher glücklicher. Der Glückliche nimmt nicht wahr: Auch heute verläßt uns wieder eine Orchideenart aus dem Amazonasbecken auf ewig, eine Vogelart aus dem Niltal, eine Hummelart der Trockenrasengesellschaften unserer Heimat. Und die Menschen? Nach Untersuchungen einer Ärztekommission sterben allein in Mexiko City jährlich 100 000 Kinder an den Folgen schadstoffverursachter Krankheiten. (Jung 1986) Hier hat die Zukunft bereits begonnen.

Für den sensiblen Zeitgenossen ist das Leben mit stetigem Abschiednehmen und daher mit dauernder Trauer verbunden. Trauer als Lebensbegleiter - ein Begleiter, der das Leben schwer ertragen läßt und wie eine Depression zu ersticken droht.

Andere setzen auf Verdrängung, auch viele Politiker. Nur optimistische Politiker können ja in der Regel Wahlen gewinnen. Und so wird aus der "Unfähigkeit zu trauern" auch keine Solidarität mit den Lebewesen, die wir für ewig von dieser Erde verdrängen, entstehen können.

Intellektuelle im traditionellen Verständnis und offiziellen Betrieb zeichnen sich - wie Hans Magnus Enzensberger in einem Spiegel-Interview (4/1987) meint - nur selten noch durch human-innovatorisches Denken und Handeln aus. Universitäten sind weithin

Verwalter oder Wegbereiter einer zerstörerischen Kultur, Wirtschaft und Politik. Menschen, die sich den lebensbedrohlichen Problemen stellen wollen, schließen sich außerhalb der traditionellen Bildungsinstitutionen zusammen.

Auch die Bildungspolitik hat keine lebensbejahend-ökologische Perspektive, die Erziehungswissenschaftler geben ihr auch kaum entsprechende Denkanstöße. Die Schulpädagogen streiten sich vor allem um Peripheres: Gesamtschule ja oder nein, zehntes Schuljahr für die Hauptschule, und - bitte sehr - die Schüler sollten doch in der Schule besser schreiben und rechnen lernen. (Weshalb der schon beträchtliche Stundenanteil der entsprechenden Fächer in der bayerischen Hauptschule 1984 nochmals erhöht wurde.)

Schule ist ein stimmiges Abbild der Gesellschaft. Sie bereitet mit großer Hartnäckigkeit und "tierischem" Ernst auf eine Zukunft vor, die es nicht mehr geben wird.

Vorliegende Arbeit will daher keine neuen Inhalte für eine solche Schule vorschlagen. In Anbetracht einer fragwürdigen Zukunft will sie das Leben in der Gegenwart einfordern, den Menschen an seine Bestimmung erinnern, nämlich an ein Leben aus und mit der natürlichen Lebensfülle, das Erwachsene - wenn sie es nur wollten - auch heute noch verwirklichen und an dem sie auch die jungen Mitmenschen teilnehmen lassen könnten.

Die letzten Zeilen sind als Dankeszeichen gedacht. Sie richten sich zuerst an Susanne, meine liebe Lebensgefährtin. Sie hat viel von dem, was in vorliegendem Buch beschrieben ist, mit mir erlebt, durchdacht und durchlitten. Als Lehrerin versucht sie immer wieder, uns wichtig erscheinende Erfahrungen an Kinder weiterzuvermitteln. Andererseits haben uns diese immer wieder gezeigt, was spontanes, kreatives und kreatürliches Erleben in und mit der Natur sein kann; und mir war und ist es immer ein Vergnügen, meiner Frau beim Erzählen solcher Geschichten zuzuhören. Daneben danke ich auch den vielen Studenten/innen, die mit mir Aspekte einer Naturbezogenen Pädagogik bedachten. Studenten/innen und Kollegen/innen danke ich auch besonders für die Mithilfe, wenn es um die Neuschaffung eines Biotops oder eines Weihers in einem Schulgarten ging. Nicht zuletzt danke ich allen denen sehr herzlich, die das Manuskript so vorzüglich tippten und als Druckvorlage fertigstellten.

Anhang

Anschriften von Naturschutzverbänden u.ä.

Bei Verwirklichung einer Naturbezogenen Pädagogik können u.a. folgende Naturschutzverbände Unterstützung anbieten.

1. **Der BUND (Bund für Umwelt- und Naturschutz Deutschland), seine Landesverbände und seine sonstigen Zentren**

Bundesgeschäftsstelle	:	In der Raste 2, 5300 Bonn 1
Baden-Württemberg	:	Erbprinzenstraße 18, 7800 Freiburg
Bayern	:	Schönfeldstraße 8, 8000 München 22
Nordbayern	:	Bauerfeindstraße 23, 8500 Nürnberg 60
Südbayern	:	Akademiestraße 15, 8000 München 40
Berlin	:	Theodor-Heuss-Platz 7, 1000 Berlin 19
Bremen	:	Rembrandtstraße 18, 2800 Bremen 1
Hamburg	:	Fuhlsbütteler Str. 756, 2000 Hamburg 63
Hessen	:	Gemünderstraße 34, 6000 Frankfurt 70
Niedersachsen	:	Oeltzenstraße 6, 3000 Hannover 1
Nordrhein-Westfalen	:	Drususallee 66, 4040 Neuss 1
Rheinland-Pfalz	:	Friedr.-Ebert-Str. 10, 6522 Osthofen
Saarland	:	Prof. H. Beckenkamp Hangweg 6a, 6601 Schafbrücke
Schleswig-Holstein	:	Lerchenstraße 22, 2300 Kiel
Umweltzentrum	:	Rotebühlstraße 84/1, 7000 Stuttgart 1
Naturschutzzentrum	:	Mühlbachstraße 2, 7760 Radolfzell 16

2. **Deutscher Bund für Vogelschutz e.V. (DBV)**
Achalmstraße 33, 7014 Kornwestheim
Auch diese Naturschutzorganisation hat Landesverbände:
Beispiel "Bayern": Landesbund für Vogelschutz in Bayern, Kirchenstraße 8, 8543 Hilpoltstein

3. **Biologiezentren bzw. Umweltstationen**
Ökologiestation Bremen, Am Gütpohl 9,
2820 Bremen 70
Schulbiologiezentrum Hannover, Vinnhorster Weg 2,
3000 Hannover 21
Weitere Anschriften siehe Eulefeld/Winkel 1986, S. 210 ff.

Zitierte Literatur / Quellennachweise

Im Literaturverzeichnis sind wichtige Arbeiten wie folgt gekennzeichnet:

o: Literatur, die in theoretischer Hinsicht zum Verständnis einer Naturbezogenen Pädagogik beiträgt;

+: Literatur, die Naturbezogene Pädagogik praktisch vermittelt;

x: Literatur, die von Naturerfahrungen berichtet.

Bei Werken, die in besonders herausragender Weise dem Verständnis einer Naturbezogenen Pädagogik dienen, wird dies durch Verdoppelung des Zeichens angezeigt.

Die Kennzeichnung betrifft eine *Auswahl* der Werke, die mir selbst wichtige Anregungen gaben. Wo etwa Broschüren nicht über den Buchhandel vertrieben werden, habe ich die Bezugsquelle in Klammern angefügt.

Adomatis, Hans-Joachim: Schulfarm Scharfenberg. In: "betrifft : erziehung" 6/1983, S. 27-30.

Akademie für Naturschutz und Landschaftspflege (Hrsg.): Kinder begreifen Natur. Laufen 1983.

Amery, Carl: Das Ende der Vorsehung. Die gnadenlosen Folgen des Christentums. Reinbek 1974 (1972).

Andritzky, Michael u. Spitzer, Klaus (Hrsg.): Grün in der Stadt. Reinbek 1981.

Apel, Karl-Otto: Das Apriori der Kommunikationsgemeinschaft und die Grundlagen der Ethik. In: Ders.: Transformation der Philosophie II. Das Apriori der Kommunikationsgemeinschaft. Frankfurt 1973, S. 358-435.

Arbeitsgruppe Donaustaufer Altwasser an der Universität Regensburg: Vorschläge zum Donauausbau nur ungenügend berücksichtigt. In: Regensburger Universitätszeitung 3/1983, S. 13-15.

Arrowsmith, William u. Korth, Michael: "Meine Worte sind wie Sterne - sie gehen nicht unter". Reden der Indianerhäuptlinge. München 1984.

"Aussterberate in erschreckender Höhe". In: Mittelbayerische Zeitung v. 7./8.9.1985.

Barsig, Walter u. Berkmüller, Hans (Hrsg.): Leben überall. Biologie für die Hauptschule, 5. Jahrgangsstufe. Donauwörth 1986.

Barsig, Walter; Berkmüller, Hans; Kavasch, Julius u.a.: Leben überall - neu, 5. Jahrgangsstufe. Donauwörth ^{3}1978 (1977).

Diess.: Leben überall - neu, 6. Jahrgangsstufe. Donauwörth [6]1980 (1978).
Diess.: Leben überall - neu, 7. Jahrgangsstufe. Donauwörth [3]1979 (1978).
Diess.: Leben überall - neu, 8. Jahrgangsstufe. Donauwörth [4]1981(a) (1979).
Diess.: Leben überall - neu, 9. Jahrgangsstufe. Donauwörth [4]1981(b) (1980).
Bayer. Staatsministerium des Inneren, Oberste Baubehörde: Alte Stadt - heute und morgen. Gestaltwert und Nutzen alter Stadtkerne. Eine Dokumentation über Grundlagen und Merkmale der Stadtqualität dargestellt am Beispiel Dinkelsbühl (Bayern). München 1975.
Bayer. Staatsministerium für Landesentwicklung und Umweltfragen (Hrsg.): Grüne Innenhöfe. München 1983.
Dass. (Hrsg.): Rote Liste bedrohter Tiere in Bayern (Wirbeltiere, Insekten, Weichtiere). Bayreuth 1983 (a).
Dass. (Hrsg.): Rote Liste bedrohter Farn- und Blütenpflanzen in Bayern. Bayreuth 1983 (b).
Beck, Hartmut (Hrsg.): Umwelterziehung im Freiland. Köln 1984.
o Becker, Egon u. Ruppert, Wolfgang (Hrsg.): Ökologische Pädagogik - Pädagogische Ökologie. Umwelterziehung und ökologisches Lernen in pädagogischen Krisenfeldern. Frankfurt 1987.
Beer, Wolfgang: Der Ökopädagoge. In: "betrifft: erziehung" 10/1984, S. 30-33.
o Beer, Wolfgang u. de Haan, Gerhard (Hrsg.): Ökopädagogik. Aufstehen gegen den Untergang der Natur. Weinheim u. Basel 1984.
Behr, Michael (Hrsg.): Schulen ohne Zwang. Wenn Eltern in Deutschland Schulen gründen. München (dtv) 1984.
+ Bengtsson, Arvid: Vom Schulhof zum Spielhof. Wiesbaden u. Berlin 1978.
Benner, Dietrich u. Ramseger, Jörg: Wenn die Schule sich öffnet. Erfahrungen aus dem Grundschulprojekt Gievenbeck. München 1981.
Beschluß der Kultusministerkonferenz vom 17.10. 1980: Umwelt und Unterricht.
Beschlußprotokoll der politischen Gespräche mit Vertretern der Grünen und der SPD am 6., 13. und 15. Febr. 1984.

Biegert, Claus: Indianerschulen. Als Indianer überleben - von Indianern lernen. Survival Schools. München 1981 (a) (1979).

Ders.: Seit 200 Jahren ohne Verfassung. USA: Indianer im Widerstand. Reinbek 1981 (b) (1976).

Blankertz, Herwig: Bildung - Bildungstheorie. In: Christoph Wulf (Hrsg.): Wörterbuch der Erziehung. München u. Zürich [3]1976, S. 65-69.

Böhme, Werner (Leiter des Autorenkollektivs); Ehmer, Günter; Encke, Friedrich-Wilhelm u.a.: Unterrichtshilfen Schulgartenunterricht Klassen 1 bis 4. Berlin (Ost) [3]1974.

Bölsche, Jochen (Hrsg.): Natur ohne Schutz. Neue Öko-Strategien gegen die Umweltzerstörung. Spiegel-Buch 22, Reinbek bei Hamburg 1982.

Bölsche, Jochen u. Peck, Christoph: "Was spricht gegen Plastikbäume?" Landschaftsplanung und Landschaftszerstörung. In: Der Spiegel. I: 17/1983, S. 82-108; II: 18/1983, S. 82-96; III: 19/1983, S. 80-98.

Bolscho, Dietmar; Eulefeld, Günter; Seybold, Hansjörg: Umwelterziehung. Neue Aufgaben für die Schule. München/Wien/Baltimore 1980.

Borchert, Manfred u. Derichs-Kunstmann, Karin (Hrsg.): Schulen, die ganz anders sind. Frankfurt 1979 (Fischer-Tb.).

Brecht, G.: Umwelt-Service für Schulen : DBV-Ortsgruppe fördert Naturerleben. In: Wir und die Vögel 3/1984, S. 32 (Hrsg.: Deutscher Bund für Vogelschutz e.V.).

Bresinsky, A.: Der Botanische Versuchs- und Lehrgarten der Universität Regensburg. In: Regensburger Universitätszeitung 3/1982, S. 7-11.

Briel, Antonia u. Späth, Karl: Ackerbau und Schule. In: "betrifft: erziehung" 6/1981, S. 50-56.

Brinkmann, Günter (Hrsg.): Offenes Curriculum - Lösung für die Praxis. Kronberg/Ts. 1975.

Broll, Christine: Wenn die Wüsten wachsen. In: Mittelbayerische Zeitung v. 16.10.1985.

Brugger, Peter: Rio Grande. Reihe "Schauplatz der Geschichte". Saarländischer Rundfunk. Fernsehsendung v. 11.6.1984.

Bund Naturschutz in Bayern (Hrsg.): Ökologischer Garten. Ein Handbuch. Frankfurt 1981 (Fischer-Tb.).

o Bund Naturschutz in Bayern, Bildungswerk (Hrsg.): Grüne Schule. Positionen zur Umwelterziehung im Bund Naturschutz in Bayern. Wiesenfelder Reihe 6, Regensburg 1987.

Busche, Ernst: Alternativen zur Biologielehrerausbildung. In: Busche, Marquardt, Maurer 1978, S. 308-329.

Busche, Ernst; Marquardt, Brunhilde; Maurer, Margarete (Hrsg.): Natur in der Schule. Kritik und Alternativen zum Biologieunterricht. Reinbek 1978.

o Calließ, Jörg u. Lob, Reinhold E. (Hrsg.): Praxis der Umwelt- und Friedenserziehung. 3 Bände. Düsseldorf 1987 f.

Canetti, Elias: Die Provinz des Menschen. München 1973.

x Castaneda, Carlos: Reise nach Ixtlan. Die Lehren des Don Juan, 3. Teil. London 1974 (1972).

+ Chinery, Michael: Naturschutz beginnt im Garten. München 1986.

+ Cornell, Joseph Bharat: Mit Kindern die Natur erleben. Oberbrunn 1979.

Daschner, Peter: Friedenserziehung: Schule als Sündenbock. In: "betrifft: erziehung" 5/1983, S. 8-11.

Dax, Robert: Der Schulgarten im Jahreslauf. In: Münchner Forum 1983, S. 9-12.

Der Niedersächsische Kultusminister: 150 Stunden. Ideen und Anregungen zur Gestaltung von Schulhöfen. Hildesheim 1982.

DER SPIEGEL (ohne Autorennennung):
31/1983, S. 40f.: Grüne Wand.
51/1983, S. 79f.: Tierversuche: Fertig zum Schokken.
2/1984, S. 7f.: Durch alle Instanzen.

Deutsche Gartenbau-Gesellschaft e.V. (Hrsg.): "Wege zur Naturerziehung". Grün macht Schule. Vortragstagung vom 16. bis 19. Mai 1985 in Berlin. Bonn 1986 (Ubierstraße 30, 5300 Bonn 2).

Deutscher Bildungsrat. Empfehlungen der Bildungskommission: Zur Förderung praxisnaher Curriculumentwicklung. Verabschiedet auf der 35. Sitzung der Bildungskommission am 15./16.11.1973 in Saarbrücken. Stuttgart 1974.

+ Deutscher Naturschutzring e.V. (Hrsg.): Schulgärten. Ziele - Organisation - Entwicklung. Bonn 1985 (Postfach 32 02 10).

Dick, Lutz van: Alternativschulen. Information, Probleme, Erfahrungen. Reinbek 1979.
o Ditfurth, Hoimar von: "So laßt uns denn ein Apfelbäumchen pflanzen. Es ist soweit." Hamburg 1985.
Doernach, Rudolf u. Heid, Gerhard: Das Naturhaus. Wege zur Naturstadt. Frankfurt [2]1982.
Douglas-Hamilton, Iain u. Oria : Unter Elefanten. München 1976 (engl. 1975).
Dubos, René: Der entfesselte Fortschritt. Bergisch-Gladbach 1970.
Duerr, H.-P.: Traumzeit. Über die Grenze zwischen Wildnis und Zivilisation. Frankfurt 1978.

Elias, Norbert: Über den Prozeß der Zivilisation. 2 Bde. Frankfurt [2]1976 u. 1977 (Bern u. München 1939).
Ders.: Über die Natur. In: Merkur 6/1986, S. 469-481.
Entrich, Hartmut: Biologielehrerausbildung in der Kritik. In: Busche; Marquardt; Maurer 1978, S. 155-170.
o Eulefeld, Günter u. Winkel, Gerhard (Hrsg.): Umweltzentren - Stätten der Umwelterziehung. Kiel 1986 (Institut für die Pädagogik der Naturwissenschaften (IPN), Olshausenstr. 62, 2300 Kiel 1).

Farb, Peter: Die Indianer. Entwicklung und Vernichtung eines Volkes. Wien u. München 1976 (1971).
Faulstich-Wieland, Hannelore: "Computerbildung" als Allgemeinbildung für das 21. Jahrhundert? In: Z. f. Päd. 4/1986, S. 503-514.
xxFlanagan, Geraldine Lux u. Moris, Sean: Nest am Fenster. Hamburg 1977 (London 1975).
Fleischmann, Lea: Dies ist nicht mein Land. Hamburg 1980.
Flitner, Wilhelm: Die Volksschule. In: Westermanns Pädagogische Beiträge, Sonderheft 1949.
o Freie und Hansestadt Hamburg. Behörde für Schule und Berufsbildung. Amt für Schule: Biologischer Wegweiser für Hamburg und Umgebung. Einrichtungen und Exkursionsziele zur Nutzung für Schulbiologie und Umwelterziehung. Hamburg 1986.
Frey, Karl: Die Projektmethode. Weinheim 1982.
Frey, Karl-Heinz; Stottele, Tillmann; Weichert, Christian: Bäume sterben leise. Schüler kämpfen gegen den Baumtod. Weinheim und Basel 1976.

o Fromm, Erich: Haben oder Sein. Die seelischen Grundlagen einer neuen Gesellschaft. München [6]1980 (1979) (dtv).

Gahntz, Dietrich: Umgang mit Heimtieren steht auf dem Lehrplan. In: Das Tier 3/1981, S. 47f.
+ Gaul, Manfred und Steup, Klaus: Ein Schulgarten entsteht an der Gesamtschule Busecker Tal. Konkretisierung eines Projekts. Buseck 1984.
Gerheiser, Walter: Der Garten bei der Schule. "Du und ich". Ein heimliches Zwiegespräch des Dorflehrers mit seinem Garten. In: Die Scholle 1955, H. 4, S. 161-190.
Gerstl, Doris: Das allerteuerste Buch der Welt. Evangeliar Heinrichs des Löwen und Cimelien von Weltrang in München. In: Mittelbayerische Zeitung v. 20.3.1986.
o Global 2000, Der Bericht an den Präsidenten. Hrsg.: Council on Environment Quality und US-Außenministerium. Frankfurt 1980 (Washington 1980).
Göpfert, Hans: Ausländerfeindlichkeit durch Unterricht. Konzeptionen und Alternativen für Geschichte, Sozialkunde und Religion. Düsseldorf 1985.
Ders.: Grün macht Schule. In: Hauptschulmagazin 4/1987, S. 5-8.
Ders.: Naturbezogene Pädagogik. Wie ein Wildgarten in einer Grundschule entsteht. In: Pädagogik heute 4/1987, S. 34-40.
Ders.: Zur Grundlegung einer naturbezogenen Pädagogik. In: Calließ u. Lob 1987 f. Band 2: Umwelterziehung. Düsseldorf 1987, S. 21ff.
x Goerss, Hartwig: Unsere Baum-Veteranen. Hannover 1981.
x Gohl, Heinrich u. Krebs, E.: Lebende Wälder. Zürich 1973.
x Gollwitzer, Gerda: Bäume. Bilder und Texte aus drei Jahrtausenden. Herrsching 1984 (1980).
Grässer, Erich: Kirche und Tierschutz - eine Anklage. In: Händel 1984, S. 59-70.
Grames, Eberhard: Bäume. Hamburg 1982.
Graupner, Heidrun: Gemüsebeete im Pausenhof. In: Süddeutsche Zeitung v. 2.6.1982.
o Gruhl, Herbert: Ein Planet wird geplündert. Die Schreckensbilanz unserer Politik. Frankfurt 1976 (1975).
o Ders.: Häuptling Seattle hat gesprochen. Der authentische Text seiner Rede mit einer Klar-

stellung: Nachdichtung und Wahrheit. Düsseldorf [2]1984 (1984).

Grzimek, Bernhard u. Grzimek, Michael: Serengeti darf nicht sterben. Berlin 1963 (1959).

Haan, Gerhard de: Ökopädagogik - Qualifikationen für die Zukunft. In: "betrifft: erziehung" 10/1984, S. 24-30.

o Ders.: Natur und Bildung. Perspektiven einer Pädagogik der Zukunft. Weinheim und Basel 1985.

Habermas, Jürgen: Zur Logik des theoretischen und praktischen Diskurses. In: M. Riedel (Hrsg.): Rehabilitation der praktischen Philosophie II, Freiburg 1974, S. 381-402 (= Auszug aus: J. Habermas: Wahrheitstheorien. In: Wirklichkeit und Reflexion. Festschrift F. W. Schulz, Pfullingen 1973, S. 211-265).

Hacker, Hartmut: Elemente des Curriculums. Donauwörth 1979.

Hader, Katharina; Schauer, Waltraud S.; Welscher-Forche, Ursula: Schulgarten und Unterricht. In: Münchner Forum 1983, S. 13-21.

Haen, Imme de: Lernen und Lieben. Rezension zu N. Hoenisch u. E. Niggemeyer: "Heute streicheln wir den Baum" und "Komm liebe Spinne". In: "betrifft: erziehung" 6/1983, S. 54f.

Händel, Ursula M. (Hrsg.): Tierschutz. Testfall unserer Menschlichkeit. Frankfurt 1984.

Halbfas, Hubertus: Religion. Stuttgart/Berlin 1976.

Hamm, Peter: Welches Tier gehört zu dir? Eine poetische Arche Noah. München 1984.

Hansen, Hartmut/ Pausenwang, F.: Sozialpädagogische Ansätze. In: Beer u. de Haan 1984, S. 125-133.

Heller, Erdmute: Das größte Geschenk Allahs. Eine Kulturgeschichte des Kamels. Manuskript einer am 7.1.1984 vom Bayerischen Rundfunk ausgestrahlten Sendung.

Hemmer, Helmut: Käfer in ihrer kleinen Welt. In: Die Gestalt 3/1984, S. 67.

Herrmann, Hans: Zeichnen fürs Leben. Ratingen [7]1963.

Herrmann, Hans u. Meiss, Georg: Neues Zeichnen im Volksschulalter. Ratingen [7]1963.

x Hesse, Hermann: Bäume. Betrachtungen und Gedichte. Frankfurt 1984 (1952), (Insel-Taschenbuch).

Hindermann, Federico (Hrsg.): "Sag' ich's euch, geliebte Bäume ..." Texte aus der Weltliteratur. Zürich 1984.

x Hockenjos, Wolf: Begegnung mit Bäumen. Stuttgart [2]1979 (1978).

Höffe, Otfried: Ethische Grenzen der Tierversuche. In: Händel 1984, S. 82-99.

++Hoenisch, Nancy u. Niggemeyer, Elisabeth: Heute streicheln wir den Baum. Kinder machen Naturerfahrungen mit Pflanzen, Tieren, dem Wetter und der Erde. Ravensburg 1981.

++Diess.: Komm liebe Spinne. Kinder machen Naturerfahrungen. Ravensburg 1982.

Hoffer, Wilfried: Eltern contra Schule? Sendung des ZDF vom 14.4.1980.

xxHolden, Edith: Vom Glück mit der Natur zu leben. Das Tagebuch der Edith Holden. Naturbeobachtungen aus dem Jahre 1906. München [7]1985 (1982) (London 1977).

Holl, Oskar: Zum Geleit: Warum wieder Schulgärten? In: Münchner Forum 1983, S. 5-8.

Holt, J.: The Underachievement School. New York 1969.

++Institut für Praxis und Theorie der Schule (IPTS) und Institut für die Pädagogik der Naturwissenschaften (IPN), beide in Kiel (Hrsg.): Einrichtungen von Biotopen auf dem Schulgelände. 2. erw. Aufl. Kiel 1984 (mit weiterführenden Literaturangaben). (BUND-Landesverband Schleswig-Holstein, Lerchenstraße 22, 2300 Kiel).

Jedicke, Eberhard: Umwelterziehung in der Schule. Unterricht im Freilandlabor. In: Wir und die Vögel 6/1983, S. 30f.

Jung, Harald: Wenn einer Stadt die Luft wegbleibt. Bericht von Mexico. Fernsehsendung vom Mai 1986, II. Programm.

Kaufmann, Wolfgang: Ein Zierrasen wurde zum biologischen Schulgarten. In: Wir und die Vögel 5/1983, S. 32f.

\+ Ders.: Biologische Schulgärten. Organisation - Einrichtung - Unterhaltung. Hrsg.: Deutscher Bund für Vogelschutz. Krefeld 1984.

Keck, Rudolf W.: Zur Geschichte der Hauptschule als Sekundarschule (1959-1979). Eine zeitgeschichtliche Analyse zur Erhellung der Gegenwartsprobleme. In: Nicklis 1980, S. 28-45.

Kern, Peter u. Wittig, Hans-Georg: Pädagogik im Atomzeitalter. Wege zu innovativem Lernen angesichts der Ökokrise. Freiburg i.Br. 1982.

+ Kilger, Ursula: Schul- und Lehrgärten. Ihre Entwicklung und Bedeutung, die heutige Situation sowie Voraussetzungen und Möglichkeiten ihrer Anlage und unterrichtliche Verwendung. Hrsg.: Lehrstuhl für Gemüsebau der Technischen Universität München in Freising-Weihenstephan 1981. Konstanz (Verlag Wolfgang Hartung-Gorre) 1982.

Killermann, Wilhelm: Biologieunterricht heute. Eine Didaktik für Grundschule und Sekundarstufe 1. Donauwörth, 5. erw. u. überarb. Aufl. 1980 (1974).

Klafki, Wolfgang: Neue Studien zur Bildungstheorie und Didaktik. Weinheim u. Basel 1985.

Ders.: Die Bedeutung der klassischen Bildungstheorien für ein zeitgemäßes Konzept allgemeiner Bildung. In: Z. f. Päd. 4/1986, S. 455-476.

Klemp, Herwig: Mehr Natur in Dorf und Stadt. Hrsg.: Bund für Umwelt und Naturschutz Deutschland (BUND), Landesverband Schleswig-Holstein e.V., Kiel 1983 (Selbstverlag H. Klemp, Kiel, Ringstr. 44).

Klenk, Gerald: Umwelterziehung in den allgemeinbildenden Schulen. Entwicklung, Stand, Probleme - aufgezeigt am Beispiel Bayern. Frankfurt 1987.

Kormann, Egon: Meine Freunde die Blätter. Mitteilungen des Gustaf-Britsch-Institutes für Kunstwissenschaft. 35. Jg. Nr. 4/5, Starnberg 1965.

Kraft, Peter: Der Schulhof als Ort sozialen Verhaltens. Braunschweig 1977.

Ders.: Neue Schulhöfe. Braunschweig 1980.

Krause, Rudolf: Gartenbauunterricht von der 5. bis zur 9. Klasse. In: Rist u. Schneider 1977, S. 104-110.

Krieger, Hans: Lernziel Leben. Das Waldsterben als Thema der Tutzinger Lehrerwerkstatt. In: Bayer. Staatszeitung v. 23.9.1983.

Ders.: Die Selbstaufklärung der Wissenschaft. In: Bayer. Staatszeitung v. 13.2.1987.

Künzli, Rudolf: Aspekte der praktischen Philosophie. In: Karl Frey (Hrsg.): Curriculum-Handbuch I, München u. Zürich 1975, S. 151-160.

Kunert, Kristian: Theorie und Praxis des offenen Unterrichts. München 1978.

Kunstmann, Wilfried: Alternativschulen als Fortsetzung der Schulreform? In: Borchert u. Derichs-Kunstmann 1979, S. 181-202.

Lafontaine, Oskar: Der andere Fortschritt. Verantwortung statt Verweigerung. Hamburg 1985.
Landesbund für Vogelschutz in Bayern e.V. u.a. (Hrsg.): Greifvögel. Warnsignale für den Zustand unserer Heimat. Warum Greifvogelschutz? Autoren: E. Bezzel, D. Kaus, U. Mattern, L. Sothmann. Hilpoltstein.
+ Landeshauptstadt Hannover - Presse- und Informationsamt (Hrsg.), G. Winkel (Autor): Das Schulbiologiezentrum Hannover. Stadthagen 1980 (und Veröffentlichungen der folgenden Jahre unter diesem Titel).
xxLawick-Goodall, Jane van: Wilde Schimpansen. 10 Jahre Verhaltensforschung am Gombe-Strom. Reinbek 1975 (engl. 1971).
x+Lehrer-Service. Zeitschrift für Umwelterziehung und Ökologie. Hrsg.: Bund für Umwelt und Naturschutz Deutschland u.a. Freiburg (Verlagsgesellschaft B. U. N. D. GmbH, Erbprinzenstraße 18).
Lenhart, Volker: Allgemeine und fachliche Bildung bei Max Weber. In: Z. f. Päd. 4/1986, S. 529-541.
Lettau, Max u. Weber, Heinrich: Biologische Exkursionsstätten in Schleswig-Holstein. Hrsg.: Landesinstitut Schleswig-Holstein für Praxis und Theorie der Schule (IPTS) (Schreberweg 5, 2300 Kiel-Kronshagen). Lütjensee 1980.
Lieckfeld, C.-P.; Meiners, Wolfgang; Witt, Reinhard; Mattei, Günter: Umwelt - jenseits der Klassenräume. In: "natur" 4/1984, S. 43-66.
Lindenberg, Christoph: Waldorfschulen: angstfrei lernen, selbstbewußt handeln. Praxis eines verkannten Schulmodells. Reinbek 1975 (rororo-Tb.).
Literatur im Gespräch: Sendung des ZDF über Günter Grass' Endzeitroman "Die Rättin", ausgestrahlt am 24.3.1986.
xxLorenz, Konrad: Er redete mit dem Vieh, den Vögeln und den Fischen. München 1964 (dtv-Tb.).
xxDers.: So kam der Mensch auf den Hund. München ^{4}1967 (1965) (dtv-Tb.).
xxDers.: Das Jahr der Graugans. München 1979 (1978).
Lovegrove, Roger; Barrett, Peter: "Folg ich der Vögel wundervollen Flügen..." Vogelbetrachtungen im Jahresverlauf. München 1986 (London 1982).

Ludwig, Adolf: Mehr Mut zur Anlage von Schulgärten. In: Biologie in der Schule 1956, S. 129-136.

Mahlke, Wolfgang (Hrsg.): Gauaschach - Ein Dorf wird liebenswert. Von Christine Harisch-Lesar und Karlheinz Harisch. Würzburg 1968.

Maier: Der Schulgarten heute. Ein Beitrag zur Umwelterziehung. In: Natur und Umwelt. Zeitschrift für Ökologie und Umweltpolitik 3/1983, S. B 13f.

Manzke, Ernst (Redaktion): Glocksee-Schule. Berichte, Analysen, Materialien. Fulda 1981.

Marcks, Marie: Krümm dich beizeiten! Heidelberg 1977 (rororo-Tb. 1985).

Dies.: Ich habe meine Bezugsperson verloren! Heidelberg 1977 (a).

Mathur, Vishnu u. McConnel, Amanda: Die Bishnois - Naturschützer in Indien. Fernsehsendung des ZDF v. 19.3.1987.

Matzek, Robert (Auswahl): Goldene Worte über Bäume. Gedanken aus alter und neuer Zeit. Stuttgart 1983.

Maurer, Margarete: Naturverständnis und Weltanschauung in Biologielehrbüchern. In: Busche; Marquardt; Maurer 1978, S. 57-130.

Melzer, Werner: Sommer-Adonisröschen. Blume des Jahres 1984. In: WWF. Zeitschrift für Mitglieder und Freunde des World Wildlife Fund 1/1984, S. 18.

o Michelsen, Gerd u. Siebert, Horst: Ökologie lernen. Anleitungen zu einem veränderten Umgang mit Natur. Frankfurt 1985.

Mitcherlich, Alexander: Die Unwirtlichkeit unserer Städte. Anstiftung zum Unfrieden. Frankfurt [7]1969 (1965).

+ Münchner Forum (Hrsg.): Ein Frühling für Schulgärten. Anregungen, Vorschläge, Beispiele. München 1985 (1983) (Schellingstraße 65, 8000 München).

Myers, Norman: Die sinkende Arche. Braunschweig 1985 (London 1979).

Nahrstedt, Wolfgang: Allgemeinbildung im Zeitalter der 35-Stunden-Gesellschaft. Lernen zwischen neuer Technologie, Ökologie und Arbeitslosigkeit. In: Z. f. Päd. 4/1986, S. 515-528.

"Natur gerät rapide aus dem Gleichgewicht". Mittelbayerische Zeitung vom 7.10.1986.

Nicklis, Werner S. (Hrsg.): Hauptschule. Erscheinung und Gestaltung. Bad Heilbrunn/Obb. 1980.

Ders.: "Qualitative Vollständigkeit des Lehrplans", "volkstümliche Bildung" und "Wissenschaftsorientierung" - Probleme des Eigenprofils der Hauptschule. 1980 a. In: Nicklis 1980, S. 97ff.

Oblinger, Hermann: Theorie der Schule. Schulpädagogik. Eine Einführung. Donauwörth o.J. (ca. 1976).

o+Ökopäd. Zeitschrift für Ökologie und Pädagogik. Hrsg.: Verein zur Förderung der Ökologie im Bildungsbereich e.V., 6149 Rimbach 3 (seit 1983).

Ordnung der Ersten Staatsprüfung für ein Lehramt an öffentlichen Schulen (Lehramtsprüfung I - LPO I) in der Fassung der Bekanntmachung vom 23.7.1985.

Oser, Fritz: Zu allgemein die Allgemeinbildung, zu moralisch die Moralerziehung. In: Z. f. Päd. 4/1986, S. 489-502.

Patermann, Rolf: Sinnliche Naturerfahrung. In: Beer u. de Haan 1984, S. 69-76.

Plickat, H.: Die Schule als Instrument des sozialen Aufstiegs. Weinheim 1959.

Popp, Mischka u. Bergmann, Thomas: Vom Flachlegen und Aufstehen. Ein Heimatfilm. Sendung der ARD (HR) vom 27.4.1986.

Profitopolis oder: Der Mensch braucht eine andere Stadt. Hrsg.: Die Neue Sammlung. Staatliches Museum für angewandte Kunst, München. Niederhausen/Taunus o.J.

Puchner, Willy (Fotos) u. Thoreau, Henry David (Texte): Bäume. Wien und München 1983.

Pytlik, Anna u. Gehlen, Rolf: Mit der Wahrheit auf Kriegsfuß. In: "natur" 7/1984, S. 77-83.

Ramseger, Jörg: Gegenschulen. Radikale Reformschulen in der Praxis. Bad Heilbrunn/Obb. 1975.

Ders.: Offener Unterricht in der Erprobung. Erfahrungen mit einem didaktischen Modell. München 1977.

Rang, Adalbert: Zur Bedeutung des "Allgemeinen" im Konzept der allgemeinen Bildung. In: Z. f. Päd. 4/1986, S. 477-487.

Rathenow, Hanns-Fred u. Stammwitz, Wolfgang: Anpassung oder Selbstbestimmung? Die Auseinandersetzung über die Entwürfe für eine KMK-Empfehlung zur Friedenserziehung. In: Brigitte Reich u. Norbert H. Weber (Hrsg.): Unterricht im Dienste des Friedens. Düsseldorf 1984, S. 15-31.

Rauch, Martin: Schulhofhandbuch. Planung und Veränderung von Freiräumen an Schulen. Langenau-Albeck 1981.

Redaktion "Wir und die Vögel": Lebensraum aus zweiter Hand: Der Folienteich - Schutzprojekt für jedermann. In: Wir und die Vögel 6/1984, S. 6-11.

o+Regionales Pädagogisches Zentrum des Landes Rheinland-Pfalz (RPZ): Naturnahe Schulgeländegestaltung. Redaktion R. Marks. Bad Kreuznach (Bahnhofstraße 7-9) 1983.

Reichelt, Ruth: Schul- und Lehrgärten heute noch? In: Hauswirtschaftliche Bildung 1975, S. 79-86.

Rist, Georg u. Schneider, Peter: Die Hiberniaschule. Von der Lehrwerkstatt zur Gesamtschule: eine Waldorfschule integriert berufliches und allgemeines Lernen. Reinbek 1977 (rororo-Tb.).

Robinsohn, Saul B.: Bildungsreform als Revision des Curriculum. Neuwied u. Berlin 1967.

Rosnay, J. de: Das Makroskop. Stuttgart 1977.

ooRumpf, Horst: Die übergangene Sinnlichkeit. Drei Kapitel über die Schule. München 1981.

Sachs, Wolfgang: Schulzwang und soziale Kontrolle. Frankfurt 1976.

Saint-Exupéry, Antoine de: Der Kleine Prinz. Düsseldorf 1956.

Schad, Wolfgang u. Schweppenhäuser, Ekkehard: Blütenspaziergänge. Übungen im Naturbetrachten. Frankfurt 1986 (1975).

+ Schauer, Thomas u. Caspari, Claus: Der große BLV Pflanzenführer. München 1984.

Schedensack, Peter-Ulrich: Friedenserziehung. Nur noch Sicherheitspolitik. In: "betrifft: erziehung" 9/1983, S. 6f.

Scheer, Robert: Und brennend stürzen Vögel vom Himmel. Reagan und der "begrenzte" Atomkrieg. München 1983.

Scheibe, Wolfgang: Die Reformpädagogische Bewegung 1900-1932. Eine einführende Darstellung. Weinheim, Berlin, Basel ^{2}1971 (1969).

o Schell, Jonathan: Das Schicksal der Erde. Gefahr und Folgen eines Atomkriegs. München und Zürich ^{4}1982 (amerik. 1982).

Schelsky, Helmut: Schule und Erziehung in der industriellen Gesellschaft. Würzburg 1957.

Schmandt, Walther: Lebensnotwendig: der richtige Weg. In: Myrell; Schmandt; Voigt: Neues Denken - alte Geister. Niedernhausen/Ts., S. 133-172.

Schmidt-Walther, Peer: Grün hat gesiegt. In: "betriffft: erziehung" 9/1983, S. 50-56.

Schmitt, Rudolf: "Dritte Welt" in der Vorschule. Teilcurriculum zur sozialen und politischen Erziehung im Elementar- und Primarbereich. Hrsg.: Bundesministerium für wirtschaftliche Zusammenarbeit: Schule und Dritte Welt. Bonn 1975, S. 5-31.

Schönbach, Rudolf: Zurück zur alten Länderkunde? Neue Strömungen im derzeitigen Erdkundeunterricht. In: Bayerische Schule 14/1981, S. 413-424.

o Schoenebeck, Hubertus von: Unterstützen statt erziehen. München 1984.

Scholz, Günter u. Bielefeldt, Heinz: Kompendium Didaktik: Schuldidaktik. München 1978.

Schreiner, Johannes: Lebensraum Donautal. Ergebnisse einer ornitho-ökologischen Untersuchung zwischen Straubing und Vilshofen. Hrsg.: Bayer. Landesamt für Umweltschutz. Schriftenreihe Naturschutz und Landschaftspflege 11. München, Wien 1978.

"schule und wir" 2/1983, S. 20-24: Der größte Renner sind Radieschen.

Schulreferat der Landeshauptstadt München u. Bayerisches Nationalmuseum München: Reale Welt. Bildnerisches Gestalten im Hauptschulalter. Katalog zu einer Ausstellung. München 1977.

Schultz, Uwe: Umwelt aus Beton oder Unsere unmenschlichen Städte. Reinbek 1971.

Schwarz, Paul: Tümpel, Teich und Heckengürtel. In: "betrifft: erziehung" 1/1984, S. 9-12.

+ Schwarz, Urs: Der Naturgarten. Frankfurt 1980.

+ Senator für Stadtentwicklung und Umweltschutz in Berlin (Hrsg.): Mut zu Grünen Wänden. Berlin ²1983.

Siegfried-Hagenow, Monika: Abenteuer auf dem Schulbauernhof. In: Pädagogik heute 12/1986, S. 4-11.

Siemonsmeyer, Jörg: Schulgarten: Säen, pflanzen, ernten. In: "betrifft: erziehung" 3/1984, S. 68-73.

Singer, Kurt: Ohne Noten lieber lernen und mehr leisten. Hrsg.: Aktion Humane Schule Bayern (Leonrodstr. 19, 8000 München 19). München o.J.

Skaumal, Ulrike und Staeck, Lothar: Die Biologielehrpläne für die Sekundarstufe I 1980. Synopse der Lehrpläne der Länder der Bundesrepublik Deutschland. Köln 1980.

Sollmann, Andreas: Der ökologische Schulgarten. Anbau, Artenschutz und Einsatz im Unterricht.

Hrsg.: BUND (Bund für Umwelt- und Naturschutz Deutschland). Düsseldorf 1983. (Bezug: BUND-Landesverband Nordrhein-Westfalen, Drususallee 66, 4040 Neuss).
+ Staatsinstitut für Schulpädagogik und Bildungsforschung München (ISP) (Hrsg.): Naturschutz. Handreichung für Lehrer an Bayerischen Schulen. München 1984.
+ Dass.: Schulgarten. Handreichung zur Errichtung und Pflege von Schulgärten. München 1986 (Arabellastraße 1, 8000 München 81).
Steinborn, Wolfgang: Im Wald. Loewes Naturführer. Bayreuth 1983.
Stern, Horst; Schröder, Wolfgang; Vester, Frederic; Dietzen, Wolfgang: Rettet die Wildtiere. Stuttgart 1980.
Stern, Horst; Thielcke, Gerhard; Vester, Frederic; Schreiber, Rudolf: Rettet die Vögel ... wir brauchen sie. München u. Berlin 1978.
Stiftung Naturschutz Berlin (Hrsg.): Aktion "Grün macht Schule". Hundert grüne Lernorte. Schulgärten, Freilandlabore, Gartenarbeitsschulen. Berlin 1985 (Geschäftsstelle: Kl.-D. Heise, Wilmersdorfer Str. 95, 1000 Berlin 12).
Struck, Peter: Projektunterricht. Stuttgart u.a. 1980.
Stuik, Hans: Umwelterziehung, Schlüssel für die Zukunft. Ein Projekt des WWF findet in Bremen große Resonanz. In: WWF. Zeitschrift für Mitglieder und Freunde des World Wildlife Fund 4/1983, S. 3-6.

Thielcke, Gerhard; Herrn, Claus-Peter; Hutter, Claus-Peter; Schreiber, Rudolf L.: Rettet die Frösche. Amphibien in Deutschland, Österreich und der Schweiz. Stuttgart 1983.
x+Tierfreund. Jugendzeitschrift für Tier-, Natur- und Umweltschutz. Nürnberg (Äußerer Laufer Platz 22).
Töpfer: Nordsee ist ernsthaft gefährdet. In: Mittelbayerische Zeitung v. 3.7.1987.
Tomanová, E.; Demartini, E.; Ničová, V.: Das große Buch der Pflanzen in Feld und Wald. Gütersloh (Prisma) 1985 (Prag (Artia) 1981).
"Tropenwälder sind in Gefahr". In: Mittelbayerische Zeitung v. 4./5.7.1987.

UNESCO-Verbindungsstelle für Umwelterziehung im Umweltbundesamt (Hrsg.): Bericht über Aktivitäten

der Umwelterziehung in Bund, Ländern und überregionalen Institutionen. Berlin 1984.
+ Unterricht Biologie:
Themenhefte "Biologie im Schulgelände" 1979, Heft 36/37;
"Naturnaher Garten" 1983, Heft 39.

Vaucher, Hugues: Bäume. An den Rinden erkennen und bestimmen. Stuttgart u. Zürich 1980.
Vaupel, Dieter: Schüler als Bachpaten. Unterrichtsprojekt einer 10. Hauptschulklasse. In: Pädagogik heute 11/1986, S. 24-29.
Verfürth, Martin: Biologie. Kompendium Didaktik Biologie. München 1987.
Vester, Frederic: Neuland des Denkens. Vom technokratischen zum kybernetischen Zeitalter. Stuttgart 1980 (Tb. 1984).
Větvička, V. u. Toušová, D.: Pflanzen in Wald und Flur. Hanau (Dausien) [2]1984 (Prag (Artia) 1980.
Vidal, Armin: Die Vogelwelt der Donauauen Pfatter-Gmünd/Landkreis Regensburg. In: Jahresbericht der Ornithologischen Arbeitsgemeinschaft Ostbayerns 7 (1980).
"Viele Tiere und Pflanzen verabschieden sich". In: Mittelbayerische Zeitung v. 10.7.1985.

Wals, Harry: Schulgärten und Bauernhöfe für Stadtkinder. SAFA 31(4) 1979, S. 162.
Ders.: Umweltzentren in der Großstadt. In: Eulefeld u. Winkel 1986, S. 70-76.
Wartner, Franz: Gefährdung einer Flußlandschaft. Beispiel: Ausbau der Donau zwischen Regensburg und Passau zur Groß-Schiffahrtsstraße. Köln 1984.
Weiger, Hubert: Wohin treibt die Weinbergsflurbereinigung? In: Nationalpark 3/1979, S. 6-9.
x Weinzierl, Hubert: Hoffnungen. Ein nachdenkliches Kalendarium. Pullach (etwa 1976).
x Ders.: Tagebuch eines Naturfreundes. München 1979.
x Ders.: Nachklänge. München (nach 1983).
Wenzel, Klaus: Die Hauptschul-Stundentafel auf dem Prüfstand. In: Bayerische Schule 18/1984, S. 15f.
Wessel, Volker: Projekt: Schulteich. In: Pädagogik heute 10/1986, S. 34-38.
Westphalen, Klaus: Praxisnahe Curriculumentwicklung. Eine Einführung in die Curriculumreform am Beispiel Bayerns. Donauwörth [4]1976 (1973).

Wieland, Dieter: Der Architekt Hans Döllgast. Fernsehsendung des Bayer. Rundfunks vom 16.12.1984.
Wieland, Dieter; Bode, Peter M.; Disko, Rüdiger: Grün kaputt. Landschaft und Gärten der Deutschen. München 1983.
+ Wilke, Hartmut: Der Naturteich im Garten. Anlage und Pflege, Tiere und Pflanzen. München ²1983.
+ Winkel, Gerhard (Hrsg.): Pädagogik im Botanischen Garten, im Naturkundemuseum, im Zoo. Hannover 1982.
++Ders. (Hrsg.): Das Schulgarten-Handbuch. Seelze 1985.
Wirth, P.: My ideal school wouldn't be a school. In: Teachers College Record 1970.
"Wo Tierliebe Schule macht". In: "Bunte" 9/1983, S. 142f.
World Wildlife Fund: Laßt die Tiere leben. Fallgeschichten zu nationalen Lücken im internationalen Artenschutzabkommen. Fernsehsendung vom 13.11. 1983, 2. Programm.

Zacharias, Martin: Forstpraktikum in der 7. Klasse. In: Rist u. Schneider 1977, S. 110-112.
Zentralstelle für Umwelterziehung Universität Essen GHS: informationen. Heft 1 - 26 (Mai 1987).
Zielonkowski, Wolfgang: Schützenswerte Trockenrasen in Bayern. In: Vogelschutz 2/1986, S. 28-33.
Zimen, Erik: Der Wolf. Mythos und Verhalten. Wien und München 1978.
++Zimmerli, Ernst: Freilandlabor Natur. Schulreservat, Schulweiher, Naturlehrpfad: Schaffung, Betreuung, Einsatz im Unterricht. Ein Leitfaden. Zürich ³1980.
Zimmermann, J.: Zur Geschichte des ästhetischen Naturbegriffs. In: Ders. (Hrsg.): Das Naturbild des Menschen. München 1982, S. 118ff.
Zöpfl, Helmut: Der kleine Prinz beim Pädagogen. In: Päd. Welt 9/1984, S. 65f.

In die Untersuchung einbezogene Lehrpläne

Lehrpläne der Bundesländer

BADEN-WÜRTTEMBERG

Unterricht und Kultus: Amtsblatt des Ministeriums für Kultus und Sport Baden-Württemberg. Ausgabe C.

Lehrplanhefte, Reihe E, Nr. IX: Bildungsplan für die Hauptschule. 25. Mai 1984. Villingen-Schwenningen 1984.

BAYERN

Wenn nicht anders angegeben, sind die Lehrpläne veröffentlicht in: Amtsblatt des Bayerischen Staatsministeriums für Unterricht und Kultus, Sondernummer, München.

Lehrplan für die Grundschule, 20/1981, S. 549-681.
Richtlinien für die Oberstufe der bayerischen Volksschulen, 5. mit 8. Schülerjahrgang, vom 20. Juni 1963. München (hier zitiert nach einer Ausgabe des Maiß-Verlages mit dem Titel "Unterricht in der Volksschuloberstufe", München).
Richtlinien für die bayerischen Volksschulen, 1. mit 9. Schülerjahrgang, vom 10. Juli 1966. München (hier zitiert nach einer Ausgabe des Maiß-Verlages).
Curriculare Lehrpläne für die Hauptschule:
Biologie, 5., 6., 7.Jg., 6/1977, S. 274-290.
Biologie, 8., 9. Jg., 3/1978, S. 40-57.
Entwurf des Hauptschullehrplans 1984.
Lehrplan für die Hauptschule, 13/1985, S. 249ff.
Curriculare Lehrpläne der vierjährigen Realschule:
Biologie, 7., 8., 9. Jg., 37/1978, S. 1494-1539.
Curricularer Lehrplan für Biologie in den Jahrgangsstufen 7, 8, 9 und 10 aller Ausbildungsrichtungen des Gymnasiums:
Biologie, 7., 8., 9., 10 Jg., 28/1978, S. 1101-1128.

BERLIN

Senator für Schulwesen, Berufsbildung und Sport: Vorläufiger Rahmenplan für Unterricht und Erziehung in der Berliner Schule. Fach Biologie
Grundschule:
Klassenstufe 5/6, wahrsch. 1984.
Hauptschule:
Klassenstufe 7, gültig seit Schuljahr 1983/84.
Klassenstufe 9, gültig seit Schuljahr 1985/86.
Klassenstufe 10, gültig seit Schuljahr 1986/87.

BREMEN

Freie Hansestadt Bremen. Der Senator für Bildung:
Orientierungsstufe:
Lehrplan Naturwissenschaften im Fachbereich: Mathematik/Naturwissenschaften.
Lehrplan: Biologie
Klasse 5: Februar 1976.
Klasse 6: 1977.
Sekundarstufe 1, Hauptschule:
Lehrplanentwurf Naturwissenschaften/Mathematik
Biologie, Klasse 7: April 1979.
Biologie, Klasse 8: März 1980.
(1. überarbeitete Fassung: Oktober 1981)
Biologie, Klasse 9: März 1981.

HAMBURG

Freie und Hansestadt Hamburg. Behörde für Schule und Berufsbildung:
Lehrplan Biologie. Orientierungsstufe. Hamburg, 1.2.1979
Lehrplan und Handreichung für die Beobachtungsstufe und die Haupt- und Realschule. Biologie. 1985.
Handreichung zum Lehrplan Biologie. 1985.

HESSEN

Der Hessische Kultusminister:
Rahmenrichtlinien, Sekundarstufe I, Biologie. Wiesbaden 1978.

NIEDERSACHSEN

Der niedersächsische Kultusminister:
Rahmenrichtlinien für die Orientierungsstufe. Fachbereich Naturwissenschaften. Physik/Chemie und Biologie. Hannover 1981.
Rahmenrichtlinien für die Hauptschule. Biologie. Hannover 1983.

NORDRHEIN-WESTFALEN

Der Kultusminister des Landes Nordrhein-Westfalen:
Richtlinien und Lehrpläne für die Hauptschule in Nordrhein-Westfalen. Naturwissenschaften: Biologie, Physik/Chemie. Köln 1980.

RHEINLAND-PFALZ

Kultusministerium, Mainz:
Lehrplan Biologie. Orientierungsstufe - Hauptschule, Realschule, Gymnasium. Grünstadt 1978.
Lehrplan Biologie. Klassen 7 - 9/10: Hauptschule, Realschule, Gymnasium. Grünstadt 1984.

SAARLAND

Der Minister für Kultus, Bildung und Sport, Saarbrücken:
Lehrplan für die Klassenstufe 5, Hauptschule, Biologie, Dillingen 1983.
Klassenstufe 6 ... , Dillingen 1984.
Vorläufiger Lehrplan für die Klassenstufe 7, Hauptschule, Biologie, Dillingen 1979 und Saarbrücken 1984/86.
Klassenstufe 8 ... , Dillingen 1980.
Klassenstufe 9 ... , Dillingen 1982.

SCHLESWIG-HOLSTEIN

Kultusministerium des Landes Schleswig-Holstein:
Lehrplan. Orientierungsstufe: Hauptschule - Realschule - Gymnasium.
Biologie. Klassenstufen 5 und 6. Erprobungsfassung 1982.
Lehrplan Biologie für die Klassen 7 und 8 der Hauptschule. 1974.
Lehrplan Hauptschule. Biologie. Klasse 9. 1975.
Lehrplan Hauptschule. Biologie. Klassenstufen 5-9. 1986.

Ausländische Lehrpläne

Kanton Zürich:
Lehrplan des Real- und Oberschullehrerseminars vom 24.11.1981.
Ministerrat der Deutschen Demokratischen Republik. Ministerium für Volksbildung:
Lehrplan Schulgartenunterricht. Klasse 2, 6. Aufl., Berlin o.J.
Lehrplan Schulgartenunterricht. Klasse 4, 3. Aufl., Cottbus 1977.
Lehrplan polytechnischer Unterricht. Klassen 7 bis 10, Teil 1. Berlin 1980.

Nachtrag zur Literaturliste bei der 2. Auflage

Die aufgeführten Aufsätze und Bücher stellen eine Auswahl verschiedener Literaturgattungen bzw. Beiträge mit unterschiedlicher Zielrichtung dar. Sie dienen entweder dem vertiefenden Verständnis oder der weiteren Konkretisierung der Thematik des vorliegenden Buches bzw. arbeiten weiterführende Aspekte auf.

Beningfield, Gordon: Bilder einer Landschaft. Ein Lehrstück, die Natur zu lieben. Stuttgart 1981, 2. Aufl. 1984.

"... mich bezauberte die Natur. Ich liebte es ganz einfach, in ihr zu sein." Diesen Lebensinhalt will der Autor mittels einfühlsamer Texte und seiner stimmungsvollen Aquarelle, Ölbilder und Zeichnungen weitervermitteln. Gerade Engländern scheinen derartige ganzheitliche, künstlerisch hervorragende Darstellungen zu gelingen. Edith Holdens Tagebuch "Vom Glück mit der Natur zu leben" habe ich in diesem Buch vorgestellt. Über Vögel schufen Briten Werke derselben Gattung: Roger Lovegrove und Peter Barrett "Folg ich der Vögel wundervollen Flügen" (siehe S. 317) und Charles F. Tunnicliffe "Von der Schönheit unserer Vögel" (Hildesheim 1983).

Diekmann, Hermann (Hrsg.): Umweltzentren in der Bundesrepublik. Bielefeld 1989 (Schriftenreihe der Arbeitsgemeinschaft Natur- und Umwelterziehung (ANU); Vertrieb: ANU, Gutsweg 35, 4901 Hiddenhausen)

Bei der Verwirklichung einer Naturbezogenen Pädagogik übernehmen Umweltzentren - vgl. S. 171 ff. meines Buches - eine herausragende Vermittlerrolle. Dies betrifft Öffentlichkeitsarbeit, Praxis, Forschung u.ä. Vorliegender Band stellt eine vorläufige Bestandsaufnahme dar, die laufend überarbeitet werden soll.

Godet, Jean-Denis: Bäume und Sträucher. Melsungen u.a. 1987.

Godets Gehölzführer ist insofern ein besonders anschauliches Bestimmungsbuch, weil es in seinem ersten Teil wichtige einheimische Baumarten ausführlich vorstellt: durch einen einführenden Textteil und durch ausgezeichnete Fotos, die den Baum - mit seinen Blü-

ten und Früchten bzw. Samen - in den vier Jahreszeiten zeigt.

Haan, Gerhard de: Ökologie-Handbuch Grundschule. Sieben Themen mit über 100 praktischen Vorschlägen für den Unterricht. Weinheim und Basel 1989.

de Haan hat durch seine Bücher über "Natur und Bildung" - so auch der Titel seiner Dissertation - auf dem Gebiet der Ökopädagogik Pionierarbeit geleistet. Mit seinem neuen Buch stellt er ausführlich und anschaulich praktische Beispiele vor.

Janßen, Willfried: Naturerleben. Basisartikel, Teil 1, zum gleichnamigen Heft "Unterricht Biologie" 137, Sept. 1988, S. 2-7.

"Naturerleben" stellt im Rahmen einer Naturbezogenen Pädagogik einen zentralen Begriff dar. Janßens Artikel gibt eine vorzügliche Einführung und gleichzeitig einen prägnanten Überblick. In seinem Buch "Erlebnis Natur" - die eindrucksvollen Fotos machte Jürgen Weber - konkretisiert der Autor den Begriff durch einfühlsame Texte, die dem Leser "Reiz und Reichtum" verschiedener Naturlandschaften zugänglich machen wollen.

Mertens, Gerhard: Umwelterziehung. Eine Grundlegung ihrer Ziele. Paderborn u.a. 1989.

Als Habilitationsschrift stellt das Buch für wissenschaftliches Arbeiten eine wichtige Informationsquelle dar. Es ist mehr traditionellen Vorstellungen verhaftet, seine einzelnen Kapitel arbeiten die Probleme unterschiedlich tiefgehend auf.

Trommer, Gerhard: Naturerleben - ein wissenschaftlich unmöglicher aber notwendiger Begriff für Umweltbildung. Aus: H.G. Homfeldt (Hrsg.): Erziehung und Gesundheit: Weinheim 1988, S. 2ooff.

Wie Janßen befaßt sich Trommer mit der Grundlegung einer Pädagogik des Naturerlebnisses. Zudem erweitert er diesen Begriff durch die historische Sicht, etwa im Basisartikel 2 von UB 137 "Draußen Naturerleben - historische Beispiele", Sept. 1988, S. 8-12. Auch seine Habilitationsschrift widmete er dieser Thematik: Ökologisch bedeutsame Naturvorstellungen in deutschen Bildungskonzepten. Fachbereich Landespflege,

Universität Hannover, November 1988, in Druck.

Neuere Lehrpläne bzw. Lehrplanentwürfe werden hier nicht berücksichtigt, da dies für das Verständnis einer Naturbezogenen Pädagogik ohne Bedeutung wäre. Nach meiner Kenntnis sind derartige Versuche weiterhin durch die im Buch dargestellten Probleme geprägt: Lehrpläne als Fundament von Zwangsbildung, Auslese und einseitig kognitiver Lernprozesse, (daher) Bevorzugung naturwissenschaftlicher Bildung, durchgehende Kulturorientierung von Gesamtlehrplänen statt Orientierung an Prinzipien einer Naturbezogenen Pädagogik u.ä.